彩图1　红菜薹育种成果鉴定会

彩图2　红菜薹品种审定会

彩图3　华中农业大学所育红杂60号

彩图4　华红二号包装袋
（由武汉金阳种苗陈辉提供）

彩图5　新红杂60号包装袋
（由武汉金阳种苗陈辉提供）

彩图6　红杂60号品种的包装袋
（由武汉文鼎农业生物技术有限公司提供）

彩图7　武汉文鼎农业生物技术有限公司
赵新春在田间观察

彩图8　女工在做杂交授粉

彩图9　江汉大学的学生在田间观察

彩图10　学生在授粉

彩图12　编号为1003的F_1代

彩图11　晏儒来在红菜薹试验地观察记录

彩图13　十月红一号采种植株

彩图14　十月红二号采种植株

彩图15　红36—1—3

彩图16　红37—1—2

彩图17　红35-1-3

彩图20　红38-2-2

彩图18　十月红三号

彩图19　红50-2-1

彩图21　湖南早白菜薹自交系

彩图22　特早熟白菜薹自交系

彩图25　白杂一号主薹形状和色泽

彩图23　白杂一号菜薹

彩图24　白杂一号苗期

彩图26　白杂二号菜薹植株形态

彩图27　白杂二号侧薹

彩图28　白杂二号菜薹

彩图29　白杂三号苗期

彩图30　白杂三号主薹形态

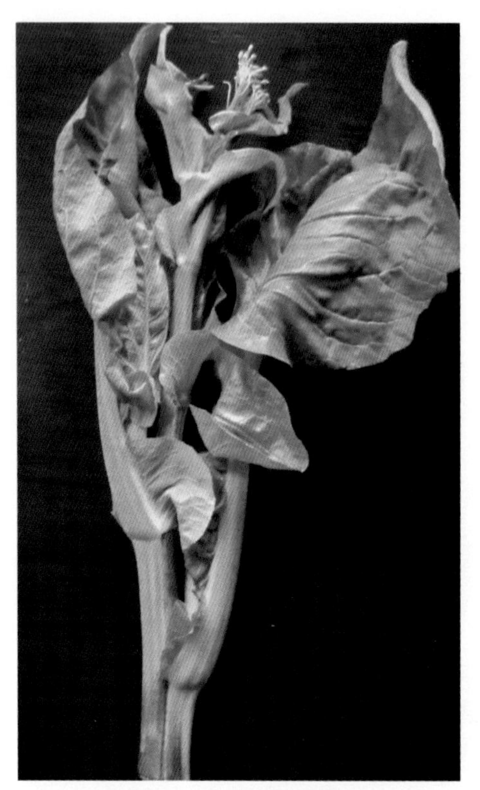

彩图31　白杂三号主薹形状

彩图32　白杂三号商品菜薹

彩图33　菜杂一号始薹期

彩图34　菜杂一号植株形态

彩图35　菜杂二号侧薹

彩图36　白菜薹比较试验地（从左至右依次为白杂一号、白杂二号、白杂三号、白杂四号）

彩图37　湖南临湘繁种基地

彩图38　山东繁种基地

彩图39　华中农业大学雄性不育系繁种

彩图40　甘肃制种基地负责人兰正国（图右）与晏儒来在武汉合影

彩图41　2004年5月山东菜心制种基地负责人徐新生（图左）在给农技站做指导

彩图42　2004年5月山东菜杂一号制种田间生长状况

彩图43　雄性不育系及保持系（上方为9617A不育系，下方为20-2-1保持系）

彩图44　自交不亲和株系网室内自由授粉结籽状况

彩图45　抗寒品种（左）与不抗寒品种（右）

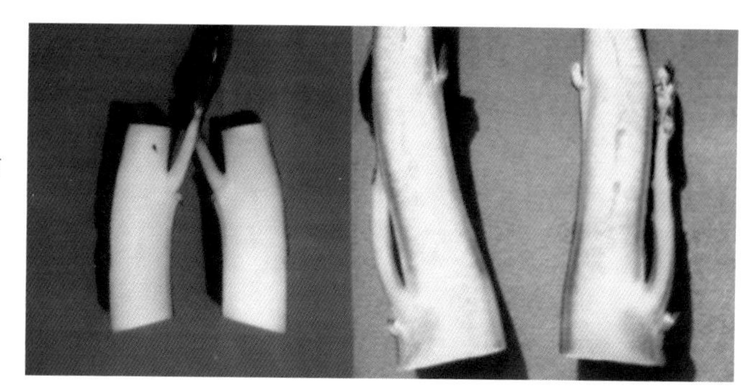

彩图46　雄性不育系及保持系（上方为9630不育系，下方为25-7-6保持系）状况

彩图47　白菜薹自交不亲和测定（上方为蕾期授粉结荚好，下方为花期授粉结荚差）

彩图48　菜心大田生产

彩图49　碧绿粗薹菜心（早熟品种）

彩图50　迟心2号菜心（晚熟品种）

彩图51　绿宝70天菜心（晚熟品种）

彩图52　油绿802菜心（晚熟品种）

TAIYONG BAICAI QIYUAN YU PINZHONG XUANYU ZAIPEI

薹用白菜起源与品种选育栽培

深圳市农业科技促进中心　组编
晏儒来　主编

中国农业出版社

本书编写人员

BENSHU BIANXIE RENYUAN

主　　编　晏儒来

主　　审　周向阳

编写人员　（按姓名笔画排序）

马海峰　王先琳　向长萍　刘乐承
江承波　李永红　李卓平　杨　静
吴水清　邱孝育　陈　辉　陈红娜
陈利丹　陈章鹏　欧继喜　周向阳
赵新春　晏儒来　黄绍宁　阎现萍

前　言

随着人们生活水平的不断提高，大众对蔬菜的数量、质量和种类的需求在不断地增加，过去的一些特色蔬菜变身成为百姓餐桌上的寻常佳肴。《薹用白菜起源与品种选育栽培》一书总结了华中农业大学园艺林学学院蔬菜系和深圳市农业科技促进中心近30年来的研究成果，同时也反映了全国各地几十年来对薹用白菜的研究进展以及薹用白菜在栽培育种及生产中的发展动态。本书由深圳市农业科技促进中心组织、华中农业大学晏儒来教授主编。书中仅介绍了红菜薹、菜心与白菜薹3种薹用白菜。

红菜薹在湖北武汉曾被作为特色蔬菜栽培，现在这种品位较高的蔬菜也加入到主栽品种行列；菜心早已成为华南地区的主栽蔬菜，目前已实现全年生产和供应；而白菜薹在薹用白菜中相对较少，但研究和发展速度令人刮目相看，由于其对白菜种中各个变种的兼容性最强，所以育种潜力不可小视。

本书共分五章。第一章：薹用白菜栽培历史、分类与起源，着重概述了薹用白菜的分类、栽培历史及实用价值等；第二章：薹用白菜栽培，对红菜薹、菜心、白菜薹的生物学特性、栽培技术、栽培品种逐一进行了详细的介绍；第三章：薹用白菜育种，对3种薹用白菜的种质资源、育种目标、选育种过程做了详细的阐述；第四章：薹用白菜种子生产，阐述了薹用白菜种子生产研究进展及生产技术；第五章：薹用白菜病虫害及其防治，对薹用白菜生产过程中易出现的主要病虫害及其防治方法进行了描述。书中配有彩图及附录。

3种薹用白菜由于生产发展阶段不同，可查资料量也不一致，故撰写格式略有差异，在栽培技术方面都写了基本栽培技术，但在其他栽培中未写详细，请参考基本栽培技术。而育种内容则合在一起撰写，以求简明扼要。

本书内容通俗易懂，既有理论，也有实践，填补了国内此类书籍的空白，有助于逐步统一薹用白菜的记载标准，如熟性等。本书虽然写的是南方主栽的红菜薹、菜心和白菜薹，但内容是面向全国的，对我国各地今后发展这3种薹用白菜的新品种选育和生产都有指导作用。本书对3种薹用白菜的育种，特别是杂种优势利用育种，做了较详细的阐述，对育种工作者很有参考价值。另外，也对3种薹用白菜的种子生产做了较详细的阐述，对种子经销商很有参考价值，还可作为大专院校相关专业学生的参考书。

由于水平有限，错误、遗漏之处在所难免，恳请读者批评指正。

编　者

2014年5月

目　录

第一章 薹用白菜栽培历史、分类与起源

第一节 概　　述

本书所指薹用白菜（也称“三薹”）包括红菜薹、菜心与白菜薹3种。这3种薹用白菜都是从芸薹种进化而来。三者的共同点是以菜薹供食，生物学特性和植物学特征等性状相近，栽培季节和栽培技术也大同小异，都是异花授粉植物。根据近代细胞学研究，染色体数 $n=10$，三者之间杂交授粉没有生理障碍。在研究过程中，需观察记载的项目也大致相同。但是，三者之间也有明显的区别。菜心是在我国南岭以南的两广地区逐步演化栽培而成；而红菜薹则是在南岭以北的长江流域栽培驯化而来，其形态特征与菜心有明显的区别；白菜薹与红菜薹形态相近，但薹色显著不同，红菜薹的薹色、叶柄色及叶脉均为红色，有的品种叶色为暗紫红色，而白菜薹的薹色为浅绿或白色，现在有的杂种一代品种还表现为薹基部为红色，而上部则为绿色或白色。因此，在田里一眼就可识别出这3种薹用蔬菜。

从栽培地区来看，菜心主要分布在广东、广西和海南，云南的河谷、平原地区和福建南部栽培也较多，这些地区约占全国种植面积的80%以上，在当地早已是主要栽培蔬菜，占蔬菜种植面积的三四成，一年四季均有供应。而红菜薹则分布于长江中下游地区，新中国成立初期在武汉还属于种植面积较少的特种蔬菜。改革开放以来，由于各种新品种的育成和推广，加快了红菜薹生产的发展，栽培面积不断扩大，至今占秋冬蔬菜种植面积的10%～20%。白菜薹栽培范围较小，最初从湖南开始种植，现在湖北也种植较多，在江汉平原棉田、果园的套种面积正在迅速发展，其他地区也开始试种推广。因此，白菜薹的发展前景相当可观。随着改革开放步伐的加快，全国各地都在引种、试种这3种薹用白菜，特别是菜心。

第二节 分类与起源

一、分类

红菜薹、菜心和白菜薹在植物分类学上同属于十字花科（Crucifera）芸薹属

(*Brassica*) 芸薹种 (*Brassica campestris* L.)。芸薹种中有 3 个亚种，即大白菜亚种 (*B. campestris ssp. pekinesis* Lour. Olsson)、小白菜亚种 (*B. campestris* ssp. *chinensis*, Makino) 和芜菁亚种 (*B. campestris* ssp. *prapifera* Metzg.)。菜心、红菜薹和白菜薹都是小白菜亚种中的变种，都是以菜薹作食用的 3 个变种，其学名分别是菜心变种 (*B. campestris* ssp. *parachinensis* var.)，红菜薹变种 (*B. campestris* ssp. *chinensis* var. *purpurea* Hort) 和白菜薹变种 (*B. campestris* ssp. *chinensis* var. —)。在长期的栽培演化中，又各自育成了相应的新品种，由过去分布于独特的地区成为在全国范围内扩散、发展的蔬菜。由于它们的菜薹美味可口，是饭桌上的佳肴，越来越受到食用者的喜爱，因此也促进了生产的发展。

由于大白菜、小白菜都起源于中国，所以"三薹"也毫无疑问起源于中国。其中，菜心、红菜薹的栽培历史悠久，白菜薹是近 30 年来才从小白菜中分离出来，自成一个变异类群，与红菜薹和菜心形成"三薹"并立且在生产中发展进化。但在目前"三薹"中，菜心的种植面积最大，有 10 万～20 万公顷；红菜薹次之，有 6 万～7 万公顷；白菜薹最少，不到 1 万公顷。

这 3 个变种之间相互杂交，无任何生理障碍，而且它们与小白菜、大白菜、芜菁和白菜型油菜等变种之间杂交授粉也无生理障碍，这为杂种一代的新品种选育提供了更多的种质资源，同时也为这些不同变种的采种带来隔离困难。

二、栽培历史与起源

薹用白菜都是从芸薹种中分离出来的薹用蔬菜变种。关于芸薹种 (*B. campestris*)，在中国栽培很早。据《先秦史》介绍，"半坡遗址出土了一个陶罐保留有白菜或芥菜类种子。"传说古代烈山氏烧草木种田，他的儿子柱"能殖百谷百蔬"[①]。据^{14}C测定，这些种子距今约 6 000 年，此时正是中国母系氏族公社早期的石器时代。当时北方作物以种粟为主，在长江流域以种植水稻为主，同时也有了蔬菜的种植。据《先秦史》介绍，原始人类最初的食物以野外采集为主，芸薹菜最初也为采集对象，可能先作为家畜饲料，后又被人类食用，再往后就采集种子播种栽培，慢慢进化发展才有了今天的芜菁、小白菜、大白菜、白菜型油菜和几个薹用蔬菜变种。其栽培演变历史，可参考历代文人记录，现摘录于下，但实际栽培历史要比史料记载久远得多。

关于芸薹种的直接描述，中国古代记载是最早的。公元 2 世纪，后汉学者服虔在所著《通俗文》中，提到"芸薹谓之胡菜"。

白菜在中国古代称"菘"，蒋先明在《大白菜栽培》中引录较多，指出最早记载始于西晋稽含所著的《南方草木状》(304)。在"芜菁附菘"一节上说"芜

① 詹子庆. 1984. 先秦史[M]. 沈阳：辽宁人民出版社.

菁岭峤以南俱无之，偶有土人因携种就彼种子，出地则变为芥，亦橘种之江北为枳之义也。至曲江（现为广东韶关的一个县）方有松，彼人谓之秦菘。”所以说，有关菘的记载当从西晋时期开始。

到南北朝时期，北朝后魏（386—534）贾思勰所著《齐民要术》种芜菁一章中提出“种菘与芜菁同”，又说“菘菜似芜菁，无毛而大”。这里指出了栽培白菜的方法以及白菜与芜菁在形态上的差别。

在南朝的宋明帝至南齐之间（465—482），文惠太子问顺：“菜食何味最佳?”顺曰：“春初早韭，秋末晚菘。”说明此时菘的栽培已相当普遍。唐朝苏恭著《唐本草》（660）载有“蔓菁与菘，产地各异。”根据李璠的研究①，在《唐本草》中记载有3种菘：有牛肚菘，原味最大，味甘；紫菘，原叶薄细，味少苦；白菘似蔓菁也。这里所说的菘，即现称的白菜，牛肚菘类似大白菜，紫菘类似早期红菜薹，白菘更似小白菜。由此可知，这3种菜在唐朝已广为栽培，距今已有1 300多年的栽培历史。

宋朝陆佃著《埤雅》（1125）一书，原文说“菘凌冬晚凋，四时常见，有菘之操，故曰菘。”南宋陈甫在《陈农书》（1149）中也记载了“七月（即阳历八月）种萝卜、青菜。”青菜可能指小白菜，现在还有人这么称。元朝王桢著《农书》（1313）在播种篇上说：“七月以后种莱菔、菘、芥。”原来，早在1 300多年前，我们的祖先就已得出在阳历八月种菜的结论，一直沿用至今，这也正好反映了客观规律。因为萝卜、白菜、芥菜这类性喜冷凉的蔬菜，现在普遍认为最适宜的播种季节就是8月中下旬。

鲁明善所著《农桑衣食撮要》（1314）载有“种萝卜、菘菜，二月上月撒种，三月中旬可食，宜肥地，以熟粪盖。”这里的菘菜很可能是指菜心，与南方早春菜心栽培的季节一致，绝不是北方的小白菜。因为此时西安、兰州等地的气温还在0℃左右，出苗都困难，更不可能采收。而广东的菜心则完全可行。

忽思慧在《饮膳正要》（1563）中，记载了46种蔬菜种类。从所描绘的白菜形态来看，已经不是塌地而生的小白菜，而是外叶向上拢抱的结球大白菜类型。而且，在名称上不是沿用菘字，而是叫白菜。李时珍著《本草纲目》（1566）称“菘乃菜名，因其耐寒如菘柏也”。

徐光启著《农政全书》（1628）在芜青一章中，对白菜与芜菁的关系做了较多的描述与鉴别，但有些结论仍有待考证。

清康熙十三年（1692）武昌县志卷三“蔬之属有芸薹（即油菜）春始秀。”清乾隆十二年（1747）汉阳县志卷五“蔬之属有芸薹，秋末择肥地垫植之，冬时便刈取，不待春日。”清同治八年（1869）江夏县志卷三“芸薹菜俗名油菜薹，

---

① 李璠．1984．中国栽培植物发展史［M］．北京：科学出版社．

与城东宝通寺相近者，其味尤佳，他处皆不及。”

1934年，有人在《续汉口丛诀》中论述了光绪初年湖北总督李勤恪先引种菜薹不成功，而后又将洪山土运往其家乡合肥试种的故事。

据（英）N. W. 西蒙兹编辑的《作物进化（1974）》一书中介绍，野生型芸薹（eu-campostris）亚种为一种分枝根部细长的一年生植物。现在可能还存在真正的野生种（*B. campastris*）。芜菁型油菜在形态学上和系统发育关系上可能与野生种最接近。

芜菁亚种油用种可能起源于西南亚某地。13世纪欧洲已有油用芜菁的栽培，在石油产品没使用前，芜菁油是照明用油之一。*B. campestris*（$n=10$）是多形态的，它们的互交是完全可育的……可能只有少数基因把某些亚种分开。

chinensis 亚种（青菜）是一种多叶的一年生植物，具有近乎白色的嫩茎，在中国是一种重要的蔬菜，并已选出一些仅带一个小蒴齿叶片而叶柄极大地增大的极端类型。*pekinensis* 亚种（白菜），形成独特的叶球，在远东和其他地区用作生食蔬菜。*narinosa* 亚种（塌棵菜）是一种叶小而皱缩的紧实型，在中国用作生食蔬菜。*nipponensis* 亚种形成多叶的莲座丛。还有一种舌叶型和一种叶片多裂的变种（var. *losiniata*），二者在亚洲皆被用作新鲜蔬菜或腌制蔬菜。

以上资料说明，小白菜起源于南方，至今已有1 600多年的栽培历史。而红菜薹、菜心、白菜薹是由小白菜的变异逐步进化而来，所以其起源也可追溯到南方，具体说就是广东曲江县所在的南岭山脉。有意思的是，原始的菘向北至长江流域演化形成了小白菜、乌塌菜和红菜薹3个变种，而向南至两广境内却演化形成了菜心变种。现在湖南省境内还有介于红菜薹和菜心之间的早熟白菜薹变种，还有籽用型的白菜型油菜变种。这些都是在历史的长河中，人们栽培定向选择的结果。白菜薹是近30年左右才逐步扩大栽培，有的品种品质较好，为人们所喜爱，在湖南栽培较多，其他省份较少，但发展很快。

三、食用价值

红菜薹以鲜嫩菜薹供食，新中国成立初各地都视为特菜。武汉人对其情有独钟，元旦、春节期间以腊肉或香肠炒红菜薹招待贵宾，算是桌上珍品，南来北往的客人无不赞美。据中国医学科学院卫生研究所对营养成分的分析[①]，结果表明，在所测的10个成分中，有核黄素、尼克酸、抗坏血酸、钙、铁、蛋白质和碳水化合物7个成分高于大白菜和小白菜，而水分含量却低于大白菜和小白菜，详见表1-1。

---

① 中国医学科学院卫生研究所.1976. 食物成分表［M］. 北京：人民卫生出版社.

表 1-1　红菜薹与菜心、小白菜、大白菜营养成分比较

（每百克可食部分含量）

种类	水分（%）	胡萝卜素（毫克）	核黄素（毫克）	尼克酸（毫克）	抗坏血酸（毫克）	钙（毫克）	磷（毫克）	铁（毫克）	蛋白质（毫克）	碳水化合物（毫克）
红菜薹	91	0.88	0.1	0.8	79	135	27	1.3	1.6	3.0
菜心	90～95	0.1	0.03～0.1	0.3～0.8	79	41～135	27	1.3	1.3～1.6	2.2～4.2
大白菜	92	0.11	0.04	0.3	24	32	42	0.4	1.4	3.0
小白菜	96	1.13	0.08	0.6	36	86	27	1.2	1.1	2.0

红菜薹不仅品质优良，而且供应期长，受到人民群众的欢迎。如果早、中、晚熟品种搭配，全年均可种植，周年都有供应。但其最佳食用期是在11月至翌年1月，因为菜薹抽出时以10℃以下品质最优。每年12月至翌年2月由于气温低菜薹生长缓慢，导致市场上供不应求，所以也是菜价最好的时候。

红菜薹、白菜薹在湖北成为主要蔬菜之后，农村自留地上也广为种植。每家每户都种几十株，一般都施肥较多，从上年一直采收至翌年3～4月大忙季节，也改善了农民农忙季节的蔬菜供应。城市里9月中下旬正值秋淡尾，而3～4月又是春淡头，因此菜心对解决蔬菜供应作用表现更突出。所以，薹用白菜也是淡季蔬菜，对缓解城市蔬菜淡旺季矛盾有重要意义。

四、观赏价值

红菜薹植株呈现绿叶、红薹、黄花，生长繁茂，开花旺盛，作为观赏植物可美化环境。在花坛上栽上一圈，或在坛心上栽上一些，或在路边花坛上种上一行，都可与羽衣甘蓝媲美。

选择晚熟品种，其莲座期时间很长，自10月至元旦春节前后，观赏期可达4个月。那绿色的叶、红色的叶柄和紫红的嫩叶组合成一幅观音座莲式的美丽画面，无不叫人动心；至春节前后进入抽薹期，多姿多态的幼嫩娇薹，迎风荡漾，有如头上顶着黄花的仙女在莲心起舞；到后来黄花盛开，花香扑鼻，真是景不迷人人自迷，花不醉人人自醉，令人目不暇接，流连忘返。

五、展望

红菜薹主产在中国长江流域，这一地区四季分明，雨量充足，气候湿润，位于北纬25°～35°。世界各地凡具此条件的地区均可栽培，如墨西哥、美国南部、印度北部、巴基斯坦、阿富汗及地中海沿岸。在中国北方宜作夏秋栽培，长江流

域作秋冬栽培，在高山地区也可作夏季栽培，而在南方则适作越冬栽培。现在我国许多地区都有成功的栽培经验，可供尚未种植的地区借鉴。菜心主产华南地区，现全国各地都在引种、试种，有的地区已在扩大栽培，全年都有供应。目前，东南亚各国和日本也都在大面积栽培。随着中国改革开放的深入，与世界各国交流的增加，这 3 种薹用白菜必将被更多的国家引种推广。

第二章 薹用白菜栽培

第一节 红菜薹栽培

一、红菜薹的形态特征

红菜薹的形态特征主要表现在根、茎、叶、花、果实和种子上。掌握这些特征，对于红菜薹的栽培与育种繁殖都有重要的参考价值。

(一) 根

根是吸收水分和养料的器官，根系强弱直接影响红菜薹产量的高低。主要由根颈和根系组成。

1. 根颈

由幼苗下胚轴逐渐生长发育而成，其上托着一个庞大的由上胚轴发育而成的薹座，其下是根系。根颈长3.5～7.0厘米，横径3～6.5厘米。其长短、粗细视植株发育状况和抽薹数而异，色灰褐（图2-1）。同时，也受种植季节和育苗的影响。幼苗过密，易形成高脚苗，这种苗就是下胚轴过度伸长所造成的。高脚苗对植株以后的生长发育不利，会使植株东倒西歪。曾做过分期播种试验，从9月22日至12月6日分5次播种，试验证明早播者植株大、根颈粗；向后推移，则植株小，根颈也逐步变小。

2. 根系

由10～34条横径为0.3～0.4厘米的根和须根组成，因移栽的关系，主根不明显，根横径很少有超过0.5厘米。根数依品种熟性和植株大小而异，迟熟品种比早熟者多，根群着生在根颈下部，主要分布在5～25厘米的土层内，很少有穿入犁底层者，故吸收能力较弱。主要依赖其分布在表土层内密密麻麻的须根行吸收功能，维持地上部植株生长发育的平衡（图2-1）。

(二) 茎

茎是红菜薹的产品器官，紫红色、圆形，分为无蜡粉和有蜡粉两类，茎在红菜薹生产中一般叫薹。菜薹的重量由薹重和薹叶重组成，而产量则由主薹、侧薹、孙薹、曾孙薹构成。其中，侧薹、孙薹对产量起决定性作用。

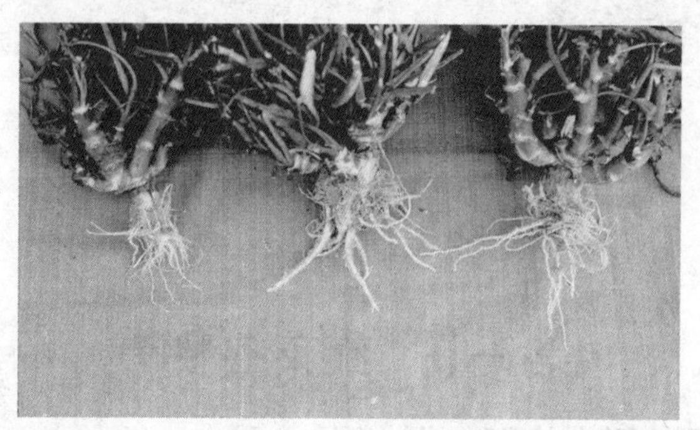

图 2-1　红菜薹的根

1. 主薹

可食性主薹长 10～50 厘米，随品种和种植密度而异，横径 1～2.5 厘米。所谓可食性薹即开花 10 朵以内的嫩菜薹，或者说长度在 30 厘米左右的菜薹。由于品种间开花迟早与菜薹伸长的时间并不一致，所以难以确定。菜薹长达 40 厘米才开花的品种或株系，如 Ts36-1、Ts37-1 等，始花即应采收，采迟了薹基部会老化，食用品质变差，侧薹、孙薹亦如此。而有的杂种，如 8809 和大股子，则现蕾不久就开花，先开花后抽薹，这类杂种或株系在育种时一般不会入选。主薹重约占总产量的 5%。其生长发育可分 3 种类型：一是正常态、主薹发达，一般具 3～5 片薹叶，薹重 25～100 克；二是半退化态，主薹较小，具 2～3 叶，薹重 20 克左右，像钓鱼竿，食用价值不大；三是退化态，薹细小，无薹叶或有 1 片叶，无食用价值，生产中宜早掐掉，以便侧薹早发。

2. 侧薹

即子薹或一次分枝，但在湖北武汉地区均称之为侧薹。每株平均侧薹数依品种（品系）而异，少者 3 个，多者可达 15 个以上，其大小和发育正常的主薹相当。侧薹数的多少通常与早熟性呈负相关，因此选育早熟品种时不宜选育侧薹数太多的。侧薹重约占总产量的 30%～60%，与薹数多少有关。侧薹食用品质比主薹好。

3. 孙薹

即二次分枝，从侧薹基部抽出，一个侧薹抽出孙薹的数目与侧薹多少和侧薹采收后所留下的叶数有关。侧薹少的基部叶多叶腋也多，则抽生孙薹多，可达 3～5 根，反之则少，为 1～2 根。一个植株上有效孙薹为侧薹数的 1.5～3 倍，如果把不能采收的一起算进去，这个比例数还要高。孙薹一般比侧薹小，但侧薹少的，其孙薹商品性仍然可佳。

4. 曾孙薹

即三次分枝，从孙薹的基部叶腋抽出。如果采孙薹时将所有叶片掐掉，就抽不出曾孙薹。曾孙薹的数目为孙薹的1～2倍，都比孙薹小，商品性较差，菜价好时菜农便采收，反之则不采收。早熟品种可采收至曾孙薹，中熟品种只能采收到孙薹（图2-2、图2-3）。

图2-2　红菜薹的主薹、侧薹、孙薹
［主薹（左边）为退化和半退化薹，侧薹（中间）长得较小，孙薹（右边）长得更小］

图2-3　十月红二号菜薹

（三）叶

叶是红菜薹的同化器官，由叶柄和叶片组成，叶柄、叶脉皆为紫红色，叶片为淡绿、绿和紫绿。初生莲座叶为圆形、倒卵圆形，有1～2对小裂叶，在植株生长发育过程中始终遵循着先长叶后抽薹的顺序。每个植株上的叶都可分为苗叶、初生莲座叶、次生莲座叶、再生莲座叶和薹叶，它们相继出现，完成其相应生长发育阶段的使命。

1. 苗叶

指幼苗的叶片，约6～8片，长椭圆形，一般平均叶长15～20厘米，叶片宽5～12厘米，叶面积为30～40厘米^2，叶重15克。在育苗苗床中的幼苗有5～6片，定植时基部3～4片叶死去或埋入土内，定植后再长出3～4片新叶，延续寿命长约50天。其功能主要是为最先抽生的1～2片初生莲座叶提供营养。

2. 初生莲座叶

由苗叶后显著增大的叶片开始至主薹基部簇生的全部叶片，一般有6～10片，圆形或倒卵圆形，大多有1～2对小裂片，但在育种材料中也有无裂片者。

自下而上叶形变化很大，靠近主薹采收节位者为宽披针形或戟形，无裂叶，有经验的菜农看到尖叶出现就知道主薹将抽出。十月红一号、十月红二号的最大初生莲座叶长50～58厘米，宽20～30厘米，叶柄长25～30厘米，半圆形。侧薹均从这些叶片的叶腋中抽出。当侧薹快采收完、孙薹开始采收时，基生莲座叶便逐渐衰老，延续寿命50～60天。其主要功能是为侧薹的生长发育提供营养物质，也为初出的次生莲座叶提供一定的营养（图2-4）。

图2-4 早熟红菜薹的初生莲座叶

3. 次生莲座叶

从主薹的基部叶腋中抽出，早熟品种在主薹采收后便迅速抽出，接着便抽侧薹，气温稍高时，主薹采收后15～20天便可采收侧薹，而晚熟品种则需30～40天才能采收。次生莲座叶的叶形与基生莲座叶不完全相同，一般为长椭圆形、三角形和不规则菱形。叶形比初生莲座叶小得多，而且叶柄很长，如十月红一号、十月红二号的叶长为33厘米，宽约10～15厘米，而叶柄长达20厘米以上，近于圆形，延续寿命很长，从侧薹采收前10天左右开始，直至开春罢园，它们都是主要的功能叶，时间长达90～100天。其数目很多，侧薹一般留2～3叶采收，每个叶腋中将抽出3叶。如果植株有8个侧薹，则次生莲座叶数为24（8×3＝24）片。但是，也有一些早熟株系的侧薹采收后，有些次生莲座叶抽不出来，因此侧薹也无从抽出。如图2-5所示，红菜薹晚熟品种始薹期先长出次生莲座叶，侧薹后拍出。

图2-5 红菜薹晚熟品种始薹期植株分解

4. 再生莲座叶

是从侧薹基部叶腋中抽出，叶形更小，多为尖形或戟形。由于孙薹基部节间较长，所以采收时一般只留一叶，稍不注意便将叶片采光。所以，孙薹的再生莲座叶较少，从叶腋中抽出后，又随曾孙薹的生长而上升为薹叶被采收掉，因此其同化作用较小。

5. 薹叶

食用菜薹上着生的叶子叫薹叶，一般3～8片，呈长椭圆形、圆形、宽披针形、窄披针形，长短差异大。它与各级莲座叶的区别在于其节间伸长随菜薹的采收而被采收掉，各级莲座叶则呈丛生状，始终留在植株上，行使其同化作用，而薹叶着生在商品菜薹上。所以，薹叶与菜薹质量密切相关，一般以窄短小为好，当菜薹扎把后看到的是薹带叶而不光是叶子。从表面看来，薹叶似乎是着生于薹上，而实质上是其节间的伸长而形成菜薹。

（四）花

1. 花的构造

红菜薹的花由花萼、花冠、雌蕊、雄蕊、蜜腺5个部分组成。花萼在花的最外层，共有4个萼片，绿色或淡绿色。花冠有4片花瓣，在开放时呈“十”字形，一般为黄色，偶有黄白色者。雄蕊有6个，4长2短，每个雄蕊由花丝和花药2部分组成，成熟时药室沿着药缝开裂，通过昆虫或风力散布花粉粒。雌蕊1个，位于花的最内层中央位置，由柱头、花柱和子房3部分组成，一般在开花前5天雌蕊就成熟，即可接受花粉。开花时花粉落在柱头上约45分钟发芽，花粉管深入柱头，通过花柱到达子房中，授粉后18～24小时花粉管内的精核与胚芽中卵细胞结合，形成受精卵。受精卵发育成种子。每个子房中有20个左右的胚珠发育成种子，所以成熟的角果中一般只有20粒左右的种子。

2. 开花习性

红菜薹花芽分化的顺序是：主花序先分化，第一次分枝花序次之，第二次分枝花序又再次之，由下而上，依次分化。一个花序上花芽分化的顺序是由下而上，依次分化。红菜薹开花也是按照花芽分化的顺序依次进行的。主枝和各个分枝上花序的花都是自下而上依次开放。

在一天中，红菜薹在8～11时开花最多，在温度为18～24℃和相对湿度85%时，开花最适宜。10℃以下开花减少，且开花不旺，4～5℃时开花极少，一般开花后遇4～5℃的低温，花很容易脱落，或子房不发育，故低温下容易出现分段结实现象。气温上升至30℃以上，角果发育不良或完全不发育，也易落花落果。

红菜薹一朵花由萼片开裂到花瓣完全开展，需20多个小时。从开放到花瓣雄蕊完全脱落要4～7天。雌蕊在开花前5～7天和开花后5～7天均可接受花粉。

花粉在一定干燥条件下，保存数天仍有一定的发芽能力。

红菜薹的花和其他十字花科蔬菜一样具有自交不亲和性，通过选育可育成自交不亲和系，用以配制杂种一代。自交多代的株系内常出现雄性不育株，可按照一定的选育程序，将其育成雄性不育系，作为配制杂种一代的母本。但自然发现的不育株多属核不育型，其不育率一般只能达到50%左右，近年已转育成不育率达100%的核胞质互作不育系，已用于生产杂种一代种子（图2-6）。

图2-6　红菜薹的不育花和正常花

（左图，不育花，花药短小、白色、明显退化；右图，正常花，花药很长、大）

种子生产田的有效花期在1个月左右，湖北武汉地区一般为2月下旬至3月下旬。红菜薹开花时间较早，采种地12月下旬便开始抽薹开花，但2月15日以前开的花，由于气温太低，大多花而不实。有时气温较高时也可结些果，但种子很少。

（五）果实与种子

1. 果实

红菜薹的果实为角果，由受精花柱发育而成。一般长4～6厘米，内有种子10～26粒。果色为紫色、紫绿色、绿色。9月下旬播种的单株角果数在1 500～2 800个，开花着果率为50%～80%。

2. 种子

单株种子重为10～50克，与播期和植株大小密切相关。种子圆球形，红色、紫色或紫褐色，少有黄色者，千粒重2～3克。

（六）薹座

菜薹着生的部位叫薹座，由幼苗上胚轴、下胚轴逐渐生长发育膨大而成，也包括各级菜薹的残桩，俗名叫“菜蔸子”。所有菜薹都着生其上，抽生菜薹数越多，其薹座越大，横切面直径达 20～30 厘米，重达 0.5～0.8 千克。薹座下部由粗壮的根颈（横径 3～7 厘米）支撑着，根颈下面有发达的根群将其固定在土中。薹座由于伤口多，很易感染病菌而导致腐烂，影响产量，应注意保护（图 2-7、图 2-8）。

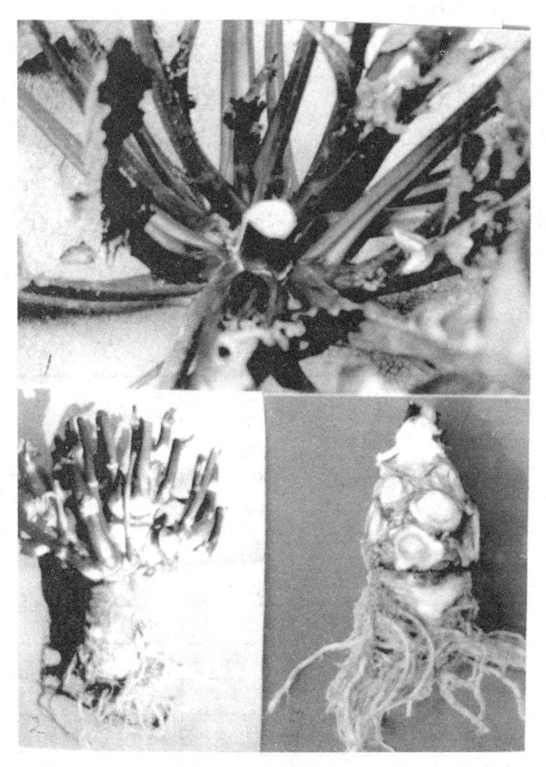

图 2-7　红菜薹的薹座

（上图，嫩薹着生在薹座上；下左图，采收后期薹座；下右图，剥离菜薹后的薹座）

图 2-8　菜薹在薹上着生情况

二、红菜薹的生长发育阶段

红菜薹全生育期大致可分为种子发芽期、幼苗期、莲座期、抽薹期、开花结荚期、采种期和种子休眠期。所有品种都会经历这些阶段，但早熟、中熟、晚熟品种各阶段出现的时间却相差很大。

为了揭示红菜薹叶和薹的生长发育、更替规律，通过对 834－1（早熟）、十月红二号（中熟）和 9401（晚熟）3 个品种或株系的观察证明，各类品种其阶段发育是一致的，即都要经历种子发芽期、幼苗期、初生莲座期、次生莲座期和再生莲座期；而菜薹则都经过主薹、侧薹、孙薹和曾孙薹，然后便是开花结籽和种子成熟采收、休眠。不同熟性的品种间不同之处在于各阶段出现的时间有早有迟，早熟品种来得快，晚熟品种来得迟（表 2－1）。

表 2－1　3 个品种（系）各级叶片菜薹生育期比较

（1993—1994 年）

项　目		834－1	十月红二号	9401
苗叶	形成期	9 月 17 日	9 月 18 日	9 月 20 日
	叶　数	6.67 片	8.7 片	9.5 片
	衰老期	10 月 4 日	10 月 19 日	10 月 20 日
初生莲座叶	形成期	10 月 6 日	10 月 25 日	10 月 25 日
	叶　数	7.3 片	9.8 片	11.2 片
	衰老期	11 月 8 日	11 月 24 日	11 月 28 日
次生莲座叶	形成期	10 月 14 日	11 月 16 日	12 月 9 日
	叶　数	25.6 片	37.1 片	46.6 片
	衰老期	1 月 9 日	1 月 17 日	1 月 23 日
再生莲座叶	形成期	11 月 1 日	1 月 22 日	2 月 1 日
	叶　数	15.4 片	19.0 片	23.0 片
	衰老期	1 月 19 日	2 月 13 日	2 月 14 日
主薹	现薹期	9 月 30 日	10 月 21 日	11 月 3 日
	抽薹期	10 月 3 日	10 月 30 日	11 月 9 日
	采收期	10 月 7 日	11 月 7 日	11 月 22 日
侧薹	现薹期	10 月 7 日	11 月 15 日	11 月 20 日
	抽薹期	10 月 8 日	11 月 18 日	12 月 28 日
	采收期	10 月 14 日	11 月 28 日	12 月 7 日
孙薹	现薹期	10 月 27 日	12 月 4 日	12 月 17 日
	抽薹期	11 月 3 日	12 月 9 日	1 月 18 日
	采收期	11 月 8 日	12 月 16 日	1 月 30 日

注：1. 试材于 1993 年 8 月 14 日播种。

2. 叶数是指叶片数。

3. 所有数字均为 6 株平均值。

（一）种子发芽期

红菜薹从播种到子叶出土，均为发芽期。这时胚根已从发芽孔穿出至种皮外部，胚茎不断延伸，并在胚根基部发生根毛，这就完成了它的发芽阶段。此阶段品种间差异不大。

（二）幼苗期

幼苗期是指出苗拉十字后至明显肥大的第一片初生莲座叶为止。苗叶数834-1为6～7片，十月红二号为8～9片，9401为9～10片，随着熟性的延迟而增加。苗叶的形成自出苗算起，834-1为28天，十月红二号为31天，9401为34天，完全长大还需5～10天。最上面苗叶形成时，下面的小叶已开始衰老，有的甚至已脱落。苗叶叶龄为30～35天，主要功能是为最初几片莲座叶制造、输送养分，莲座叶形成后，苗叶即被覆盖，随后便相继衰老、脱落。

（三）莲座期

对于采收菜薹的植株而言，从第一片肥大叶片形成开始，直至采收结束，都属于莲座期，时间长达150天左右。而采种植株则抽薹开花便是莲座期的结束。采收菜薹的植株经历着叶片和菜薹不同层次的更替，又可分为初生莲座期、次生莲座期和再生莲座期；与此同时，菜薹也经历了主薹、侧薹、孙薹和曾孙薹的更替。

1. 初生莲座期

自第一片开始肥大的叶开始至主薹基部节间不伸长的那片叶为止。其叶数834-1为7～8片、十月红二号为9～10片，9401为10～11片，熟性越晚，叶数越多。莲座叶的形成834-1需22天，十月红二号为33天，9401为38天。主薹现蕾即初生莲座叶的分生结束。主薹伸长时带出的3～5片叶称为薹叶，不算莲座叶。早熟品系上部莲座叶与主薹同步生长，而中晚熟品种则是莲座叶明显形成后再抽薹。初生莲座叶的功能是为主薹、侧薹的抽生和次生莲座叶的形成制造、供给养分。一般在侧薹采收完后相继衰老脱落。

2. 次生莲座期

主薹采收后，侧薹抽出前，于初生莲座叶的叶腋先抽生出一个6～10片叶的叶簇，当侧薹长成采收后，留下的3～7片簇生叶，便是次生莲座叶。它比初生莲座叶小，但数量却多。每个叶腋中长出的次生莲座叶数量与薹数成反比，也与熟性有关，早熟者少，晚熟者多。平均834-1有25.6片，十月红二号为37.1片，9401为46片。它们一般都直立生长在初生莲座叶的中央。其形成的时间为15～60天，其快慢与品种熟性和抽薹习性有关。主要功能是为侧薹、再生莲座叶乃至孙薹的生长制造、供给养分。孙薹采收后陆续衰老，但肥水条件好时，有些次生莲座叶一直可延续至翌年罢园时仍生长良好。

3. 再生莲座叶

孙薹基部节间不伸长的叶子称为再生莲座叶，多数品种为2片，也有3片或1片者。每个孙薹基部的再生莲座叶，5～10天便可形成，但全株再生莲座叶的形成则时间很长，因为要受主薹、侧薹抽生快慢和各品种抽薹习性的影响，且与肥水条件有关。有些侧薹、孙薹在低肥水条件下抽不出来，而在高肥水条件下则可抽出，有的中期脱肥、干旱抽不出，而在追肥、灌水后却可抽出，而且抽出的薹也有大小之别。这就是肥水条件好为什么高产的原因。再生莲座叶一般15～16片，叶面积更小，所以它只能协助次生莲座叶为孙薹形成提供养分。

红菜薹的薹是产品器官。在有效的采收期内，极早熟品种可依次采收主薹、侧薹、孙薹、曾孙薹，早、中熟品种可采收主薹、侧薹、孙薹，而晚熟品种只能采收到主薹、侧薹，到孙薹采收时经济价值很低。不管哪级薹的生长，都次于相应的叶进行，所以在生产中，将它们归属于莲座期。但因其是产品器官，所以在下面还要做详细论述。

4. 主薹

初生莲座叶分化至一定时候便不再形成叶，而是形成花蕾，位于短缩茎顶端。随后上面几片叶节间伸长，便形成了主薹。从现蕾至主薹采收，快的只要10～20天，如834-1、华红一号、华红二号和红杂50号等，慢的则需30～40天，如9401、大股子、胭脂红、成都胭脂红和阉鸡尾等。根据主薹的生长强弱，大致可分为3种类型。

（1）强壮型。主薹生长势很强，具明显的顶端优势，一般有4～6片薹叶，基部粗壮，薹较长、较重，约占总薹重的10%。如果采种的话，其种株抽薹开花时，它高于所有的侧枝，使种株呈明显的宝塔形，如大股子、十月红一号等品种。

（2）半强壮型。主薹生长势较强，但长到一定的时候便停止伸长。常具3～5片薹叶，其上花蕾较少，薹比强壮型小，约占总量重的6.7%。其种株主薹与侧薹平口，或比侧薹稍低，如十月红二号的部分植株。

（3）退化型。主薹生长很弱，上具1～2片薹叶，在采收时常见到的瘦弱主薹即为此类型。像钓鱼竿，商品性很差，菜农常采下丢掉。退化型的种株呈杯状，主薹很短，开花很少，如十月红二号中少量植株。

主薹生长发育快慢是红菜薹熟性迟早的主要标志。1998年秋至12月中下旬，市面上买的十月红一号、十月红二号的主薹才陆续抽出，比过去晚了50天。而新育成的红杂50号，此时已采收了孙薹，有的植株曾孙薹都采收了。据多年观察，影响主薹抽出快慢的主要原因是冬性强弱，冬性强的抽薹迟，反之则快；其次是肥，苗期和莲座期施氮肥过多，会延迟抽薹，4～5℃的低温处理萌动种子 10～20 天，可以使迟熟品种早抽薹。

5. 侧薹

多数品种主薹采收后 10～20 天，侧薹才从次生莲座叶叶腋中慢慢地抽出，如十月红一号、十月红二号和大股子等。但有些品种在主薹采收时，侧薹已开始抽出，早熟品种和株系大多如此，如华红一号、华红二号和红杂 50 号等。前者主薹采收后 15～30 天，才能采收；而后者 7～10 天即可采收。从第一根侧薹开始采收，至植株上所有侧薹都采收，其延续时间也因品种而异。那些侧薹较少、抽薹整齐的品种所需时间短。莲座叶各叶腋中腋芽抽出的时间，并非同步进行，而是依据阶段发育和顶端优势的规律，自上而下逐步抽生。上面的 4～5 个或6～7 个腋芽都能抽出具有商品价值的侧薹。而下部的腋芽则不一定，当水肥条件好时，功能叶生长良好，制造的养分多，供给其生长，它们有可能抽出的是粗壮且具商品价值的菜薹，反之则抽不出来，即使勉强抽出来了，也很细小，难以形成商品。侧薹产量约占总产量的 65%。

6. 孙薹

一般侧薹采收后 25～54 天才能采收孙薹，由于此时已到 12 月中、下旬气温较低，各类品种菜薹都抽生较慢。其中，早熟品种需 20～25 天，中熟品种 30 天左右，而晚熟品种则需 50 天。晚熟品种孙薹抽生时间为 12 月至翌年 1 月，正值武汉地区的严冬季节，温度很低，叶片同化作用很弱，所以菜薹生长极慢。但如不受冻害的话，此时菜薹食味最佳。

每个植株抽出孙薹的多少与侧薹采收后基部留下的次生莲座叶数有关。一般早熟品种为 4 个，中熟品种为 6 个，晚熟品种为 7 个，这些叶片均簇生在侧薹基部，往往不易被掐掉，但采收者如果下手过重，则上面 1～3 叶也可能被掐掉。每个侧薹上所留下的叶片，常有 1～3 个孙薹抽出。抽出的多少常与侧薹数成反比，即侧薹少的其基部的簇生叶较多，抽出的孙薹也多，反之则少。同时，侧薹采收时的植株功能叶状况良好，则孙薹较易抽出。而晚熟品种则与低温春化的程度有关，所以它们常常是在开春后猛抽，过去栽培的晚熟品种如大股子、胭脂红、阉鸡尾和成都胭脂红等，每年春节一过，菜薹上市量猛增，导致价格猛降，就是这个原因。一般来讲，晚熟品种产量应该高一些，但对红菜薹来讲，由于其孙薹不能成为有价值的商品，所以近几年的品比试验中，采收至春节前后为止，常常是早熟品种产量较高，故早中熟品种越来越受到菜农欢迎。孙薹产量占总产量的 25%～30%，早熟品种所占比重大，若侧薹数很少，则孙薹的产量可达 50%以上，一些极早熟品种即如此。

（四）抽薹开花期

十字花科蔬菜一般都要通过低温春化才能正常抽薹开花，但红菜薹不完全是这样。过去的老品种如大股子、胭脂红和阉鸡尾，都需要相当长的低温刺激，才能抽薹开花。但新育成的一批早熟、中熟品种如华红一号、华红二号、红杂50号和红杂60号等，在相当高的温度下也可抽薹开花。武汉8月中下旬播种，9月底至10月上中旬开始抽薹开花，此时气温在19～28℃未达到十字花科蔬菜0～10℃的春化温度。老品种正好适应了长江流域季节变化的规律，是人工栽培和自然选择的结果；而新品种则更多地受到育种者意识的影响，是人工选择的结果。在过去，生育期短的变异可能就因采不到种子而遭淘汰，因为它抽薹开花太早，越冬不耐寒会被冻死。而年前形成营养体，开春后抽薹开花，则既满足了低温春化的要求，又能顺利采到种子。

极早熟品种和株系在8月中下旬播种，9月下旬就可抽薹开花，如果不采收菜薹，当年低温又来得较迟的花，当年便可采到主侧薹的种子；早熟品种有时也可采到种子。但中熟品种就只开花不结籽，直至翌年2月下旬日平均气温达5℃以上，夜间没有零下低温，花芽才得以正常发育，不致受冻，开花后才能正常受精结籽。晚熟品种也是如此。

抽薹开花的延续时间依栽培和采种方法而异。随园采种的中熟、晚熟品种，从头年10～11月开始抽薹，直至翌年2月中、下旬才完成抽薹，至3月才完成开花，历时半年；大株采种者一般于9月下旬播种，11～12月开始抽薹开花，翌年3月底完成开花结籽，历时4个月；中株采种一般于10月上旬播种，12月至翌年1月开始抽薹开花，历时3个半月；小株采种10月中、下旬播种，翌年1月开始抽薹开花，3月底完成开花结籽，历时3个月。在长江流域一般不做春播采种，因为其阶段发育太快，开花结籽少，所以种子产量太低。

（五）种荚成熟期

红菜薹的种荚由花柱发育而成，开花授粉后10～15天种荚基本形成，然后便是种子成熟。这一过程的快慢与温度高低有关，温度高时15～20天，温度低时20～25天。一般开花后30天左右种子成熟，此时便可采收。

（六）种子休眠期

种子休眠有2种可能的原因：一是种子本身未完全通过生理成熟或存在着发芽的障碍，虽然给予适当的发芽条件而仍不能萌发；另一种是种子已具发芽能力，但由于不具备种子发芽所必需的基本条件，种子被迫处于静止状态。红菜薹种子在贮藏过程中，这2种休眠可能都会经历，因为发现多数红菜薹品种的种子都有长短不同的休眠期，因此种子最初一两个月的休眠可能是生理休眠，而后才进入被迫休眠。

虽然种子休眠对植物本身来说是有利的特性，它是植物在长期系统发育过程中形成的抵抗不良环境条件的适应性，但对农业生产却并不一定有利。一方面，如有些品种的种子休眠期很短，往往会在收获前的母株上萌发，影响种子的产量和品质；而休眠期较长的品种就可以减轻或避免这种损失。另一方面，种子休眠期过长也给生产上造成一定的困难。如作物到了播种季节，而种子却仍处于休眠状态，勉强播下地，则田间出苗参差不齐，或根本就不出苗。在测定种子发芽力时，也难以得到正确结果。正因为如此，所以采收的种子在销售过程中会碰到许多问题。如有的经销商将种子拿回去一做发芽试验，发现发芽率有问题，又将种子退回批发商；也有农民买回去马上播种，造成出苗不好。

为了克服种子休眠期过长给生产和种子经营带来的麻烦，可从以下 3 个方面做工作。

（1）种子生产者选择适当的繁制种地点。要求种子采收后有 2～3 个月的休眠时间，待种子休眠期通过后再销售。如湖北省繁制的种子就不存在这个问题，而在北方生产的种子当年销售，休眠期长的品种就有问题。

（2）种子生产者搞清楚所生产品种的种子休眠期有多长，什么时候可以通过，并向种子经销商说清楚。

（3）生产者万一碰到了有休眠期的新种子，可用 200 微升/升的赤霉素溶液浸种催芽，待种子萌动后再播，以避免生产损失。

三、红菜薹对环境条件的要求

红菜薹栽培的目的，就是要在较短时间内获得较高的菜薹产量。这是它与大白菜、小白菜栽培的不同之处。因此，在其生长发育的各个阶段，都要围绕提高菜薹的产量而给予适当的环境条件。总的来讲，红菜薹对温度、光照、营养元素、土壤条件和水分等方面的要求与大白菜、小白菜相似，都喜欢较冷凉湿润的气候、肥沃的土壤和充足的光照，但在各个生长发育阶段又各有侧重。

（一）温度

适宜栽培的温度是 10～30 ℃，红菜薹在这个温度范围内，只要有水分供给，都可发芽，但在温度高时比在温度低时发芽快。据试验，武汉地区在 8 月下旬播种覆土较浅的情况下，白天每隔 1 小时浇一次水，24 小时就可出苗整齐，但在 10 ℃左右，则延长到 10 天左右。红菜薹夏秋育苗时，正值高温干旱季节，种子又都播在土壤表面，覆土很浅，地面干燥温度可升至 40 ℃以上，甚至超过 50 ℃。因此，保持土壤湿润，不断地通过水分蒸发来降低土壤温度是育苗成功的关键。此时幼苗对水分很敏感，但植株需水量并不大。幼苗稍大一点，以 25 ℃左右生长良好。

进入莲座期后，适宜的生长温度为 20 ℃左右，以不超过 22 ℃和不低于 17 ℃较好，但耐热的早熟品种稍高一点也生长良好。此时在武汉正值 9 月中、下旬乃至 10 月上旬，正是红菜薹莲座叶快速生长期，也是植株增重最快的时期。不仅要求温度适宜，而且最好是昼夜温差大的晴天，这样病害也会少一些，有利于莲座叶的形成。

而进入菜薹产品器官形成的时候，则以 10 ℃左右的低温，偶尔有点轻霜为最好，不仅菜薹抽得快，而且品质也好。但结冰的严霜或较长时间处于－4 ℃以下会将菜薹冻坏，失去食用价值。12 月至翌年 1 月如果碰上雨雪冰冻会使植株全部冻死，但只下雪不结冰，雪很快溶化掉，则对菜薹损失不大，天晴后照样会抽薹。因为薹座和叶中贮藏的养分可供给新菜薹生长，随后菜薹上的叶可行光合作用。曾育出一个杂种一代，在雪过天晴后抽薹特别快，但因其熟性太晚，没有推广。

种株进入抽薹开花后，10～15 ℃有利于开花结籽，5 ℃以下花器发育不良，即使开了花也不结籽，10～20 ℃有利于种子形成。超过 25 ℃或低于 10 ℃易发生落果。在 25～30 ℃时，植株开花快而猛导致营养跟不上，花而不实现象严重，种子产量低。

总之，红菜薹幼苗对高温和低温的适应性比抽薹开花期强，能在薹期会被冻死的气温下顺利越冬。但幼苗在低温影响下，在没形成莲座叶时就抽薹，繁制种时必须注意此特性。

（二）光照

光合作用乃是产生有机物质的重要途径。因此，光合作用对红菜薹的产量和品质起决定性的作用。

红菜薹在适宜于光合作用的条件下，其光合作用强度为 5～10 毫克/(分米^2 ·小时)，红菜薹在 9～10 毫克/(分米^2 ·小时)。要获得品质优良的产品，必须长时间保持其足够的叶面积。所以，采用适当的农业技术措施，以提高光合强度有特别重大的意义。据有关资料分析，光合作用强弱与以下一些因素有关。

1. 类型品种与光合强度的关系

据李家文报道，在芸薹种的 3 个亚种——大白菜、小白菜和乌塌菜中，乌塌菜的光合强度最大，为 11.0 毫克/(分米^2 ·小时)，其次为小白菜，在 9.12～9.70 毫克/(分米^2 ·小时)，而大白菜在 7.69～9.51 毫克/(分米^2 ·小时)。在同一亚种中，叶色较深的品种比叶色较浅的品种光合强度大。红菜薹属于小白菜亚种，故其光合强度应与小白菜近似。

2. 温度对光合作用的影响

红菜薹的光合作用受温度影响，其强度的变化可分为下列 5 个阶段：

(1) 温度在 10 ℃以下，光照强度几无实际价值。因此，10 ℃为有效光合作用的温度始限。

(2) 温度在 10～15 ℃时，光合作用随温度上升而加强，光合强度在 5 毫克/(分米^2·小时)。因此，10～15 ℃为光合作用微弱的温度范围。

(3) 温度在 15～22 ℃时，白菜光合强度由 5 毫克/(分米^2·小时) 增至 10 毫克/(分米^2·小时)。因此，15～22 ℃为光合作用的适温范围。

(4) 温度在 22～32 ℃时，因为呼吸作用急剧加强，真正光合强度虽继续缓慢上升至 11 毫克/(分米^2·小时)，而表观光合强度由 9 毫克/(分米^2·小时) 下降至约5 毫克/(分米^2·小时)。因此，22～32 ℃为光合作用衰落的温度范围。

(5) 温度在 32 ℃以上时，呼吸强度超过表观光合强度，即光合作用制造的养分全部被本身的呼吸作用所消耗掉。

上述温度与光合强度的关系是指一般规律。近几年来一些反季栽培品种的育成，使得小白菜、红菜薹对于温度特别是对高温的适应性更强。因此，在武汉提早至日平均气温 29.4 ℃的 8 月上旬播种和加强水肥管理的情况下，也能缓慢生长，形成莲座叶。但根据红菜薹生长发育、产品器官形成、光合作用与温度的关系分析，湖北武汉地区红菜薹以 8 月下旬播种者为最好。

3. 影响光合强度的其他因素

(1) 生育时期。红菜薹光合强度以主侧薹抽生时为最强，莲座叶形成期次之，幼苗期和采收后期较弱。在其光合作用最强的时候，必须保证水肥供给，才能得到高产。

(2) 光照强度对光合作用的影响。红菜薹的光合补偿点约为 750 勒克斯，光饱和点约为 15 000 勒克斯。照度由 750 勒克斯升至 15 000 勒克斯的范围内，光照强度随照度的增加而加强。照度达 15 000 勒克斯以上时，光合作用趋于稳定。

(3) 光合作用一日间的变化。一般而言，一天中光合作用以 9 时 30 分至 14 时 30 分为最强，这中间的 11 时 30 分至 12 时 30 分略低。因为中午 12 时左右光照强烈，易造成叶片部分萎蔫，如果肥水条件好，不发生萎蔫，则可保持光合作用处于高峰期。

(4) 水分对光合作用的影响。红菜薹必须有充足的水分供给，才能正常地进行光合作用。水分缺乏而叶子萎蔫对光合作用有明显的不良影响。萎蔫越严重，光合作用越弱。因此，在栽培上应经常保持水分充足，以免降低光合强度，影响营养物质的合成。

(5) 营养对光合作用的影响。各种矿质营养元素对红菜薹的光合作用都有影响，其中特别重要的是氮。氮能保证叶片中叶绿体的形成和积累，又能使蛋白质迅速合成，而减少淀粉在叶绿体中的积累。因此，合理施肥特别是施用充足的氮肥，能加强红菜薹的光合作用，根外追肥的效果特别明显。

（三）水分

水分是植株的主要成分，同时也是其用以调节机体与外界环境条件保持平衡的媒介物质。据测定，红菜薹植株平均重在 1 900 克左右，一般每 667 米^2 栽 3 500株，那么其总重将达到 6 650 千克，其中 91%是水，所以在 6 650 千克中，水分就占了 6 051.5 千克。而每形成 1 千克生物学产量，在其生命活动过程中将消耗 28.6 千克的水分，可见水分对于红菜薹的菜薹形成是何等重要。

红菜薹对水分的要求，在不同生育时期有极显著的差异。红菜薹为了保持生命活动正常与适应外界环境条件，特别是温度的变化，需要靠蒸腾作用来控制。据资料介绍，在 25 ℃时白菜类蔬菜的蒸腾强度［克/（百克鲜重・30 分钟）］幼苗期为 17 克水分，莲座期约为 15 克，结球期为 12 克。温度每增加或减少 1 ℃，蒸腾强度将上升或减少 20%左右。按 27 ℃计算，6 650 千克植株（莲座期）每天将消耗 1 吨水，红菜薹的莲座期达 78 天，需水 78 吨，加上苗期和莲座叶形成的 60 天，则每 667 米^2 用于蒸腾作用的水分达 100 吨左右。实际数字可能小一点，因为冬季气温较低，蒸发量相对要少一些。

具体说，红菜薹在发芽期所需水分的量很少，但是必须有充足的土壤水分，才能保证发芽和幼苗出土整齐。幼苗期的需水量也不大，但因根群尚未发达，吸水能力很弱，所以也要保持土壤湿润，并且要求很严格。莲座期形成阶段，植株重由 100 克左右增加到 1 900 克，生长极为迅速，此时温度又较高，所以对水分的需要量很大，必须保证供给，稍有缺水都将降低光合强度而影响生长。至菜薹采收期，此期约 3 个月时间，植株重量一直维持在 1 800 克左右。其需水量很大，此时尽管温度稍低，但因雨水很少且多晴天，所以稍不注意，田间仍易出现叶片萎蔫，因此只有适时灌溉，才能保证菜薹的迅速抽生。留种田开春后抽薹开花，虽对水分要求也高，但因此时雨水较多，所以植株一般不易缺水，但个别春旱年份应注意植株动态适时灌水。

（四）矿物质营养

矿物质营养中，氮的作用对红菜薹的生长最为重要。氮对于叶片的生长有强烈的促进作用，直接影响各级叶片，特别是莲座叶的形成，只有莲座叶生长良好，才能保证菜薹发育正常。其作用一是促进叶片发达而扩大光合作用的面积，二是还能延缓叶片的衰老，使菜薹形成期的叶子不致早衰而长时期保持旺盛的光合作用。这样不但提高产量，还可提高菜薹的品质。采种田在开花期和种子形成期，田间也需要维持一定的氮素水平，才能保持薹叶生命活动长盛不衰，形成更多的营养物质供给开花和籽粒发育，使种子充实，千粒重增加，而提高种子产量。植株缺氮时，植株将生长不良，会造成不同程度的减产。

磷有促进植物生长点细胞分生的作用，对于红菜薹的影响是多方面的。首先，它能促进根的生长，使须根分枝多而发达，增加红菜薹吸收养分和水分的能力。其次，它能加强新叶的分化而迅速形成莲座。再次，它能加速菜薹分枝的分化，从而促进主薹、侧薹、孙薹的生长发育，使红菜薹的产品器官快速形成。最后，它还能促进开花和种子的发育。磷素缺乏时生长受到抑制，产量降低，严重缺磷时，叶背和叶柄上发生紫色。

钾对于碳水化合物和蛋白质的制造和转化运输有重要的作用，所以对红菜薹产品器官的形成有很大的关系。特别是菜薹形成时，为保证莲座叶大量制造养分而转化输送到菜薹中贮藏，尤其需要更多的钾，同时钾也是茎秆的重要组成成分。缺钾时，从植株基部的莲座叶开始，叶边沿先变为黄色，并逐步向叶片中间发展。到叶子中部呈黄色时，边沿就变为枯褐色，农民称为“焦边”现象。这种现象渐向植株上部的叶子发展，严重时基部叶子枯死而残留在茎上。在缺钾的情况下，莲座叶不待菜薹抽出就未老先衰，致使光合作用的效率大大降低，严重影响菜薹产量。

氮、磷、钾三要素对红菜薹的生长虽各有其特殊的作用，但它们的作用是相互依存和相互制约的，所以必须做合理的配合。氮虽有促进叶部生长的功效，但是施用过多而缺乏磷、钾的时候，红菜薹的叶子徒长而延迟菜薹的抽生。但如合理配合磷、钾的供应时，磷可促进菜薹分生，钾能加速养分的制造和转运，就能加速菜薹的形成和采收。

除了氮、磷、钾三要素外，红菜薹还需要一定量的其他元素。其中，主要的是钙、硼等。钙缺乏时，叶缘腐烂，生育中期缺钙，会发生心腐现象，即中央莲座叶或次生莲座叶的边沿或部分发生干腐而不能正常伸展，成都胭脂红此现象比较严重。缺硼既影响钙的吸收，还会引起叶柄和叶脉木栓化，造成叶片周边枯死，如果是采种的话，会带来花而不实。克服钙、硼等微量元素缺乏的方法是多施用有机肥，如堆肥、饼肥和畜禽粪肥等。明显缺乏某种元素时，也可作底肥或追肥施入土中，也可作追肥进行叶面喷施。

（五）土壤条件

红菜薹对矿物质养分和水分的吸收量很大，但它的根系很浅，吸收水分和养分的范围较小。因此，它对土壤条件要求颇为严格。一般而言，以轻松的沙质壤土栽培红菜薹表现最好，如湖北江汉平原的潜江、仙桃、天门、汉川等市郊区及武汉市新沟、慈惠农场等地都是这种土壤，是红菜薹的生产区。这些地区种的红菜薹产量高、品质佳，不仅供应当地市场，而且远销北京等大城市。

在沙土地上也可种植红菜薹，这种土地透气性、透水性良好，有利于幼苗生长，但不利于莲座叶的形成和菜薹的生长发育。因为其沙多土少，保水保肥力很差，所以有机质和氮磷钾的含量都少，满足不了大量植株快速生长的需要，而施入土中的肥又易于流失，雨水、灌水越多则流失越快。如果一定要在沙土地种红菜薹，则应多施有机肥，矿物质肥料宜少吃多餐，不宜一次施用过多，以减少流失。

黏土地因土粒细，通透性差，雨天土壤泥泞，干时土壤板结，本不利于红菜薹的生长发育。但武汉地区的吴家山农场和原洪山宝塔周围却是红菜薹的有名产地。据分析，在这种土壤上抢墒多耕多耙，采用深沟高畦，多施有机肥，也可长出很好的菜薹，而且保水保肥力强，所以菜薹的生长后劲足。华中农业大学蔬菜试验地就是这种土壤，并且每年菜薹产量都较高。

由上述情况来看，虽说红菜薹对土壤有比较严格的要求，但对不同土壤只要采取相应的栽培措施，也是可以获得较好收成的。

红菜薹对土壤酸碱度以微酸性土，即 pH 6.5～7.0 为最适宜。

四、红菜薹栽培的研究进展

有关红菜薹栽培技术方面的论文报道有近 40 篇，有些内容已融入后面的栽培技术中，其他大部分内容将在下面分别介绍，主要包括红菜薹的生长发育规律、形态建成、产量构成、栽培季节、一些化肥和试剂对生长发育和产量的影响、抗冻性及在耕作改革中的利用价值。下面分别介绍相关内容。

（一）生长发育规律

1. 花芽分化

陈军、陈春（1984）通过对十月红品种花芽分化过程进行解剖学观察，指出红菜薹花芽形成的过程可划分为以下 6 个时期：

（1）花原基未分化期：在第 1～2 片真叶期，生长锥圆而狭小，周围可见已分化的叶原基。

（2）花原基分化始期：在第 3～4 片真叶期，子叶健在，生长锥体积增大，周围有明显突起，即花原基出现。这是营养生长转向生殖生长过渡时期的开始。

（3）花原基分化期：在第 4～5 片真叶展出时，子叶尚在，花原基增大伸长，外层可见初生萼原基。内层又出现初生突起，花原基基部伸长，分化成花柄。

（4）萼片形成期：在第 5～6 片真叶展出时，第一花原基外层分化出四片萼原基伸长至顶部叠合。内层已有明显的雌、雄蕊突起。第三、第四花原基已相继分化。

（5）雌、雄蕊形成期：在第 6～8 片真叶展出时，第一花原基内层分化雌、雄蕊，并在萼片与雌、雄蕊之间可见花瓣原基突起。

（6）花瓣形成期：在第 8～12 片真叶展出时，第一花原基雌蕊、雄蕊发育的同时，花瓣突起明显可见。此时第一花原基的花器官分化完毕。

花芽分化是植株体内生理变化和外界环境条件综合利用下产生的质变，不同品种、不同个体及栽培条件、气温的高低都会对其开始分化的早晚和分化的快慢有影响。

2. 生长发育规律

据华中农业大学晏儒来、许士琴和戴玲卿等观察，1994 年 8 月 18 日播种，9 月 11 日定植的早熟品种 834－1（54 天始采收），中熟品种十月红二号的较晚熟株系（74 天始采收）、9401 为一晚熟 F_1 代（94 天始采收）。其同化器官、产品器官的形成及重量变化综述如下：

（1）功能叶的形成。苗叶的形成期，834－1、十月红二号和 9401 分别为播后 33、34 和 36 天，早晚相差 3 天；初生莲座叶形成期三者分别为播后 53、72 和 72 天，早晚相差 19 天；次生莲座叶形成期分别为播后 61、94 和 117 天，早、晚相差 56 天；再生莲座叶形成期为播后 79、100 和 140 天，早晚相差 61 天。

（2）菜薹的形成。各级菜薹的形成以开始采收为标准，834－1、十月红二号和 9401 主薹开始采收的时间分别为 50、70 和 98 天，先后相差 48 天；侧薹（子薹）开始采收的时间分别为 57、102 和 112 天，先后相差 55 天；孙薹开始采收的时间分别为 82、121 和 166 天，早晚相差 84 天。

（3）生物学产量（不含根）构成及其变化。依据 1993 年 9 月 15 日至 1994 年 2 月 3 日的资料记载，可初步看出红菜薹薹叶重、叶柄重、薹重、薹座重和总重（不含根）的变化规律及其相应关系（表 2－2）。

表 2－2　红菜薹生物学产量（不含根）构成及其变化

观察日期	薹叶重（克）	叶柄重（克）	薹重（克）	薹座重（克）	总重（不含根）（克）
1993 年 9 月 15 日	1.20	0.70		0.16	2.06
1993 年 9 月 25 日	14.28	12.94		1.18	28.44
1993 年 10 月 5 日	50.72	51.74		2.84	105.44
1993 年 10 月 15 日	77.28	153.76		15.70	246.74
1993 年 10 月 25 日	160.00	340.00		113.00	613.00
1993 年 11 月 4 日	220.00	480.00	3.00	150.00	853.00
1993 年 11 月 14 日	467.00	1 220.00	4.40	208.00	1 899.40
1993 年 11 月 24 日	345.00	1 090.00	20.10	265.00	1 720.10
1993 年 12 月 4 日	420.00	1 205.00	28.60	245.40	1 799.00
1993 年 12 月 14 日	405.00	1 130.00	14.30	284.70	1 834.00
1993 年 12 月 24 日	294.00	770.00	57.20	445.80	1 567.00
1994 年 1 月 3 日	300.00	665.00	234.00	650.00	1 849.00
1994 年 1 月 13 日	340.00	775.00	153.10	541.90	1 783.00
1994 年 1 月 23 日	273.00	398.00	279.50	833.50	1 584.00
1994 年 2 月 3 日	100.00	190.00	486.70	932.30	1 709.00

注：1. 所有观察植株的菜薹都留至观察时测重。

2. 所有数据均为 10 株均重，观察品种为十月红二号。

从表 2-2 中资料可以看出以下几个问题。

① 叶重的变化。在所观察的 141 天中，十月红二号叶片重增长最快的时间是在播种后 60 天左右，叶片重达 467.00 克，约有 30 天叶片重维持在 400 克以上；120 天以后，叶片重开始下降，至春暖抽薹后，叶片重降至 100.00 克。叶柄重的变化趋势与叶片一致，但重量为叶片的 2 倍以上。

② 薹重的变化。播种后 80 天才开始采收菜薹，直至 120 天菜薹增长很慢，至 130 天以后菜薹增长加快，2 月 3 日最后一次采收，薹重达 486.70 克，但这时的薹已经不完全是商品菜薹。

③ 薹座重的变化。薹座由上胚轴形成，着生菜薹的地方称为薹座，俗称“菜蔸”。它是随着植株生长发育而壮大，稳步增重，最后达 932.30 克，采收的菜薹越多，则薹座越大。

④ 总重（不含根）的变化。植株生长至 60 天左右时，总重达最高峰，以后长期维持在 1 700～1 800 克，直至最后一次观察，似乎其他部位重量的变化，并不影响总重。

（4）生长发育顺序。不管植株大小、重量如何，整个植株生长发育都遵循着一个固定模式在运转，即种子播种出苗后地下长根，地上则经历子叶→苗叶→初生莲座叶→抽主薹（采收后）→次生莲座叶→抽子薹（采收后）→再生莲座叶→抽孙薹（采收后）→叶、薹同时生长。如此生生息息，从不紊乱。

据图 2-9 显示，叶片重、叶柄重在植株生长的前 50 天生长很慢；50～60

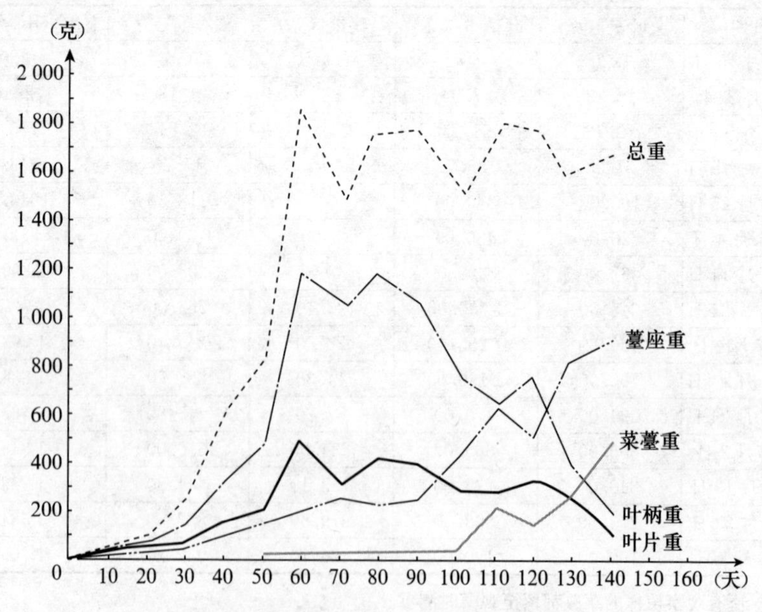

图 2-9 红菜薹植株地上部各部位生长增重坐标图

天时生长加快，60 天时达最高峰，此时正值初生莲座叶的形成期；60～120 天时维持在高水平；120 天以后重量逐渐减少，此时正值各级莲座叶衰老脱落。菜薹在 80 天时才开始采收，在 80～130 天这段时期为低增长期，130 天以后增长加快，140 天时达最高峰。薹座重和总重均处于较稳定的增长状态。

从各部位重量比分析，叶片增长的高峰期（11 月 14 日），叶片重占总重的 24.58%，叶柄重占 64.24%，薹座重占 10.95%；生长到 2 月 3 日时，叶片重只占 5.85%，叶柄重占 11.11%，薹重占 28.48%，薹座重占 54.55%。由此可以看出，产品器官菜薹重自始至终所占的比重都不高。因此，如何提高红菜薹的经济产量是值得探讨的课题。

3. 红菜薹产量构成因素的研究

据刘乐承、晏儒来（1998）的研究报道，侧薹数、侧薹重和孙薹数 3 个性状对单株产量的直接效应为正作用，三者之间相互的间接效应又能加强这种正作用，它们的决定系数均较大；孙薹重对单株产量的直接效应同它与单株产量的相关存在正负不一的矛盾，它的决定系数也较小；现蕾期对单株产量有很微弱的负作用，其决定系数也较小。而徐跃进、晏儒来、向长萍等有关早熟红菜薹的研究结果是孙薹数、主薹重和侧薹重对单株产量的直接影响显著，且为正值，而孙薹重对单株产量的直接影响为负值。2 篇报道的结果不尽一致，可能与选材有关，早熟品种侧薹数较少。这个研究结果可作为选择栽培品种的参考。

4. 栽培季节

1980 年，华中农业大学张日藻用同一株系种子从 8 月 14 日开始，至 9 月 19 日分 6 期播种，小区面积为 6.7 米^2 栽 35 株，其结果表明播种至初采收的天数分别为 57 天、56 天、53 天、58 天、58 天和 77 天，产量分别为 9.13 千克、13.04 千克、13.51 千克、9.96 千克、7.88 千克和 5.50 千克，发病率分别为 48.57%、28.57%、22.86%、20.00%、8.57%和 0.00%。据此，认为武汉地区红菜薹栽培应避开高温，于 8 月下旬播种最为适宜。此时播种虽发病率也较高，但病情较轻，所以产量最高。据多年观察，如果作为春节前后供应市场，则应选耐寒较强的中晚熟品种，在 9 月下旬至 10 月上旬播种，这样既可防冻，又可获得较高产量。

据付蓄杰（2001）报道，在牡丹江地区栽培的 5 月 29 日、6 月 10 日和 6 月 20 日 3 个播期中，十月红一号以 6 月 20 日播种者产量最高，品质也较好。每 667 米^2 可产商品菜薹 2 500 千克左右。

据卜秀艳、李强（2001）报道，在东北地区可于春、夏、秋三季排开播种，早春可用保护设施播种育苗，夏季可于 6 月播种，并在露地育苗，秋季栽培可利用保护设施作深秋延后栽培。

据饶璐璐、王岩（1991）报道，在北京可作春秋两季栽培，春季于 3 月下旬至 4 月上旬播种，温度低时用阳畦育苗；秋季栽培从 7 月下旬开始，至 9 月下旬均可播种，温度高时在露地育苗，晚播者在保护地栽培。

据金会波、董福长、张伟报道，东北红菜薹作保护地栽培，于8月中旬露地播种育苗，定植于温室中，效果很好。

赵韬报道，在河北省日光温室栽培可于9月中旬至翌年1月下旬排开播种，大棚春提前栽培于2月上中旬播种，大棚秋延后栽培于8月下旬至9月上旬播种，苗龄一般为20～30天。适栽品种为十月红、九月鲜。

张闻、于哲光报道，在河南开封栽培红菜薹，一般早熟品种于8～9月播种，晚熟品种在9～10月播种。

黄正国等（1993）引种十月红菜薹成功，于8月下旬至9月初播种，4～5片真叶定植，每667米^{2}栽3 000株。

林明光（1997）报道，早熟品种于8～9月播种，晚熟品种于9～10月播种育苗，苗龄25～30天。

冯桂云（2006）报道，当地栽培红菜薹于7月上旬遮阳育苗，苗龄20天定植。

徐小平等（2007）报道，其试验于10月15日播种育苗，12月1日定植。

吴朝林（1999）报道，长沙地区红菜薹一般于8月中、下旬至9月中旬播种，幼苗5～6片真叶定植，每667米^{2}栽3 000～3 500株。

5. 化肥及试剂对红菜薹生长发育和产量的影响

（1）氮素水平和密度对红菜薹光合速率的影响。据徐跃进等（1997）报道，红菜薹的光合速率日变化为“午休型”。其坐标图为双峰曲线，10～11时为高峰，16时为低峰，2时为低谷。氮素水平在每公顷施150、225、300千克的情况下，施氮越高，则光合速率越大。种植密度在每公顷4.2万、4.8万、5.4万株的密度下，越密则光合速率越小。光合速率在各处理中以纯氮300千克，4.2万株处理的叶面积、叶绿素含量和比叶重测定值均最高，3项测定值在品种之间的表现是：叶面积以华红一号（F_1代）最高，834－1（父本）居中，36－1（母本）最低；比叶重以36－1最高，华红一号居中，834－1最低；叶绿素含量以华红一号最高，36－1次之，834－1最低。

（2）红菜薹对磷的吸收与利用。据吴朝林、彭选林（1993）报道，1991年他们应用放射性^{32}P标记，用盆栽方式，研究了红菜薹植株对基施磷和叶面施磷的吸收利用特点。结果显示，植株对基肥磷的吸收利用，不同生育期吸收磷量不同，定植后30天的莲座叶期，植株吸收磷少，占全生育期吸收磷总量的5.8%；进入抽薹期，植株吸收磷量大增，从植株开始现蕾到主薹采收的25天内，植株吸收磷量为全生育期吸收磷总量的36.0%；在子薹生长期中，20天内共吸收磷量占全生育期吸收磷总量的57.5%。

植株吸收的磷，在莲座期有93.16%输送到叶中，植株抽薹后，磷向叶输送量减少，转向薹运送。主薹采收期，薹占有全株吸收量的47.35%。子薹采收时，薹占有全株吸收量的58.13%。

全植株含磷量平均为干物重的0.18%。在植株各部位中，薹含磷量较多，叶和根含磷较少，主薹单位干重含磷比叶、根高70%以上，而子薹含磷量比叶、根高90%以上。

红菜薹对叶面施磷的利用率高，施磷后20天测定，有75.41%的磷素已被吸收，30天后吸收利用率达96.13%。向各部位输送的比例与根吸收的差不多，即向薹输送较多、叶次之，根系最少。

基施磷对红菜薹干重的影响是：莲座期植株叶干重与对照无明显影响；主薹期植株根干重比对照增加45.5%，叶干重增加21.0%，而薹干重与对照无明显差别；子薹采收期，施磷对植株的影响愈加明显，根干重、叶干重和薹干重分别比对照增加57.06%、84.22%和63.67%。

（3）多效唑对红菜薹产量的影响。陈战鸣（1992）报道，用200微升/升的多效唑处理十月红菜薹三叶苗一次，不仅能有效地控制幼苗徒长，提高幼苗质量，而且还能极显著地增加产量，提高抗病力。虽说始收期比对照晚7天左右，但子薹、孙薹多，中期产量高，总产比对照增产26.1%。

（4）“植物动力2003”应用效果。“植物动力2003”是一种新型微肥，唐仁华、金钟恒（1997）报道，用1∶1000倍液于抽薹始期喷施叶面1次（11月17日）和2次（12月3日再喷一次），较对照分别增产50.4%和39.9%，且单株薹数和单薹重均比对照高。徐跃进、杨建华（1997）试验结果也表明，1∶1000倍液处理的效果最好。

（5）铜对红菜薹的生态毒理效应。戴灵鹏等（2004）研究结果表明，盆栽时低浓度的铜50～100毫克/千克促进红菜薹的生长，使苗高、生物量增大；其生理生化指标，如叶绿素含量、POD、SOD的活性均有不同程度的升高。但当浓度达200毫克/千克以上时，红菜薹出现黄化失绿、植株矮化、开花抽薹期延长和烂根等中毒现象，叶绿素含量、POD、SOD的活性明显低于对照。另外，高浓度铜下植物内矿质养分的缺失，进一步加深了植物体内的铜毒害，当铜离子浓度达到500毫克/千克时，大多数植株死亡。

（二）抗冻性

刘乐承、晏儒来（1998）用19份红菜薹材料为试材，将离体叶片组织经过系列冷冻低温处理后，测定电导率，进而计算细胞膜伤害率。然后，用Logistic方程拟合细胞伤害率与温度的关系，求出拐点温度来估计材料的低温致死温度。结果表明：拐点温度能准确估计红菜薹的抗冻性，红菜薹的低温致死温度因材而异，在−11～−5℃；抗冻性与农艺性状的关系表现为生育期越晚熟抗冻力越强，总莲座叶数越多抗冻力也越强，同时也有植株越高大抗冻能力越强的趋势。

（三）在农村耕作制度改革中的利用价值

刘民军等（2007）介绍了他们在武汉市江夏区光明、光星、豹山等村连片推广“中稻（芋头）—红菜薹”栽培模式，面积达600多公顷，每667米^{2}产值达4 000元。做法是选用多子芋于3月上中旬栽种，每667米^{2}栽2 000～2 500株，9月上中旬采收，每667米^{2}采收1 500～2 000千克；中稻选用金优63、金优桂99等品种，3月中、下旬抢晴播种，8月中旬收割。后茬红菜薹选用红杂50号、红杂60号等，或大股子、十月红等品种，于8月中、下旬播种，9月定植，10月开始采收，直至春节后才采收完。

谢长文（2000）也报道了“中稻——红菜薹”的栽培模式，每667米^{2}产菜薹2 000千克，每千克可卖2～2.5元，产值达4 000～4 500元。

五、红菜薹的主要栽培品种

（一）按熟性分类的标准

目前，红菜薹栽培品种主要分为两部分，一部分是新育成品种，另一部分是原有的农家品种。由于华中农业大学红菜薹育种起步较早，又得到武汉市科学技术委员会立项资助，所以在新育成品种中，多数为华中农业大学所育成。湖南省农业科学院蔬菜研究所、湖北省农业科学院蔬菜科技中心也相继开展了红菜薹的育种工作，并育成推广了少量品种。农家品种则来自一些栽培历史较悠久的省市，如湖北武汉、湖南长沙、四川成都和江苏无锡等地。这些品种按熟性分类，大致上可分为7类，即：

（1）极早熟品种：播种至开始采收在50天以内，这类品种都是近年新育成品种。

（2）早熟品种：播种后50～60天开始采收，这类品种也是近年新育成品种。大多为目前主栽品种。

（3）早中熟品种：播种后60～70天开始采收，这类品种大多为近年新育成品种，都是各地主栽品种。

（4）中熟品种：播种后70～80天开始采收，这类品种中有新育成品种，也有老品种。

（5）中晚熟品种：播种后80～90天开始采收，这类品种中只有个别品种为新育成品种，大多为老农家品种。

（6）晚熟品种：播种后90～100天开始采收，这类品种几乎全是老农家品种，现生产中很少有人使用。

(7) 极晚熟品种：播种后100天以上开始采收，全为老农家品种，在红菜薹的主产区已无人使用，再晚熟的品种都归为此类。

(二) 不同熟性的品种

1. 极早熟品种

(1) 红杂40号。华中农业大学晏儒来、向长萍等于1999年育成推广，是用雄性不育系作母本，自交系作父本配成的杂种一代。极早熟，播种后40多天开始采收，植株初生莲座叶5～6片，主薹较细，侧薹4～5根。薹色鲜艳，无蜡粉，有时色较淡。薹叶3～4片，三角形。薹长30厘米左右，横径0.8～1.0厘米，薹重20～30克，商品性较好。较抗病，较耐高温，适作早熟栽培，元旦前可收完，一般每667米^{2}产量1 500千克左右。适于长江流域地区作秋季栽培或华南地区作越冬栽培。

(2) 湘红九月。由湖南省农业科学院蔬菜研究所吴朝林等育成，是由雄性不育系和自交系配成的杂种一代。极早熟，播后45天开始采收。植株长势中等，株高38厘米，开展度53厘米，初生莲座叶9片，薹横径1.8厘米，紫红色，有蜡粉，单薹重40克左右。耐热性较强，高温季节生产的菜薹无苦味，粗纤维少，口感好。

(3) 鄂红一号。由湖北省农业科学院蔬菜科技中心江红胜、何云启（2003）报道，早熟，播后50天开始采收。株高50厘米，开展度65厘米。初生莲座叶7～9片，叶片顶端为尖形，薹叶尖小。菜薹紫色少蜡粉，色泽鲜艳，肥嫩，单薹重50～80克，长25～35厘米，横径1.5～2.0厘米，元旦节前采收完毕，一般每667米^{2}产量1 000～1 500千克。适于长江流域地区和华南地区秋冬栽培。长势弱，要防早衰。

(4) 红杂50号。华中农业大学晏儒来、向长萍、徐跃进等于1999年育成推广，系用雄性不育系作母本，用小孢子培养育成的自交系作父本配成的杂种一代。极早熟，播种至开始采收50天左右。初生莲座叶6～7片，主薹粗壮，侧薹4～6根，薹色鲜艳无蜡粉。薹叶3～4片，长条形。薹长30～35厘米，横径1.0厘米，薹重32.5克，商品性好。抗黑斑病、病毒病、软腐病和霜霉病，适作早熟栽培，长势较弱，要重施底肥和早追肥，以防早衰，一般每667米^{2}产量1 200～1 600千克，适宜长江流域地区秋冬栽培和华南地区越冬栽培。

2. 早熟品种

(1) 华红一号（9001）。由华中农业大学晏儒来、向长萍、徐跃进等于1990年育成推广，采用十月红二号育成的自交不亲和系$T_3$36－1－1和早熟株系834－1

配成的杂种一代。早熟，自播种至开始采收54天左右。初生莲座叶7～9片，生长势较强，主薹生长正常，侧薹7～8根，薹长30厘米，横径1.9厘米，单薹重30～40克。蜡粉较少，薹色稍粉红，薹叶3～5片。耐热性强，经改良的华红一号商品性更好，纤维少，食味佳。干物质含量7.75%，干重粗纤维10.59%，维生素C每百克含52.7毫克，干重蛋白质含量18.26%，可溶性糖17.39%，硫苷19.70微摩尔/克。宜作早熟栽培，一般每667米^{2}产量1 500～2 000千克（图2-10）。

图2-10　华红一号

（2）早红一号。由湖南亚华种业蔬菜花卉种子分公司谭新跃等报道，该品种早熟，播种至开始采收约55天。薹紫色，被蜡粉，薹长40厘米，横径1.8厘米。风味好，品质佳，宜炒食。产量较高，适作水稻的后作栽培。

（3）华红二号（8902）。由华中农业大学晏儒来、向长萍、徐跃进等于1989年育成推广，系用十月红一号育成的自交不亲和系SI07-1-1和SI83-4-1配成的杂种一代。早熟，播种后55天开始采收菜薹。植株有初生莲座叶7～8片，生长势中等。主薹生长正常，侧薹7～8根，薹长30厘米，横径1.9厘米，单薹重30～40克，薹上蜡粉多，薹色暗紫，薹叶3～4片，耐热性强。菜薹干物质含量7.7%，粗纤维9.23%，每百克干重含维生素C 46.74毫克，蛋白质含量22.18%，可溶性糖13.79%，硫甙含量16.69微摩尔/克。宜作早熟栽培，一般每667米^{2}产1 500～1 800千克（图2-11）。

图2-11　华红二号

（4）湘红一号。由湖南省农业科学院蔬菜研究所吴朝林等于1998年育成。极早熟，从播种到始收45天左右，初生莲座叶7～8片，植株开张度55厘米，株高20～30厘米，菜薹深紫色，无或少蜡粉，单薹重50克，薹横径1.5～2.0厘米，薹生叶少而小。夏秋季栽培每667米^{2}产1 000～1 500千克，秋冬季栽培每667米^{2}产1 500～2 000千克。

（5）五彩红薹一号。由湖南省农业科学院蔬菜研究所育成，为雄性不育系配成的杂种一代。极早熟，播种至开始采收44天，一般只采收主薹、子薹和少量孙薹。生长势中等，开展度53厘米，株高40厘米，莲座叶9片。菜薹紫红色，有蜡粉，薹重40克，薹粗1.7厘米。无苦味、粗纤维少，口感清爽。经测定，含水量91%，总糖含量4.22%，还原糖含量3.21%，干样粗纤维含量10.64%。耐热，较抗软腐病。一般每667米^{2}产量1 500千克左右。

3. 早中熟品种

（1）红杂60号。由华中农业大学晏儒来、向长萍等于1999年育成推广。现已成为红菜薹产区主栽品种之一，系用不育系作母本，自交系作父本配制的杂种一代新品种。早中熟，播种后60～66天开始采收菜薹。植株有初生莲座叶7～8片，主薹粗壮，发育正常，侧薹5～6根，薹色鲜艳，胭脂红，无蜡粉。薹叶3～4片，形尖小，薹长30～40厘米，横径1～1.5厘米，单薹重40克左右，商品性好。生长势较强，较抗黑斑病、软腐病、霜霉病和病毒病，是目前红菜薹生产中的首选品种。适作秋冬栽培，适宜全国各地栽培。一般每667米^{2}产1 500～2 000千克（图2-12）。

（2）十月红一号。由华中农业大学张日藻、刘砾善等于1980年育成推广，为目前主栽品种之一，是从武汉农家品种胭脂红中选株筛选育成的新品种。早中熟，播种后65～70天开始采收菜薹。植株有莲座叶8～9片，主薹粗壮，发育正常，侧薹7～8根，薹色粉红，有蜡粉，薹叶3～5片，形尖小，薹长30～35厘米，横径1.2～1.8厘米，薹重38克左右。生长势强，高抗黑斑病、霜霉病和病毒病，中抗软腐病。适宜长江流域地区作秋冬栽培，一般每667米^{2}产1 200～1 500千克（图2-13）。

图2-12　红杂60号

图2-13　十月红一号

(3) 十月红二号。湖北荆沙一带叫九月鲜，由华中农业大学张日藻、刘砾善等育成推广，是目前主栽品种之一，系从武汉地区农家品种胭脂中选株筛选育成。早中熟，播种后62～65天开始采收菜薹。植株有初生莲座叶7～8片，主薹常发育不良，宜早摘除，侧薹6～7根，薹色鲜红，无蜡粉。薹叶3～5片，形尖小。薹长30～35厘米，横径1.5厘米左右，薹重35克左右，品质优良，食味和菜薹的商品性状都很好。生长势强，耐寒，高抗黑斑病、霜霉病和病毒病，多雨年份易感软腐病。适宜长江流域地区作秋冬栽培，也可作越冬栽培。一般每667米^{2}产1 100～1 400千克（图2-14）。

图2-14 十月红二号

(4) 湘红二号。由湖南省农业科学院蔬菜研究所吴朝林等育成，于1998年通过品种审定。该品种早中熟，从播种至始收60～70天。植株生长势强，株高45厘米，开展度70厘米，莲座叶披针形，10片左右，红绿色，基部少叶翼，叶面有少量蜡粉。薹长30～35厘米，横径2～2.5厘米，薹生叶3～5片，单薹重50～80克，肥嫩，味甜，粗纤维少，品质好。较耐热、耐寒，菜薹生长适温5～15℃，抗病性强，适应性广。一般每667米^{2}产量2 000～2 500千克。

(5) 五彩紫薹二号。湖南省农业科学院蔬菜研究所吴朝林等育成，是由自交不亲和系配成的杂种一代。中早熟，播种后60天左右开始采收。开展度65厘米，株高50厘米，叶色深绿，薹色亮紫，无蜡粉。菜薹肥嫩，粗约1.9厘米，薹叶少而小，侧薹6～8根，抽生快。全株薹数最多可达40多根。较耐热、耐寒，抗病性强。缺点是薹叶偏长。一般每667米^{2}产2 200千克。

(6) 鄂红二号。湖北省农业科学院蔬菜研究中心汪红胜、何云启（2003）报道。该品种早中熟，播种至开始采收60～70天。株高55厘米，开展度70厘米，基生莲座叶7～10片，叶色绿，叶柄、叶主脉紫红色。菜薹长25～35厘米，横径1.5～2.0厘米，单薹重60～90克，薹叶尖小，薹色紫红，鲜艳，无蜡粉，食味稍甜，品质佳，春节前后采收完毕，一般每 667 米^2 产 2 000 千克左右。

（7）成都尖叶子。四川成都地方品种。自播种至开始采收 70 天左右。植株矮生，芽萌发力强。叶片暗绿色，侧薹集中抽出且多而细，薹上叶片的叶柄及叶脉暗紫红色，薹生叶小而较多。

4. 中熟品种

（1）红杂 70 号。由华中农业大学晏儒来、向长萍等于 1999 年育成，目前只有小面积推广，系用不育系作母本，自交系作父本配成的杂种一代。中熟，播种后 71～75 天开始采收菜薹。植株有初生莲座叶 8～10 片，叶色绿，倒孵圆。主薹粗壮，发育正常，侧薹 8～9 根，薹色鲜艳，胭脂红，无蜡粉。薹叶 4～6 片，形尖小。薹长 30～35 厘米，横径 1.5 厘米左右，单薹重 50～60 克，商品性、食味均佳。生长势强，耐低温力较强，抗黑斑病、病毒病和霜霉病等病害和适宜长江流域地区作秋冬栽培和越冬栽培。一般每 667 米^2 产 2 000 千克以上。

（2）绿叶大股子。由武汉市洪山乡蔬菜科学研究所张正焕从原大股子中选早熟株多代比较育成，现在洪山乡有一定栽培面积。中熟，播种后 75 天左右开始采收菜薹。植株初生莲座叶 8～9 片，较高大，叶色绿，卵圆形。主薹粗壮高大，侧薹 7～8 根，薹色暗紫，有蜡粉，薹叶 4～5 片，形较大，薹长 35～40 厘米，横径 1.5～2.0 厘米，一般薹重 50 克左右，大者可达 100 克以上，其中叶重比例较大。食味较淡，品质稍差。较抗霜霉病和软腐病。适宜长江流域地区秋冬栽培，一般每 667 米^2 产 2 000 千克。

（3）阉鸡尾。湖南长沙农家品种。中熟，播种后 78 天开始采收菜薹。植株莲座叶 8～9 片，较高大，叶色绿，卵圆。主薹粗壮，侧薹 7～8 根，薹上有蜡粉，色暗紫，薹叶 4～5 片，叶形较大，薹长 30～35 厘米，横径 1.0～1.8 厘米，薹重 40 克左右。食味较差，有辛辣味。适宜长江流域地区秋冬栽培，一般每 667 米^2 产 1 000 千克左右。

（4）武昌胭脂红。湖北武汉农家品种。中熟，播种后 75～80 天开始采收菜薹。植株莲座叶 8～10 片，较高大，叶色绿，卵圆。主薹有的生长正常，有的退化。侧薹 6～9 根，薹上大多无蜡粉，但也有蜡粉较重的，薹色鲜艳，但也有暗紫色者。薹叶 4～6 片，叶形尖小。薹长 30～40 厘米，横径 1.5 厘米左右。食味佳，商品性状好。现已被十月红二号取代。适于长江流域作秋冬或越冬栽培，一般每 667 米^2 产 1 000 千克左右。

（5）一窝丝。又名小股子，为湖北武昌市郊农家品种，原分布在洪山相国寺一带，现已无人栽培。中熟，播种后 70～75 天开始采收菜薹，春节前采收完。植株莲座叶多而小，紫绿色，先端尖，叶面皱缩，侧薹 10～12 根，均较细，薹长 20～25 厘米，粗 1 厘米左右。具蜡粉，品质较好。现只能作育种的原始材料，一般每 667 米^2 产 800 千克。

（6）华红5号。华中农业大学徐跃进、俞振华等于2002年用雄性不育系与自交系配制的杂种一代。中熟种，播种至开始采收70天以上，盛产期在90～120天。该品种生长势中等，株高55厘米，开展度约65厘米。初生莲座叶8～10片，叶色绿，叶柄、叶全脉为紫红色。主薹发生早，侧薹发生整齐，薹长30厘米，横径1.5～2.0厘米，薹粗上下较均匀，单薹重40～50克，薹叶尖圆，薹色亮紫、鲜艳，无蜡粉，食味微甜，品质佳。较耐寒、耐热，抗病性强。秋冬栽培于春节前后采收完毕，一般每667米^{2}产1 500～1 700千克。

5. 中晚熟品种

（1）成都胭脂红。四川成都农家品种。中晚熟，播种后85天左右开始采收菜薹，植株莲座叶9～10片，主薹发达，侧薹6～7根，株形较差，薹上多蜡粉，色粉红，薹叶5～6片，叶形较大。薹长25～30厘米，横径1～1.3厘米，薹重25～30克，商品性较差，食味微苦，不符多数地区食用习惯。只适四川栽培，每667米^{2}产1 000千克左右。

（2）红叶大股子。是湖北武汉市郊农家品种，武汉菜农又叫喇叭头大股子，过去是武汉地区主栽品种之一，现在只少数菜农在栽培。中晚熟，播种后82～88天开始采收。植株莲座叶9～10片，主薹粗壮，侧薹8～9根，株型高大，薹上多蜡粉，色粉红。掐薹时常将上面几片初生莲座叶掐下来，基部又粗又大，所以叫喇叭头，薹重有时达200克，一般在100克左右，实际大部分为叶重。薹长35～40厘米，横径2厘米左右，薹叶5～6片，叶形大。其菜薹盛收期在春节以后。十月红一号、十月红二号问世后，很快就取代了红叶大股子。今后可能只适作育种的原始材料。

（3）湘红2000。湖南省农业科学院蔬菜研究所吴朝林育成。中晚熟，播种后85天左右开始采收。植株生长势强，开展度约70厘米，株高50厘米。薹紫红色，无蜡粉，有光泽，外观美。薹肉嫩绿色，肉质细腻，味甜。薹叶紫红色，3～4片，叶长20厘米，宽15厘米，主薹粗2.2厘米，最粗3.0厘米，薹重80克，每株5～9根。不耐热，但耐寒，抗病性一般。每667米^{2}产2 500千克左右。

6. 晚熟品种

宜宾摩登红。四川宜宾地方品种，晚熟。本品种突出表现为叶色鲜艳，紫绿色，叶柄、叶脉和菜薹均为紫罗兰色。无蜡粉或少蜡粉，腋芽萌芽力强，侧薹多而壮。薹生叶多而大，叶柄长，菜薹稍有苦味。

7. 极晚熟品种

（1）迟不醒。湖北武汉农家品种，就因为它特别晚熟，所以称为迟不醒。每年8月播种后到翌年开春才抽薹，历经半年才开始采收。由于每年开春后，自2月上旬开始，气温回升，菜薹猛抽，菜农都集中上市造成积压，销售价格猛跌，还是卖不完。因此，自从十月红一号、十月红二号品种育成推广后，该品种就没人种了。

(2) 长沙迟红菜。湖南长沙地方品种。每年9月播种至翌年3月上旬开始采收，3月中、下旬盛收。主薹肥壮，薹叶较大，品质尚可。侧薹发生快，薹含水分多，纤维也多，易老化。

(3) 阴花红油菜。四川成都地方品种。极晚熟，从播种至采收需120天左右。外叶半直立，叶片大，近圆形，暗绿色，叶片表面有皱纹。主薹粗壮，紫红，单株薹重约750克。

六、红菜薹栽培的基本技术

(一) 播种育苗

红菜薹栽培一般都采用育苗移栽，这里介绍播种育苗的简要技术。

1. 播种育苗的时期

红菜薹栽培中，播种育苗的时期应从严掌握。播种过早，软腐病、病毒病发生严重，容易“翻蔸”。播种过迟，病害虽然可以减少，但是由于生长后期的温度降低很快，植株生长速度变慢，从播种至采收的时间延长，有效采收期变短，致使产量下降，也达不到早上市的目的。张日藻于1979—1980年在武汉曾做过播期试验，结果如表2-3所示。

表2-3　红菜薹播期对熟性、产量和病害的影响

播种日期	初收期	播种至初收时间（天）	产量（千克）	发病率（%）
8月14日	10月10日	56	9.1	48.57
8月21日	10月16日	55	13.0	28.57
8月28日	10月20日	53	13.5	22.86
9月5日	11月2日	58	10.0	20.0
9月13日	11月10日	58	7.9	8.57
9月19日	12月5日	77	5.5	0

注：1. 供试品种为十月红二号。

2. 小区面积为6.67米^2，每小区栽35株。

3. 1980年1月25日调查病株率。

从表2-3可以看出以下几个问题：

① 播种期延迟，采收期也相应延迟，但是初收期延迟的天数不与推迟播种的天数同步。8月28日播种比8月21日的晚播7天，但初收期却只晚4天，说明此时播种的外界环境条件更适于红菜薹的生长。而9月19日播种比9月13的

只晚播6天，而初收期却晚25天，说明此时播种的菜薹植株生长发育变慢。

② 播种至初收时间，以8月下旬较短，最短只有53天。9月19日播种的达77天。

③ 不同播期的产量，也以8月下旬较高，达13千克以上，比8月中旬播种的增产42.8%，比9月上、中、下旬播种的分别增产30.0%、64.5%、136.3%。因此，从产量分析，8月下旬是最佳播期。

④ 不同播期与发病率的关系是播种越早，发病率越高。9月19日播种，软腐病发病率为零。

由此可知，红菜薹多数品种在武汉的播种期以处暑节气前后为最适宜。虽上述资料以8月28日为最佳，但熟性晚一些的品种，则需提前一点才能满足其生长发育的需要。

近年由于许多菜市的红菜薹早上市者价高，不少菜农为了抢好价钱，将播种期提早至8月初甚至7月下旬，经常因死株多而带来很大的损失，而且此时正值各地高温干旱季节，管理很费劲。其实要菜薹早上市应从选择早熟品种入手，不应该用中熟品种提早播种。例如，若希望国庆节上市，则宜选红杂40号；若想国庆后上市，选红杂50号、红杂60号。

2. 播种育苗的方法

（1）苗床准备。用于红菜薹播种育苗的苗床，应该选在通风凉爽、土壤肥沃和排灌方便的地段。播种前一个月至半个月，进行翻耕炕土。播种前再耕耙1～2次，以达到土壤松软为目的。播种前最后一次整地时，按每667米^{2}施人畜粪尿，最好是猪粪尿30担或进口复合肥100千克作基肥。如果苗床土比较黏重，每667米^{2}还应施用经过充分腐熟的厩肥5 000千克，均匀撒于土表再翻入表层土中。

（2）苗床的规格。苗床的长与宽，各地规格不尽一致，但为了管理操作方便，则以1.7米^{2}开厢，保证床面宽1.2米比较好。至于厢长则示排灌和走道的需要而定。少雨、地下水位低的地方，沟可以浅一些，湖区多雨和地下水位高的地方，厢沟需20厘米以上。厢开好后，将厢面整平，但不宜将土整得太细，以免浇水后造成土壤板结，影响出苗。

（3）播种。一般都用撒播，每667米^{2}用种0.8～1.0千克。育苗移栽时，大田种植每667米^{2}需种子25～50克。播种后用浅齿耙轻轻耙一遍，将种子耙入土中，切忌覆土过深，以不超过1厘米为好，避免出苗困难。再浇足水分，盖上冷凉纱。

3. 苗床管理

（1）浇水。种子播种后在土壤水分适宜时，3天便可出苗，应注意及时将冷凉纱揭掉。如果土壤水分不足，则应及时浇水，保证出苗的需要。出苗之后，要密切注意幼苗生长的情况进行水分管理，若幼苗子叶发暗，表示水分不足，需马上浇水。如幼苗脚高，子叶色浅绿则宜控制水分，需要浇水时，一次要浇足，不要经常浇。

（2）追肥。育苗期间一般应追 2 次肥，第一次于第一片真叶长出时进行，第二次追肥于第二次间苗后进行。追用的肥料，可以用腐熟的稀薄粪汁，也可用尿素兑水结合浇水进行。

（3）间苗。间苗是培育壮苗的技术措施之一，一般分 2～3 次进行。第一次在第一片真叶期，将过密处的苗扯掉一些。第二次在三叶期，扯掉部分拥挤苗。第三次在定植前 5 天进行，扯掉拥挤处的弱苗，并注意去杂，最后按 5 厘米的间隔留苗。不间苗或留苗过密，会育成高脚苗，定植不易成活，对以后的生长发育影响很大。间苗时应将有毛的、颜色及形态不正常的劣苗、杂苗拔干净，并结合进行除草。

（4）病虫防治。红菜薹出苗后，黄条跳虫甲为害特别严重，随后可能发生菜螟、菜青虫和小菜蛾等虫害。有时还有蚜虫，应随时注意观察，及时予以防治。

（5）苗龄。红菜薹的苗龄早熟种和极早熟种以 22 天左右为好，苗龄过长易发生老苗和苗床中的早抽薹现象，因为早熟性是从菜心转育过来的，所以对低温要求不严。遇上高温、长日照，营养生长受抑制时，就会发生早抽薹，这是种植早熟、极早熟品种时必须重视的。中熟品种苗龄以 25 天左右为好，中晚熟品种苗龄可以在 30 天左右定植，但超过 30 天幼苗质量下降也对定植后的生长发育不利，即所谓不栽满月苗。

（二）整地作畦

1. 深翻炕地施底肥

（1）深耕。红菜薹生长期长而且要求肥沃湿润的土壤条件，因此必须通过整地来创造土壤良好的保水性和保肥性。深耕能造成深厚的松软土层，使根群分布更深，也扩大其吸收水分和营养的范围，对红菜薹生长是有利的。所以，耕地时深度一般应达 20～25 厘米。

（2）炕地。种植红菜薹的土地，应在耕翻后炕晒 10～20 天，凡经过充分炕晒的土地，栽苗后发棵快，生长势更强。在长江流域地区，特别是湖北、湖南和四川等省，除大中城市近郊用老菜地种菜薹外，远郊广大农村常有在早、中稻收获后栽一季红菜薹。对于水稻田栽红菜薹则炕地显得更为重要。一般是将板田耕翻后，令土垡晒干枯，让水浇后自行“爆垡”再墒耙田。随后再耕翻过来、再晒地，待耕作层晒枯后，再抢墒耙地。经过 2 次炕晒耕耙，土块就比较小了。老菜园通过炕晒，也可消灭一些病虫害，同样可以增强土壤透气性，菜薹苗栽后发根会更快。

（3）施底肥。红菜薹虽菜薹的产量不算高，但其生物学产量很高，因此在其全生育期中需肥量很大，所以必须下足底肥，底肥施用量视土壤肥力、肥料的质量和前作而定。如果前作是拔肥力很强的水稻、棉花、玉米、茄子和高粱等作物，则底肥应重施，每667米^{2}宜施有机堆肥2 500千克以上或饼肥100～200千克，在最后一次耕地前撒于土表再翻入土中，也可每667米^{2}用进口复合肥50千克、过磷酸50千克、氯化钾50千克，施法同前。但南方采用埂种沟灌的高畦栽培方法时，化肥也可在开好大厢后，在做高小畦前撒于土表，立即用起垄沟的土将肥盖住。如果土地为老菜园或前作施肥很多，则可稍少一点。但肥料质量很差时，还应增加施用量。

2. 开沟整地

开沟整地之前，首先要考虑的是当地的气候条件、红菜薹栽培季节的降水量、灌溉条件和土壤性质。在长江流域或华南地区，种植红菜薹的秋冬季节，有时降水量很大，需要良好的田间排水系统，而天旱时，又要很好的灌水条件。为了适应生产的需要，武汉菜农创造的深沟高畦、埂种沟灌的栽培方法，较好地解决了排与灌的问题。因此，在南方广大地区可参照使用。但在南方地下水位较高的沙壤地上，特别是那些灌溉条件较差的地区，则宜采用宽厢栽培，不宜起高畦，但厢沟宜深一点，以便下大暴雨时排水。像湖北江汉平原、湖南洞庭湖、江西鄱阳湖、江苏洪泽湖、太湖及长江流域的冲积平原地区土壤，大多地下水位较高，属于农民所说的潮沙土，白天太阳晒枯了表土，但晚上地下水通过毛细现象又来到土表，所以比较耐旱。但我国内蒙古、陕西、宁夏、甘肃、青海和新疆等省、自治区四季少雨，栽红菜薹也应像栽种其他作物一样，采用低厢栽培，主要考虑的是如何灌水和保水。华北平原广大地区，土壤结构较好，透水性强，因此很多地方也采用低厢栽培，但也有很多地方采用宽平厢或高畦栽培，可参照使用。这里重点介绍宽高厢、埂种沟灌和宽低厢3种栽培方法的开沟整地方法。

（1）宽高厢开沟作厢。土地耕耙好以后，按2～3米开厢，沟深20厘米以上，以便于排水。将厢面整平即可，沟在厢面之下，沟就是走道。适宜于地下水位较高的潮沙土地。厢不宜过宽，因为红菜薹为多次采收蔬菜，厢宽了采收时就必然在厢面上踩来踩去，会损伤莲座叶，为病害侵入创造条件，同时也踩紧了土壤。

（2）深沟高畦开沟作畦。土地耕耙平整后，按4～5米开厢沟，沟深20厘米以上。再在宽厢上按1.2米横开畦沟，沟深15厘米。也可将整块土地按1.2米开畦沟、不开厢。如果土地太大，为便于排水，在地中间每隔10米再开横向沟。苗栽在畦上，每畦2行。

（3）低厢整地作畦。采用这种栽培方法时，厢面比走道低。地整好后一般先按8～10米开排水沟，灌水沟应高于厢面，排水沟应低于厢面，灌排水沟按1∶1

相间设置，即一条灌水沟管2大厢的灌水，同样，一条排水沟也负责2大厢的排水。然后在大厢上按1.2～1.4米做埂，畦埂高15～20厘米，再将取土后的畦面整平即可，每畦种2行。

（三）定植

1. 苗龄及壮苗标准

（1）苗龄。红菜薹定植时的苗龄一般为20～30天，依品种熟性而异。在良好的育苗条件下，极早熟和早熟的红杂40号、红杂50号、华红一号、华红二号定植时，苗龄应控制在20～22天；红杂60号、十月红一号、十月红二号以25天左右较好；红杂70号、大股子、胭脂红、阉鸡尾等品种以25～30天较好；有些菜农不分什么品种都栽满月苗，那是不妥的。早熟品种苗长大后如不及时定植，易在苗床中发生抽薹。因为没分栽，它们得不到生长发育所需的营养条件，所以就发生未熟抽薹，这是很多作物常见的返祖现象。有人会问，那些中、晚熟品种为什么不抽薹？道理很简单，因为中晚熟品种的冬性较强，它必须经历较低温度的刺激，才能抽薹。所以，播种再早，也不会发生未熟抽薹。但如果苗床瘠薄、高温和干旱等情况凑在一起，也可能会发生部分抽薹。

（2）壮苗标准。每个菜农都有自己的壮苗标准，壮苗栽下地以后很易成活，不易死苗。而那些瘦弱苗栽下地后，长时间处于萎蔫状态，很难恢复正常生长，稍不小心就死掉了。所以，育苗时必须育出壮苗，是保证丰产的先决条件。归纳起来，壮苗的标准有以下几项：① 上、下胚轴短粗无弯曲，叶柄、茎秆为紫红色。② 幼苗上具5～7片正常叶，叶片较厚，叶色绿。③ 苗心正常，叶片无病虫危害。④ 幼苗根系发达，无根部病害。

这样的幼苗只有在苗床中较稀时才有可能培养出来。有的菜农为了节省苗床，幼苗拥挤，结果培育出来的都是白秆细弱苗，不宜提倡。

2. 种植密度

（1）早熟、极早熟品种，可按行距55厘米，株距30厘米种植，每667米^{2}栽4 000株左右。

（2）中熟品种，按行距60厘米，株距35厘米种植，每667米^{2}栽3 000株左右。

（3）中晚及晚熟品种，按行距65厘米，株距35～40厘米的种植，每667米^{2}栽2 700株左右。

以上种植密度是针对秋冬栽培，越冬栽培和春季栽培由于植株较小，其种植密度可相应增加20%～30%。

3. 种植方法

一般都是在已整好的畦面上按行株距，用小栽锄边挖穴边栽苗。种植深度以埋没下胚轴为原则，不可将苗心埋入土中。有灌溉条件的地方，栽苗后即时浇定根水，待全田栽完后，灌一次水，使畦土充分吸水，即可保幼苗成活。在无灌溉条件的地方，定根水要多浇一些，而且第二天、第三天还得复浇2次水，才能保证幼苗成活。栽苗宜选阴天或晴天下午进行，以利幼苗尽快发根成活。

（四）田间管理

红菜薹定植后的大田管理工作主要是补苗、灌排水、中耕除草、追肥和病虫防治等方面的工作，现分述如下：

1. 补苗

红菜薹定植后因气候、浇水、病虫及幼苗纤弱等各方面的原因，常造成缺苗或严重缺苗，为了使植株生长整齐，必须及时进行1～2次补苗，需要补苗的必须在10天内完成。第一次可在定植后3～4天进行，此次主要补那些没栽活的植株；第二次在定植后7～10天进行，这次主要是补由病虫、灌水不当或天气不好造成的缺株。补苗用的幼苗必须事先准备好，一是苗床没栽完的苗；二是在定植时，在每个畦的中间栽一些备用苗。补苗前先在缺株的部位挖小穴，穴的大小视田间植株大小而定，植株大则需大一些、深一些，反之则可小一点，将带土挖起的苗小心置于穴中，不要将土弄破损伤根群，否则难于成活。苗栽后要及时浇水，太阳大时第二天或第三天还需补充1～2次水，直至植株成活为止。苗补迟了会造成田间植株参差不齐。

2. 灌水和排水

（1）灌水。红菜薹生长期很长，定植时气温还较高，7～10天不下雨就应浇水或灌水，特别是莲座叶形成期和侧薹采收时期。此时植株生长很快，稍有缺水就会造成叶片萎蔫，影响植株光合作用的正常进行。每次灌水要保证水分能渗透20厘米的土层，灌得太少过不了几天又要灌。灌好后多余的水要排掉，否则会造成渍水沤根，引起植株死亡。

（2）排水。夏秋季节，在我国多数地区雨水较多，常常是旱涝交替。在华南地区，八九月份还常有台风暴雨袭击。因此，栽培红菜薹在注意灌水的同时，也必须做好排水管理。第一，在整地时，要开好排水沟，即所谓三沟配套，田间的围沟、厢沟和畦沟配套，围沟最深需30厘米左右，厢沟深25厘米左右，畦沟20厘米左右。第二，要保持沟沟畅通。因为天旱时经常灌水，需要堵塞部分沟道，如遇变天，必须彻底清除堵塞的泥土，以免下雨时措手不及，等到下雨时再来清沟就晚了。第三，田间该排的水要一次排清，不能让厢沟或畦沟有渍水。红菜薹对渍水反应很敏感，渍水的害处，一是因土壤透气不良，易引起沤根、烂根而造成死苗，不论植株大小，这种现象经常发生；二是渍水时，土面过于潮湿，易引发软腐病，也会造成死株或“翻蔸”。

3. 中耕除草

红菜薹在其约180天的生育期内，大雨、暴雨和灌溉都会造成土壤板结，因此中耕松土在所难免。但红菜薹能中耕松土的时间只有定植后的一个多月时间，约需中耕1～2次。一般土壤板结时才中耕，有草时结合除草，但早期因土地经过炕晒，一般草较少。中耕的目的主要是松土，创造透气性良好的土壤条件，增强根部的吸收性能。

除草主要是菜薹生长的中后期。当植株莲座叶形成以后，畦面已被叶片层层覆盖，很难长草，但当初生莲座叶衰亡、脱落、干枯后，不仅畦面露出空隙，且畦旁、畦沟和厢沟的杂草都相继滋生，生长繁茂，如不及时除去，拔肥很凶。因此，发现有草就应及时除去，至少每月需除一次，草多时用锄挖，草少时也可以用手扯。但中耕挖松的沟土要培上畦面。

如果苗子育得不好，长成了高脚苗，则中耕时可结合培土，将菜苗的高脚埋入土中，将苗扶正。高脚不盖住，长大以后植株歪向一边，生长不正常，也会影响产量。

4. 追肥

红菜薹生长期内需追肥5～6次，即：

（1）提苗肥。于定植后7天左右，当幼苗成活时，此时新根已经发生，及时追施提苗肥，会加快幼苗生长。此次追肥施用供苗叶生长的速效肥，一般每667米^{2}可施用尿素10千克，兑水20担或稀粪水20担，浇施于根际周围。此时植株幼嫩，根系分布范围小，故对肥的浓度反应很敏感，浓度稍大就可能烧苗。

（2）莲座肥。第一次追肥后约20天左右，苗叶已长齐，同时开始长出肥大的初生莲座叶，此时需重施一次追肥，满足庞大的初生莲座叶和主薹生长发育的需要。此次最好速效肥与长效肥兼施，如饼肥、稠人粪尿和猪粪水、鸡鸭粪、复合肥、尿素、氯化钾等。其施用方法，可于畦中间开沟，将肥撒在沟内，再用土盖严。施用量可按每667米^{2}为30担人畜粪尿加15千克尿素，或30千克复合肥加10千克尿素。

（3）促薹肥。促薹肥于主薹采收后施下，可在植株外侧株间挖穴穴施，用清沟的土将肥盖住，每667米^{2}可用尿素10千克加氯化钾10千克。其作用主要是供次生莲座叶和侧薹的生长发育。

（4）保叶保薹肥。侧薹采收完后，再视植株生长情况，每采收3～5次追一次肥，每667米^{2}用尿素10千克，以维持次生莲座叶和再生莲座叶的功能，保证孙薹和曾孙薹的抽出。这2级薹在肥水条件好时，抽出的薹具有商品价值；肥水条件不良时，抽出的薹瘦弱短小，无商品价值。

5. 病虫防治

红菜薹的主要病害有软腐病、病毒病、霜霉病、黑斑病、白斑病、黑腐病、菌核病和根肿病等，主要虫害有菜蚜、菜蛾、菜螟、菜粉蝶、黄条跳甲及斜纹夜蛾等，其症状、发生规律和防治方法，见第五章薹用白菜病虫害及其防治。

6. 采收

（1）红菜薹采收的标准。

① 按菜薹长短确定。一般菜薹长到25厘米左右即可采收，但菜薹的长短受品种和栽培条件制约，如红杂60号、十月红一号、十月红二号的菜薹均较长，可达35厘米，若25厘米就采收，会影响产量。而成都胭脂红菜薹很短，25厘米采收可能就老了。所以，采收还得参考第二个标准。

② 以始花前后作为采收标准。一般品种可用这个标准，但对那些现蕾后菜薹节间尚未伸长的品种来说就行不通，在配制杂种一代过程中就出现过。如果有谁育成了这类品种，那就只能以薹长作为采收标准。

（2）菜薹采收的时间。菜薹以晴天下午采收为好，因为晴天下午气温较好，采收后的伤口容易愈合，同时下午菜薹的叶柄叶片均较柔软，不易为采薹的操作所折损，这两方面都是为减少病害。上午因植株张力较强，很易弄断叶子。雨前采薹，伤口不易愈合。而雨后采收则易踩紧园土，亦不可取。

（3）采收的方法。采收红菜薹最好用专用的采薹刀切断菜薹，没有专用刀就用普通小刀也行，但刀口一定要锋利。但有些人为了方便，就用手掐，先用大拇指指甲将薹掐断一边，再顺手一劈，菜薹就断了，一般是右手采收，左手抱薹。下手采收的部位，应从开始伸长的那个节开始，下手太低，就将莲座叶掐掉了；下手太高，不仅影响产量，而且因留节太多，会使下一个薹变得纤细。原则上掐主薹宜低，但不要带大叶，掐侧薹时基部留3～5叶，掐孙薹时基部留1～2叶，再以后掐薹就可从基部全掐掉。

薹采收完后全部运回屋内扎把，一般按1千克左右用事先准备好的草将菜薹捆起来，以便于销售。扎把时要将菜薹弄齐，开花多的要打掉一些花，叶子太大的宜摘除，个别菜薹过长的要打短一些。如果进超市，还应按薹粗细分级，基部参差不齐的要用刀切齐，让人看了很舒服，才对消费者有吸引力。

7. 红菜薹的冻害及防冻

栽培红菜薹因需在露地越冬，而菜薹又不耐冻，所以在有冰雪霜冻的地区栽培，常有冻害发生。

（1）红菜薹受冻的几种表现。

① 轻微冻害：当气温下降至0℃以下时，表现为叶片硬脆，折之易破，菜薹也变僵硬。其原因是叶薹内水分结冰。当解冻后，叶薹恢复正常，但都稍显柔软，菜薹仍可食用。

② 中度冻害：当气温降至－4～－3 ℃时，薹叶表现也是僵硬，易破易断，原因是叶薹内水分结冰。但解冻后叶片稍萎蔫，菜薹内部组织遭破坏，呈水渍状，食之有异味，不能食用。

③ 重度冻害：当气温降至更低或持续时间太长，则薹叶全部结冰。解冻后叶薹都塌在地面，逐渐死去，以致干枯，但当气温回升后薹基部还可发出新叶，抽出新薹。

④ 致死冻害：当发生致死冻害时，气温回升也不能恢复生长，以致逐渐死枯。

武汉地区轻微冻害年年有，中度冻害常出现，重度冻害较少，致死冻害少见，10 年左右可能有一次。

（2）防止冻害的措施。由于冻害是低温造成的，所以一切保温措施都有防冻的效果。而受冻程度又与品种和植株的株龄有关。因此，必须采用综合措施才能防止或减轻冻害。

① 合理选用品种。作为早熟栽培应选用早熟品种，如果作越冬栽培就选抗寒性较强的中晚熟品种。

② 调整播期。适当晚播，越冬栽培者和选种、留种地块，推迟至 9 月底 10 月初播种，越冬时刚进入抽薹采收期，植株正值旺盛生育期，对低温抵抗力较强，可较安全越冬。虽有外叶受冻，但开春后新薹、新叶可正常抽出，对产量影响不大。

③ 覆盖。在积雪覆盖下地面温度维持在－2～－1 ℃，而此时裸地温度已达－10 ℃，一层薄膜覆盖可提高地面温度 1～2 ℃。凡导热性差的物品，如稻草、草包等覆盖都有良好的保温作用。因为覆盖可大量保持地下辐射热于地表。所以，覆盖下红菜薹的根部可免受冻害或减轻冻害，气温回升后可恢复生长。

④ 灌溉。灌溉除满足农田对水分的需要外，对改良土壤、贴地层的热状况和湿润状况也有很好的作用。在寒冷的冬天，灌水地段的温度总比未灌水地段高，因为灌水后增加了土壤的热容量，使地面温度和地中 5 厘米处温度高 1.8～3.4 ℃。灌后浅锄则保温效果更好。

⑤ 熏烟法。其基本原理是通过发烟化学药品和其他物质燃烧产生大量烟，在农田上方形成一层烟幕，以减少农田本身的有效辐射，防止温度的进一步下降。作业时间一般在夜温降至 0 ℃以前开始，在日出后 1～2 小时结束。

⑥ 使用土面增温剂。土面增温剂是一种农田膏状覆盖物，使用时加水稀释，然后用喷雾器喷洒在地面上，3～4 小时后在地面形成一层均匀的薄膜，可以有效地抑制土壤水分蒸发，具有增温和防止风吹水浊的作用。使用土面增温剂可增温 2 ℃左右。

七、长江流域红菜薹栽培

长江流域主要是湖北、湖南、四川、云南、贵州、江西、浙江、江苏、安徽、上海和重庆11个省、直辖市，有200万千米^{2}的土地和5.4亿人口。这个地区大中城市多，地形复杂，生态条件多样，人们的消费习惯各异，也是红菜薹的主产区。因此，应该利用有利的条件，采用多种栽培形式，生产出更多的优质菜薹来满足本地区城乡居民的需要。同时，地方政府应该重点培养几个生产基地，组织菜薹外销。现针对本地区情况，提出一些栽培制度，供各地有关部门和菜农参考。但本章只强调各种栽培制度中需特别说明的地方，一般的栽培技术详见第二章第二节。

（一）秋冬栽培

秋冬栽培是目前红菜薹的主要栽培季节。

1. 分布地区

适宜红菜薹秋冬栽培的省、直辖市主要有湖北、湖南、江西、四川、安徽、江苏、浙江、上海和重庆的低海拔平原地区或河谷地带。

2. 栽培季节

在红菜薹秋冬栽培的地区大多是夏季炎热、秋季凉爽、冬天寒冷。部分城市的全年气温变化见表2-4。

表2-4　红菜薹秋冬栽培地区主要城市气温（℃）

城市	1月	2月	3月	4月	5月	6月	7月	8月	9月	10月	11月	12月	全年
成都	5.6	7.6	12.1	17.0	21.1	23.7	25.8	25.1	21.4	16.7	12.0	7.3	16.3
武汉	2.8	5.0	10.0	16.0	21.3	25.8	29.0	28.5	23.6	17.5	11.2	5.3	16.3
长沙	4.6	6.2	10.9	16.7	21.7	26.0	29.5	28.9	24.5	18.5	12.5	7.0	17.2
南昌	4.9	6.3	10.9	17.0	22.0	25.7	29.7	29.4	25.1	18.9	13.1	7.3	17.5
合肥	1.9	4.2	9.2	15.3	20.7	25.1	28.5	28.2	23.0	17.0	10.6	4.6	15.7
南京	1.9	3.8	8.4	14.7	20.0	24.5	28.2	27.9	22.9	16.9	10.7	4.5	15.4
杭州	3.6	5.0	9.2	15.1	20.2	24.3	26.7	28.2	23.5	17.4	12.1	6.1	16.1
上海	3.3	4.6	8.3	13.8	18.8	23.2	27.9	25.8	23.8	17.9	12.5	6.2	15.7

从表2-4可以看出，长江流域的气候特点是：

（1）1月严寒，气温在3℃左右，不适于任何农作物生长，且有灾害性的冷冻天气。在无灾害性冷冻出现的时候，菜薹可以缓慢地生长，其生长速度完全取决于温度高低。连续晴几天，菜薹便抽出来了，阴雨天则生长缓慢。

这里还要强调一下在红菜薹栽培过程中，经常发生的低温冻害问题。总的来讲，冻害不是每年都有，但一旦发生，则会严重影响产量。可以这么说，只要地面发生冰冻，菜薹便会发生程度不同的冻害：轻霜（露水霜）不会受冻；严霜（地面结冰）肯定受冻，轻者菜薹部分受冻，严重者菜薹结冰，薹肉受损，失去食用价值，但植株不会死，莲座叶受冻较轻，植株还会继续抽出新薹；雪天，若雪很快溶化，则菜薹不会受冻；如果下雪后接着结冰，则有 2 种情况，一是雪很厚，冰结在雪表面，则受冻较轻，雪化后仍会抽薹，二是雪很少，菜薹裸露遭冰冻，且持续时间较长（数天），则植株可能被冻死。因此，12 月至翌年 1 月要特别注意天气预报，抢在冻害之前将菜薹采收回家。

（2）2 月和 12 月的月平均气温在 4～7 ℃，菜薹生长比 1 月快，是菜薹采收的高峰期。3～5 月和 9～11 月这 6 个月是适宜菜薹生长的凉爽天气，但 3～5 月更有利于发育，因为前期温度较低，利于通过春化，随之而来的又是长日照，植株抽薹加快，莲座叶来不及形成就抽薹了。所以，单株薹数较少，而且很快就开花。9～11 月与春季 3 个月的气温和日照出现刚好相反，前期温度高，后期温度低，有利于红菜薹的生长和产品器官的形成，初生莲座叶、次生莲座叶和再生莲座叶均形成，为菜薹的形成打好了基础。因此，秋冬栽培的红菜薹产量比春季栽培的高很多。

（3）6～8 月这 3 个月温度在 25～29 ℃，而半耐寒的红菜薹同化作用最旺盛的温度为 17～20 ℃，超过 20 ℃时同化作用逐步减弱，超过 30 ℃时，同化作用所积累的物质几乎全为呼吸所消耗。许多菜农在 8 月上、中旬，甚至 7 月下旬就种红菜薹，肯定是费力不讨好，甚至失败。

从上述气温分析可以得出结论：8 月 20 日左右播种，9 月中旬定植，定植后 30～40 天形成初生莲座叶和主薹，进入采收期，11～12 月为采收盛期。极早熟和早熟品种在元旦前后可采收完，早中熟品种春节前采收完，中晚熟品种一直可以采收至春节后，此时产量虽高，但售价较低。

3. 品种选择

秋冬栽培是一个主要栽培季节，种植品种主要根据生产和市场的需要而定，如果 10 月菜价好，则宜种植红杂 50 号、红杂 60 号；如果需要采收期长一点，则宜选用红杂 70 号或十月红一号、十月红二号、湘红九月、大股子、胭脂红等。

4. 播种育苗

秋冬栽培的红菜薹于夏末播种，正处高温季节，播种育苗时为了确保育出壮苗，应注意以下几点：

（1）苗床土要多掺入一些有机质，以避免雨后或洒水后土壤板结。

(2) 在苗床上设置拱棚，其顶上盖薄膜，膜上再盖冷凉纱以防雨和遮光。但注意薄膜两边要敞开，出苗后冷凉纱只在中午盖 3～4 小时。

(3) 苗床面积宜大一些，苗稀一点，以防幼苗拥挤育成纤弱苗，导致定植后难成活，造成缺株，或使田间植株生长参差不齐。

关于育苗的详细技术，可参考第二章第一节育苗部分。

5. 栽培要点

(1) 选苗。尽管栽培技术书上强调要育壮苗，但在定植时仍会出现一些纤弱苗，还有一些根颈部皮层坏死脱落的苗。这类苗定植后，新根很难发生，所以成活慢，必须淘汰。

(2) 浇水保苗。9 月中下旬红菜薹定植时，气温还相当高，有时还遇干旱。所以，幼苗定植后，必须尽快浇好定根水，随后灌一次保苗水，保证栽下地的苗棵棵成活。如果灌溉沟渠配套，也可将水引至大沟中，边栽苗边浇灌水。这样浇灌一次水就可供幼苗需要，保证成活。苗成活以后，当天气干旱，土壤干燥时，应即时灌水，保证植株生长发育。

(3) 补苗。尽管在栽培上我们做得很好，但由于此时气候多高温、干旱，有时还有暴雨，所以田间死株缺苗在所难免。因此，及时补苗是栽培过程中不可缺少的一环，以确保全苗，为丰产创造条件。

(4) 采收。秋冬栽培的红菜薹现有品种中，有的主薹纤细，品质不够好，食用价值较差。所以，有经验的菜农常待其一抽出就掐掉，以采收子薹、孙薹为主。

(二) 越冬栽培

所谓越冬栽培就是年前种、年后收的栽培，菜薹可供应蔬菜的春淡或向北方调运。

1. 主要栽培省市

越冬栽培红菜薹目前还较少，只在湖北有少数农民在试种，但理论上长江流域地区都可栽培，尤其冬季气温较武汉地区高的地方，如昆明、成都、重庆、南昌和长沙等地。

2. 栽培季节

从表 2-4 的气象资料分析，长江流域 12 月至翌年 2 月这 3 个月内，常有农业灾害性天气出现。对于半耐寒的红菜薹而言，就是霜雪冰冻，最严重时可将植株全部冻死。曾在武汉从事红菜薹育种 20 多年，有 3 年的菜薹就被冻死，多数年份还是安全越冬了，但短时嫩茎受冻的年份则较多。欲要越冬栽培成功，要采取措施避开或减轻冻害损失。主要从 3 个方面入手，一是选择合适的播种期，二是选择适宜品种，三是选择与之相应的栽培措施。

考虑播种期时，应该尽量保证产量较多，又可利用红菜薹营养体具耐低温性较强的特点以度过1月严冬。红菜薹要有较高产量就必须在抽薹之前形成强大的莲座叶，初生莲座叶多薹才多。表2-5是作越冬栽培的侧薹统计。

表2-5　不同播期对十月红二号侧薹数的影响

(1983)

播期	1	2	3	4	5	6	7	8	9	10	$\sum$	$\bar{x}$
9月22日	7	9	8	12	9	13					58	9.6
10月7日	9	7	8	10	6	10	10	6	8	4	78	7.8
10月22日	7	5	6	7	7	6	6	7	6	7	64	6.4
11月6日	2	3	3	3	5	5					21	3.5
11月22日	1	1	1	1	1	1					6	1.0

单从薹数考虑，9月22日播种的平均每株9.6根，10月7日为7.8根，10月22日为6.4根，11月6日为3.5根，11月22日的最少，只有1根。但从开始采收的时期分析，9月22日播种者为12月30日，10月7日播种者为2月2日，10月22日播种者为2月18日。第一播期采收正值严寒，此时进入抽薹期，植株耐低温能力降低，而第二、第三播期在2月2日和2月18日开始采收，刚好在春节前后采收，以莲座叶形态越过严寒的1月，比第一播期更安全。所以，10月7～22日为越冬菜薹的最佳播期。

3. 品种选择

越冬栽培宜选择耐寒性较强，生育期稍长的品种，如十月红一号、十月红二号、红杂70号、绿叶大股子、成都胭脂红和阉鸡尾等。各地可根据当地的消费习惯选择合适的品种。

4. 栽培要点

越冬栽培由于在10月上、中旬播种，历经10月至翌年1月形成莲座叶，都是在冷凉气候下生长。虽说生长良好，病虫害少，但由于气温低，无论是莲座叶，还是嫩薹的生长都比较缓慢。栽培技术应注意以下问题：

（1）定植苗龄。需20～40天。

（2）定植密度。由于越冬栽培比秋冬栽培植株稍小，所以种植密度可稍大一点。可按1.1米开沟作垄，宽窄行种植2行，宽行70厘米，窄行40厘米，株距30厘米，每667米^{2}栽约5 000株。

（3）注意灌水。秋末冬初时多干旱，要及时灌水。特别是莲座叶生长期，需水量很大，需满足其需要。

（4）防蚜虫危害。冬天病虫害少，但蚜虫有时很多，需经常观察，发现蚜虫要及时喷药预防。防治不及时，可能成片为害致死。

(5) 施肥。为了促进莲座叶的形成，定植后5～7天必须追施提苗肥，植株封行前，在垄中间沟施一次重肥，供初生莲座叶和次生莲座叶生长发育的需要。12月下旬至翌年2月初，适当增施磷、钾肥，控制施氮肥，以提高植株的耐寒性。

(6) 采收。除正常的采收外，在大霜或冰冻来临前，将田间已抽出的薹全部掐掉，以免冻坏丧失商品价值。

(7) 产量。每667米^{2}产1 000～1 500千克。

(三) 春季栽培

所谓春季栽培就是春节前在大棚中播种育苗，2月定植于大田的这季栽培。秋冬栽培和越冬栽培的红菜薹一般在2月中、下旬就罢园，有的虽有些薹，但很纤细，商品性差，食用品质下降。此时春季栽培的菜薹正好接着上市，供应3～4月的市场，满足人们对红菜薹的需要，也可补充春淡季菜源不足的需要，还可远销华北、西北和东北等地大中城市。

1. 主要栽培省、市

长江流域地区均可进行春季栽培。

2. 品种选择

宜选择冬性稍强不易抽薹的品种。

3. 栽培季节

春季栽培的气候特点：这个栽培季节的气温是由低到高，与红菜薹生长发育对温度的要求刚好相反。因为前期高温有利于莲座叶的形成，后期低温有利于抽薹，现在是前期低温不利于长叶而有利于抽薹。现以武汉和长沙1～5月的温度为例略加说明（表2-6）。

表2-6 武汉和长沙1～5月气温变化

单位:℃

月份	武汉			长沙		
	上旬	中旬	下旬	上旬	中旬	下旬
1月	2.4	2.7	3.4	4.7	5.0	5.5
2月	3.9	5.3	5.1	5.9	6.9	8.2
3月	7.7	10.8	11.1	9.0	12.1	12.1
4月	13.6	16.2	17.6	14.4	16.9	18.7
5月	19.8	21.2	23.7	20.5	22.0	24.3

从表2-6中可以看出，武汉、长沙两地1～2月气温大多在8℃以下，显然不利于莲座叶的形成，而使红菜薹通过低温春化，导致莲座叶生长不足即进入抽

薹阶段。1997 年 1 月 16 日，曾播种 60 个株系或品种，植株莲座叶 4～6 片，开张度 50～60 厘米，于 3 月中旬先后抽薹，侧薹数一般只有 2～3 个，比秋季栽培少了一半。3 月的气温在 10 ℃左右，4 月也在 20 ℃以内，说明 3～4 月的气温是有利于菜薹生长的。这就要求种植者要通过栽培措施来调节菜薹的生长发育。

4. 栽培技术要点

一切栽培措施的目的都是促进营养生长，形成一定大小的莲座叶，防止抽薹过快，薹太纤细。

（1）利用保护措施。1 月正是长江流域气温最低的时候，露地育苗不易成功，但利用小拱棚、中棚和大棚温室育苗，是很容易的。可于 1 月上、中旬播种，30～40 天的苗龄，于 2 月下旬气温开始回升时栽下地。

保护地育苗还有另一个作用，就是以其较高的温度阻滞菜薹过快地通过春化，给定植后莲座叶的生长创造条件。

（2）抢晴天定植。长江流域 2 月多阴雨天，这种天气温度很低，栽苗不易发根。应根据天气预报，选择雨过天晴的日期定植，温度回升快，容易发根，有利于植株的营养体生长。

（3）下足底肥，早追氮肥。为了使幼苗栽下地以后能迅速长根，所以整地时要下足底肥，按每 667 米^2 施复合肥 50 千克，氯化钾 50 千克，尿素 30 千克。定植成活后再追施尿素 10 千克。封行前再追施一次复合肥。控制发育，促进营养体生长。

（4）密植。由于春季栽培莲座叶较小，所以定植时要栽密一些。可按 40 厘米行距，30 厘米株距栽苗，每 667 米^2 栽 5 500 株。

（5）注意排水。春天雨多，排水沟要开好，田间不能积水，以防烂根死苗。

（6）注意防治菜青虫等害虫。3～4 月病虫较多，特别是菜青虫等为害猖獗，不能马虎。

（四）高山栽培

1. 适宜栽培地区

适宜夏季栽培红菜薹的高山，是指长江流域海拔在 1 000 米以上的高山，湖北、湖南、江西、四川和贵州等省海拔 1 000 米以上的高山都较多。湖北长阳文家坪就做过红菜薹的栽培试验，其结果与平原地区早春栽培近似，植株较小，每株抽薹较少。

2. 栽培季节气候特点

（1）种植季节。根据市场的需要和气温变化规律，海拔 1 400 米以上的地区，一年种一茬，但海拔 1 000 米左右的地区一年可种 2 茬。

（2）气温变化。现以湖北省海拔 1 071 米的利川和海拔 1 819.3 米的巴东绿葱坡（北纬 30°47′）的气温加以说明（表 2－7）。

按照红菜薹生长发育对温度的要求，海拔 1 400 米以上的地区，一年只能种一季，越夏的时候均处于冷凉气候，雨水也较多，很适合菜薹生长。栽培时可于 4 月播种，5～6 月定植，7～9 月采收。早了容易发生过早抽薹，晚了遇上后期冰霜，抽薹困难。同时，高山栽培红菜薹除少量自食外，大量的销售市场在平原地区的大中小城市，7～9 月正值高温下的蔬菜淡季，此时红菜薹也没上市。海拔 1 000 米地区一年可种 2 茬，春季可于 3 月播种，4 月定植，6～7 月采收；夏、秋栽培可于 5 月播种，6 月定植，8～10 月采收，夏秋栽培比春季产量高，且品质较好。

表 2－7　利川和绿葱坡 4～10 月气温变化

单位:℃

月份	利　川			绿　葱　坡		
	上旬	中旬	下旬	上旬	中旬	下旬
4 月	10.9	12.7	15.2	5.9	7.9	10.1
5 月	16.0	16.9	18.3	10.6	11.4	13.6
6 月	19.4	19.8	21.5	14.8	15.7	16.5
7 月	22.8	23.4	23.8	17.5	18.4	18.9
8 月	23.3	22.7	22.1	18.3	17.8	17.4
9 月	20.4	17.8	17.1	15.2	13.0	12.0
10 月	15.1	13.5	11.9	10.2	8.6	7.0

3. 品种选择

高山地形复杂，气候变化也大，因此对品种的要求也多样。海拔 1 400 米以上地区宜选择生育期较长的品种，如十月红一号、十月红二号、红杂 70 号、大股子、胭脂红和阉鸡尾等。而海拔 1 000 米左右的地区，春季宜选十月红一号、十月红二号和红杂 70 号等，夏秋季宜选红杂 60 号、红杂 70 号和湘红二号等。

4. 栽培技术要点

（1）利用小拱棚育苗。春季栽培利用小拱棚保温防冻，夏秋季利用小拱棚加冷凉纱降温、防暴雨和冰雹等袭击。也可以低海拔地区育苗，运至高山定植。

（2）选择有灌溉条件的地区栽培。海拔 1 000 米左右的地区，夏秋栽培季节常有干旱发生，如果没有灌溉条件，直接影响着栽培的成败。红菜薹莲座叶的形成需大量的水分，缺水莲座叶无法形成，更不用说抽薹。

（3）选择合适地区进行大面积生产。除自留地种植自家食用的菜薹外，凡作为外运远销大中小城市的红菜薹，都应有一定规模，采收一次能装 1～2 辆汽车。假如每 667 米^2 每次收 100 千克，那么运输车按装 5 吨计算，就得 3～4 公顷地采收。所以，生产基地应该有组织地安排生产，以免农民自发种植，销售渠道不通，造成损失。

（4）菜薹采收后要进行简易加工。菜薹很容易失水萎蔫，所以长途运输之前必须进行简易加工。先是将从田间采收回的菜薹进行整理，除去过大的薹叶、剔除老薹和过长、开花过多的薹。再将优质薹扎把装箱（或篓、筐等），箱内用薄膜密封，防止运输时风吹菜薹失水。有条件的地方可以进行真空密封。

（五）红菜薹保护地栽培

长江流域平原地区栽培红菜薹，若遇上 12 月下旬至翌年 2 月上旬的 5 ℃以下低温，抽薹非常缓慢，一般 10～15 天才采收一次，每次采收量都较少。而此时正值元旦和春节之际，正是菜薹的食用旺季，满足不了市民的需求。前面介绍的几种栽培方式都解决不了这个问题。因此，只好借助于保护地栽培。

长江流域红菜薹的保护地栽培，就是在寒冷季节用小拱棚或大、中棚覆盖下的栽培方式。此方式可将棚内温度提高至 10 ℃左右，这样抽薹就快多了，使本来要至 2 月中旬才可大量采收的菜薹提前至 12 月至翌年 1 月采收，以满足市民需要。

1. 主要栽培地区

红菜薹主产省市，人们对其喜爱有加的地区，可以考虑安排些保护地栽培。1 月菜薹卖价较高，所以生产者经济效益会不错。那些对菜薹没有特别要求的地区，则不必搞保护地栽培。

2. 栽培季节、品种

保护地栽培红菜薹的种植季节、品种可参考越冬栽培进行。

3. 栽培技术要点

大部分栽培技术要点可以参照越冬栽培的栽培要点进行。但至 11 月中旬以后，大、中、小棚均需盖膜保温、防冻，将棚内温度保持在 10 ℃左右。这样，菜薹便可较快地生长，每周可采收 1～2 次。但覆膜以后由于空气湿度很大，容易发生软腐病、菌核病、霜霉病和黑腐病造成大量植株感病死亡。另外，棚内蚜虫、白粉虱发生也很严重。因此，必须注意观察，及时防治。

综上所述，长江流域低海拔地区红菜薹基本达到周年供应：秋冬栽培者可供应 10 月至翌年 2 月，越冬栽培者可供应 2～3 月，春季栽培者可供应 3～4 月，而高山栽培者则可供应 6～7 月，保护地栽培可提高低温期的供应量。只有 5 月供应较为困难，有待今后进一步探讨。

八、华南地区红菜薹栽培

我国华南地区主要包括广东、广西、福建、台湾、海南、香港、澳门及近海的一些岛屿。该地区以菜心为主要蔬菜，但近年红菜薹种植面积也在逐年增加，特别是广西。在广州、深圳等地，红菜薹被视为特菜，很受欢迎，如在深圳布吉农贸市场，红菜薹每千克有时卖到几块钱。

（一）华南地区的气候特点及栽培季节

由于华南地区目前种植的红菜薹主要集中在平原和丘陵地区，所以这里介绍的气候特点也是这些地方的。现以广州、南宁、海口为例加以说明（表 2-8）。

表 2-8　华南地区气温变化

单位:℃

月份	广州			南宁			海口		
	上旬	中旬	下旬	上旬	中旬	下旬	上旬	中旬	下旬
10月	25.1	24.0	22.5	24.7	23.5	21.8	25.5	25.1	23.7
11月	21.5	20.2	17.8	20.3	18.9	16.7	23.1	22.4	20.6
12月	15.7	15.4	14.5	14.8	15.3	13.9	19.3	18.9	18.4
翌年1月	12.6	12.7	13.9	12.2	12.5	14.0	16.9	16.2	17.5
2月	13.2	14.7	13.5	12.8	14.2	13.1	17.2	18.3	17.6
3月	15.9	18.1	18.6	15.2	18.0	18.5	19.7	21.1	22.2
4月	20.5	21.7	23.6	20.4	21.4	23.9	23.9	24.3	25.6

从表 2-8 所列气温可以看出，华南地区 10 月至翌年 3 月是适合红菜薹生长发育的。其栽培季节可以安排在 9 月底至 10 月上旬播种，10 月下旬至 11 月初定植，11～12 月为其莲座叶生长期，12 月进入抽薹期，开始采收，一直可陆续采收至 3 月下旬至 4 月上旬。3 个省份中广东、广西气温相近，唯海南稍高，其播种期可稍晚一点，而罢园较早，所以采收期要短一些。

从表 2-8 还可看出，1 月最冷时，广州、南宁平均气温在 12～14 ℃，海口在 16～17 ℃，极少有冰霜冻害，因此红菜薹可安全越冬。如果种植得好，可以得到高产，远销长江流域及北方地区。

（二）品种选择

由于华南地区越冬时气温较高，因此应选择那些冬性较弱的早、中熟品种，如红杂 50 号、红杂 60 号、湘红二号、十月红一号和十月红二号等，这些品种综合性状好，容易抽薹。但这些品种中，有的薹上有蜡粉，有的无蜡粉，这就要以市场和消费者的喜好来确定。

（三）栽培技术要点

1. 播种育苗

红菜薹种植较稀，一般采用育苗移栽，占地约 33.33 米^2 的苗即可栽

667 米²。直播也可以，宜点播，一次将水浇足即可出苗。由于面积大，苗期管理较育苗移栽困难一些，但由于省去了定植的工序，且无定植后的缓苗期，植株生长较快，也有其可取之处。9～10 月广州、深圳等沿海地区常有台风、暴雨威胁，为了防止幼苗受损，可于苗床上加设小拱棚，在台风、暴雨来临之前，用塑料薄膜盖严，四周用土压牢，待台风过后及时将薄膜去掉。太阳出来后，如膜未去掉，极易形成高温烧苗，要特别注意。

2. 开沟整地

开沟整地要依据灌水、排水要求考虑。华南地区雨水较多，秋季天旱也时有发生。因此，不管种什么菜，灌水、排水问题必须安排好。按当地习惯，在有灌溉条件的地方，一般都采用深沟高垄的栽培方式，即土地整好以后，按 3～4 米开成大厢，再将大厢按 1.1～1.2 米（包沟）开横沟做成小垄，每垄栽 2 行。这种方式灌、排水兼顾，较为理想。在无灌溉条件的地方，都是一些外来个体户在南方种菜，一时也无建设排灌设施的能力，他们大多是靠人工浇水。在较低的地方，大多采用深沟积水或在田角多水之处挖深坑积水，然后用瓢或洒水桶挑着浇，这种情况可按 2.0～3.0 米开一厢，水从两边浇。厢宽以挑着洒水桶从两边能浇到为原则。

3. 田间管理

田间管理工作主要是浇水、追肥、中耕、除草、病虫防治、采收及采收后的产品简易加工。由于华南地区气温较高，因此自始至终都要保证水分供应。除定植后需连续浇 3～4 天外，其余时间可 3～4 天浇灌一次，不必像种菜心那样天天浇水。追肥、中耕、除草和采收等参照第二章第一节中有关田间管理所要求的进行。但病虫防治须特别加强，因为华南地区病虫害严重，如不注意可在几天内毁灭。华南地区红菜薹的主要病害有霜霉病、软腐病、黑腐病、黑斑病和菌核病等，虫害有黄条跳甲、菜蚜、菜粉蝶、菜蛾、菜螟和斜纹夜蛾等，其特征特性和防治方法详见第五章。

九、中国北方红菜薹栽培

所谓中国北方系指华北、东北和西北地区的 10 多个省份。由于以前红菜薹主要分布在华中地区数省栽培，对于华北、东北和西北地区是否可以种植红菜薹的问题，通过目前的技术革新，在北方完全可以种植红菜薹，因为红菜薹属十字花科，与大白菜、小白菜属同一个种。因此，凡是可以种植白菜的地方，原则上都可栽培。只要根据各地气候变化，合理安排种植季节，再进一步满足其对环境条件的特殊要求，就可种植成功。

（一）北方的气候特点

我国华北、东北和西北地区总的气候特点是冬季严寒，夏季温度不太高，春、秋2个季节气候凉爽。我国北方几个城市气温变化如表2-9所示。

表2-9　我国北方几个城市气温

单位:℃

月旬		哈尔滨	北京	太原	兰州	银川	西宁
4月	上旬	2.3	9.7	8.4	8.5	7.0	4.9
	中旬	7.3	13.6	11.7	12.6	11.0	8.9
	下旬	9.8	15.6	13.3	13.4	12.9	9.5
5月	上旬	12.1	18.6	16.3	15.8	15.3	11.4
	中旬	15.2	20.8	17.9	17.0	17.8	12.3
	下旬	16.8	22.0	18.9	18.2	18.8	13.5
6月	上旬	17.5	22.9	20.6	18.5	19.7	13.7
	中旬	20.4	24.0	21.4	20.2	21.4	15.2
	下旬	22.1	26.1	23.1	21.4	22.5	16.5
7月	上旬	22.4	26.0	23.1	21.4	22.7	16.6
	中旬	22.3	26.1	23.4	22.3	23.6	17.5
	下旬	22.9	26.1	23.7	22.4	23.6	17.6
8月	上旬	22.5	25.6	23.3	22.1	22.8	17.4
	中旬	21.2	24.4	21.8	21.2	21.7	16.2
	下旬	19.9	24.3	20.8	19.9	20.7	15.9
9月	上旬	16.6	21.4	17.7	17.7	17.9	14.1
	中旬	14.2	19.7	16.4	15.4	16.3	11.6
	下旬	11.7	17.0	13.6	13.5	13.5	10.0
10月	上旬	8.5	14.8	12.1	11.8	11.8	8.7
	中旬	5.9	12.6	9.8	9.4	9.0	6.3
	下旬	3.3	10.3	8.2	7.8	7.2	4.8
11月	上旬	−1.1	6.6	4.3	3.3	3.2	0.9
	中旬	−7.0	1.0	2.8	2.1	1.8	−0.6
	下旬	−10.5	−1.1	−1.2	−1.5	−2.5	−4.0

由表2-9中所示气温变化，北京气温较高，西宁较低，其他几个城市气温变化近似。综合分析，各地夏季气温都不很高，除北京达26.1℃外，哈尔滨、太原、兰州和银川都在22～24℃，只有西宁稍显凉爽，只有17.6℃。冬季气温于11月上、中、下旬，各地分别进入0℃以下。5～10月都是红菜薹适宜栽培的气候，这种温度比南方更优越。

（二）栽培季节

北京红菜薹栽培对于气温应重点考虑3个问题，一是适宜播期，二是致伤气温在什么时候出现，三是适宜生育期有多长。

（1）适宜播期。在我国北方夏季均可播种。因为红菜薹原产地武汉地区，每年播种的8月气温都在28～29.5℃，表2-9中气温最高的北京地区平均气温也只有26℃左右，所以在夏季可任意选择播期。

（2）致伤气温。平均气温0℃左右时会使采收期的植株受到严重伤害，因为平均气温0℃时，最低气温可能在-15℃以下，此时地面水会结冰。这种气温下，生长中的嫩茎会受冻，茎中的水会结冰、膨胀，破坏组织结构，气温愈低，这种伤害愈严重。气温回升至0℃以上也不可恢复，使菜薹不可食用，失去商品价值。但如果这种伤害是短暂的，则植株还可长出正常菜薹。

（3）适宜生育期。指从播种至致伤气温出现时的天数。在武汉，早熟品种需120天，中熟品种150天，由于红菜薹苗期、莲座期都耐较高温度，而北方各地区又没有很高的温度。因此，为了满足其对生育期的要求，可将播期向前推移。如哈尔滨可采收至10月下旬，向前推移，可于6月上旬播种，北京、太原、兰州、银川等地可于6月中、下旬播种，可满足红菜薹陆续采收时间长的要求。

（三）栽培要点

北方与南方最大的气候差别是雨水少、空气湿度小。在干燥的气候条件下，原本鲜嫩的菜薹粗纤维增加，皮层加厚，食用品质较原产地稍差。许多北方试种者都反馈了这个情况。针对该问题，宜采用以下相应的措施。

（1）挑选种植地块。最好选水稻区种植红菜薹，因水稻区空气湿度较大。

（2）采用低畦种植。即按北方种植大白菜的方法，将种植畦四周做成高埂，以利于灌溉。

（3）勤浇水。在整个生育期都应保持土壤湿润，提高近地面空气湿度，创造类似南方原产地的小气候。

（4）大面积连片种植。即连片种植几公顷或几十公顷。面积大结合勤浇水，创造湿润的小气候。

（5）提早采收。在长江流域红菜薹采收适期为开花前后，北方宜提前1～2天采收，使薹更鲜嫩。

第二节　菜心栽培

菜心又称广东菜心，学名 *B. campestris* L. ssp. *chinensis* var. *utilis* Tsen et

Lee，系十字花科芸薹属白菜亚种的一个变种，为一年生或二年生草本植物。菜心原产中国，是我国华南地区的特产蔬菜，主要食用菜薹和薹叶，每100克鲜重含水分90%～95%，碳水化合物0.72～1.08克，全氮化合物0.21～0.33克，维生素C 34～39毫克和一些矿物元素。广东、广西、海南等省、自治区栽培历史悠久，品种资源丰富，一年四季均可栽培，在蔬菜生产和供应上占有主导地位。近年来，全国各地有20多个省市有引种试种或栽培试验的报道，可以预见今后菜心将成为一些省市栽培的重要蔬菜，也将成为大量销往东南亚、欧洲和我国香港、澳门地区出口创汇的优质蔬菜之一。

一、菜心栽培的研究进展

近几十年来，特别是改革开放以来，研究报道有关菜心栽培的论文很多。这些报道归纳起来，就是菜心栽培范围更加广泛，产量得到大幅度提高，栽培品种更加丰富多彩，间套栽培潜力大，周年生产技术逐渐成熟，反季节栽培技术得到成功应用，南、北方工厂化、保护地栽培规模逐渐扩大，无公害栽培技术逐渐成熟，菜心栽培的理论基础研究更加深入，菜心的生产正以不可阻挡之势迅速发展。

（一）全国各地引种试种，推广范围迅速扩大

1. 华南地区的研究报告

较早的有中山大学生物系调查研究组（1959）关于广州郊区菜心丰产经验总结及其初步研究，论文篇幅长达3万多字，不仅对广州地区以往的菜心栽培经验做了详细的阐述，还对菜心的生长发育、生物学特性、种子休眠、菜心品种分类、病虫防治和采种技术等方面报道了许多研究数据，并对以后的丰产栽培提出了卓有远见的研究方向。

华南地区关于菜心高产优质栽培的研究论文很多，有邓彩联等（2006）、范勇新等（2009）、刘成枝等（2009）、吴碧云（2009）、欧继喜和莫洁华（2008）、云天海等（2012），他们从各个方面论述菜心高产栽培的技术措施，使菜心早、中、晚熟品种的栽培技术趋于完善。

2. 全国各地的研究

菜心在全国各地的研究报告也不少，如郝振萍等（2010）关于南京地区菜心品种比较和周年栽培技术研究，比较了日本甜脆45天油青、50天油菜、四九菜心、70天菜心、早熟80天油青、双丰8号和50天油绿等品种在南京地区的表现。其中，四九菜心、日本甜脆45天油青和50天油绿适于春秋季栽培，70天菜心、双丰8号和早熟80天油青适宜夏秋栽培。

柴晶和王艳秋（1998）关于大棚一年六茬菜心高效栽培技术，使用品种为四

九菜心，从播种至初收33天。其栽培要点是早春2月中旬在温室地面撒播，苗龄20天，苗长约10厘米移栽；夏季苗龄12～15天，苗长约5厘米栽培。每20天为一播期。早春定植于单层棚内，加扣小拱棚，于3月15日栽苗。先开沟浇水，再摆苗、盖土，土盖好后再浇一次水。栽苗行株距5厘米×5厘米。如此一年种植6茬，每667米^{2}获利1.3万～1.6万元。

宋春雨和怀远涛（2000）做了关于哈尔滨地区菜心露地栽培试验。

邓桂仁等关于菜心春播与秋播生长动态的研究，用迟花2号分为春、秋各7个播期，即春季5月22日、5月29日、6月5日、6月12日、6月19日、6月26日、7月3日；秋季9月10日、9月17日、9月24日、10月1日、10月8日、10月15日、10月22日。试验结果表明，春播单株薹重以6月26日最重，为8.8克，7月3日次之，为8.2克，6月19日为7.3克，第一、二播期无薹重，第三、四播期分别只有0.5和2.8克，只有后3个播期是成功的。叶重也是以后3个播期最重，分别为9.1、9.3和9.6克。秋播者单株产量以最后2个播期最好，极显著高于其他播期，薹重分别为29.9和30.4克，叶重分别为12.3和13.7克。无论薹重或叶重，迟花2号菜心均以秋季10月中、下旬播种为好，春季6月中、下旬至7月上旬播种虽获成功，但薹重、叶重只是10月中、下旬播种的一半还不到。

陈金河等（2004）介绍了菜心露地高产栽培技术，指出当地适栽品种有青柳叶中菜心、60天青梗菜心和迟心29号。在当地均可春、夏和秋季排开播种。

单王权在辽宁绥中引种试验成功，四九菜心在该地区自播种至采收的时间，夏播为35～40天，春播为45～55天，一般每667米^{2}产鲜菜2 000～2 500千克，收入2 000～3 000元。春播于3月下旬播种，夏播于8月播种。畦长5～10米，宽1米，播种行距20厘米，株距10厘米；直播，3～4片叶时定苗。

王青等（1998）关于菜心在凯里地区引种试验，选用四九菜心、香港石碑菜心与对照十月红二号比较，结果薹高、粗及产量均不及对照。每667米^{2}产量香港石牌菜心为1 119.89千克，四九菜心为1 021.4千克，十月红二号为1 270.64千克，但菜心采收期比红菜薹早很多，四九菜心早25天，石牌菜心也早半个月，而且从7月开始，可连播2～3茬，市价2.8元/千克。菜心市场前景好，经济效益也高，是补秋淡的优质高效菜。

赵素梅等（1999）引种试种柳叶迟心成功，并报道了其栽培技术要点。胡英忠（2007）在当地引种菜心成功，并提出了其栽培技术要点。

晏儒来于2003年从广州引进16个菜心品种，即油青49、宝青10、油青42、新选45、油青31、超级50天、60天油青、三元里50天、油青49甜菜心、油青50、南港45、白沙45、东莞80天、百顺811、百顺812和特选49。进行了春、秋两茬栽培试验，春季于4月18日播种，在16个品种中，有14个均在播后35

天以内开始采收，属早熟品种，特选 49 为 35 天，东莞 80 天为 41 天，属早中熟品种；秋季于 9 月 21 日播种，只有南港 45 为播后 34 天开始采收，有 13 个在 35～38 天采收，东莞 80 天为 47 天开始采收。9 月 21 日播种的平均采收天数为 37.73 天，比 4 月 18 日播种的 33.06 天晚 4.67 天采收。按小区产量比较，春、秋季产量最高的都是东莞 80 天，春季小区产量为 787.0 克，秋季为 3 015.1 克，春季占前 3 位的还有 60 天油青、东莞 50 天；秋季前 3 位的还有超级 50 天、百顺 812。

陈玉玲（2007）介绍了菜心在山东单县的栽培技术和适宜栽培品种。张文宝（2008）也介绍了当地的栽培技术。

（二）产量大幅度提高

过去栽培菜心主要集中在华南几省市，每 667 米^2 产量只有几百千克，品种改良后，产量得到提高，种植技术的改进又进一步促进了产量的上升，现今菜心的产量都在 1 000 千克以上。高者有 3 000 千克，加上菜价的上涨，使得菜心生产不但高产，而且有不错的经济效益，前面已经介绍了每 667 米^2 产值达 1.5 万～2.5 万元的报道就是例证。

（三）栽培品种更多

过去广州栽培的菜心品种大多为老品种，早熟品种主要是三元里地区的急心、慢早心，石牌地区的油叶、大叶以及下塘的 8 月心等；中熟品种主要是下塘的青梗 10 月心，石牌的早中心、迟中心，冼村、杨箕的中心，三元里、肖岗、远景等地的 10 月心、11 月心、12 月心，如大花球、假柳叶、圆叶等；晚熟品种主要是三元里的迟心，杨箕、冼村的迟心。现在栽培的品种不下百个，其来源有：

① 农民自己通过系统选育而成，其代表品种为四九菜心，就是冼村菜农育成推广的。

② 专业育种单位新选育而成，如广东省农业科学院蔬菜所、广州市蔬菜所以及广西柳州市农业科学研究所等育种单位所育成的四九心 19 号、四九心 20 号、油青 12、油绿 501、油绿 701、绿宝 70 天、油绿 80 天、迟心 2 号、迟心 29 号、特青迟心 4 号、油绿 802、东莞 45 天，东莞 80 天、碧绿粗茎、油绿粗薹、翠绿 80 天、柳杂 1 号、柳杂 2 号、早优 1 号、早优 2 号、中花菜心和 8722 等杂种一代品种。

③ 从中国香港、澳门和台湾等地引进的一些品种。

种子，特别是新品种的种子是丰产的基础。没有好的品种种子，再好的栽培技术也很难把产量搞上去。

(四) 菜心保护地栽培得到迅速发展

柴晶和王艳秋（1998）、赵素梅等（1999）、曹本凤、姚芳杰等、李艳茹等、高宏玉等众多研究者，都做过菜心保护地栽培的报道，具体内容在第二章第二节有较详细介绍。

(五) 间、套、轮作栽培的报道越来越多

主要包括菜心与蔬菜、瓜果间、套、连作的高产高效栽培和菜心与大田作物一年多熟高产高效栽培。如吴小明等（2010）“甜瓜—菜心—西芹”一年多茬的高产高效栽培、赵世乐等（2007）“春西瓜—秋菜心—冬草莓”大棚高效栽培，卢运富（2010）“无籽西瓜—无籽西瓜—菜心”一年三熟高产高效栽培，曾启汉等（2008）“超级杂交稻—菜心—草莓”栽培模式，龙增群等（2012）关于“水稻—菜心—番茄”轮作高效栽培，杨柳青等（2008）关于“菜心—超甜玉米—优质稻”轮作栽培模式，赖小芳等（2007）关于大棚芦笋套种菜心，邢后银等（2007）关于丘陵地区“甜玉米—玉米—油菜—菜心”栽培模式，王秀琴（2005）关于日光温室“小黄瓜—菜心—孢子甘蓝”高效栽培技术，杨金龙等（2004）关于日光温室“芸豆—菜心—飞碟瓜”高效栽培技术，马超（2005）“五彩椒—鲜食小黄瓜—菜心”高效栽培技术等。详细内容在第二章第二节和第三节介绍。

(六) 栽培理论问题研究更深入、广泛

1. 栽培生理研究进展

关佩聪在关于菜心栽培生理研究进展中提出：

（1）菜心花芽的形态发育大致可分为 8 期：即花原基未分化期、花原基将分化期、花原基分化始期、花原基增大伸长期、萼片形成期、雌雄蕊形成期、花瓣形成期、胚珠和花药形成期。早、中、晚熟品种都在第二三片真叶期开始花芽分化，但分化发育进程则依早、中、晚熟品种顺次延迟。早、中熟品种分化大约在 25 天左右完成，不受低温处理的影响，迟心约需 35 天，三月青则需 45 天完成。同时，还说明光照长短对菜心的现蕾无影响，菜心花芽分化发育与温度关系密切，虽然菜心花芽分化的温度范围较宽，但较低的温度可促进发育。

（2）菜薹发育过程中总糖和还原糖的变化。在莲座叶中逐渐降低，菜薹则逐渐升高，全氮化合物、蛋白态氮和氨基酸与总糖的变化趋势相同；维生素 C 的含量变化与碳、氮化物的变化基本相似，但薹叶比薹茎的高；纤维素含量变幅较小，菜薹高于莲座叶，薹基部高于上部，薹茎高于薹叶。内源细胞分裂素在菜薹形成过程中含量有 2 个高峰：第一是花芽分化期，第二是菜薹形成初期。

（3）菜心自播种至采收的生长发育过程，共分为发芽期、幼苗期、叶片成长

期和菜薹形成期4个时期。早、中熟菜心的生育期约40～45天，基本相同，晚熟菜心为50～55天，三月青约55～70天。植株重量与叶面积大小和菜薹重的相关系数分别为0.838 5和0.827 4，呈显著正相关，因此栽培上只有培育出大的植株和叶面积，才能得到高产。

(4) 60天的品种在(20±5)℃和8小时短日照下，生长速度最快。

(5) 菜心吸收氮、磷、钾的规律。吸收氮、钾较吸收磷多，随着植株生长发育，总吸收量逐渐增多。菜薹形成期间，氮、磷、钾的吸收量分别占总吸收量的40%～62%、43%～65%和25%～60%。在缺磷地区，每667米^{2}施过磷酸钙时，可增10.2%～99.1%，每1千克可增产7.0～34.5千克；缺钾时，每667米^{2}施10千克氯化钾，可增产14.3%～28.1%，每1千克钾肥可增产13.5～144.1千克菜薹。

2. 施肥技术的研究

(1) 氮、磷、钾平衡施肥对菜心产量及品质的影响。苏天明等(2007)在大棚无土栽培条件下，采用"41～6～B"最优混合设计研究$N-P_2O_5-K_2O-Cl$配比对菜心产量和硝酸盐积累的效应及其最佳配比的研究。结果表明，其合理配施能提高菜心产量，降低硝酸盐含量。确定出高产优质菜心的最佳营养配方：$N-P_2O_5-K_2O-Cl$的编码值(真实值，0.9米^2)分别为0.49(18.58)、1.49(8.95)、1.16(22.11)、0.23(33.31)，对应的产量为707.12克/0.9米^2，硝酸盐含量612.01毫克/千克，维生素C含量170.42毫克/千克。

(2) 微生物肥料及有机肥对菜心产量及品质的影响。靳亚忠等(2011)关于微生物肥料及有机肥对菜心可食部分产量及品质的影响，探讨了微生物肥料、鸡粪、猪粪以及微生物肥料与有机肥配合施用对蔗渣基质栽培菜心的产量及品质的影响。结果表明：与施用等氮量的无机肥(对照)相比，鸡粪、猪粪及微生物有机肥的菜心，其可食部分硝酸盐的食量为517.6～725.1毫克/千克FW，比对照低47.6%～66.9%；微生物肥料显著增加可食部分的产量，有机肥处理及"有机肥+微生物肥"的处理的产量相当于对照的85.1%～106.7%，均能提高菜心可食部分的维生素C及水溶性蛋白质的含量；微肥与鸡粪配合施用的菜心产量较高，硝酸盐含量最低。

(3) 草炭土复合肥对菜心生长的影响。周丹丹、李延云、焦振华(2011)以菜心为试材，研究草炭土固定芽孢杆菌制成的生物复合肥对菜心生长的影响。结果表明，草炭土生物复合肥栽培中的菜心幼苗生长健壮，地上部分和地下部分的生长状况优于其他处理。

(4) 菜心的肥效试验。吴昌源等(2010)的试验结果是每667米^{2}施氮素20千克、P_2O_5 4千克、$K_2$6千克的用量比较合适。

3. 菜心的综合开发利用研究

耿安静等（2012）提出，菜心可综合开发以下一些产品：

①护肤洗化产品：美容霜、洗面奶、菜心沐浴液、菜心洗发液和菜心皂等。②制菜心纸。③制备水溶性膳食纤维。④做有机肥。⑤做饲料。⑥做包装盒。

4. 广州地区菜心花叶病调查结果

李学文等（1989）调查了广州地区菜心和小白菜花叶病，发现病毒主要有2种，一种是芜菁花叶病毒，纯杂交占51%，复合侵染占48.7%；另一种CMV的复合侵染占5.2%。每年10～12月为发病高峰期。

病害盛发与流行的相关因素：气候、蚜虫和品种。在任何条件下都染病较轻，如迟花心、三月青、10天心、60天特青和青骨49心等少数品种；而60天心、全年心、19号心、20号心和50天心等都较易感病。减少病害发生的措施有：选育抗病品种、清洁田园、直播、科学施肥、及时喷药和尼龙拱棚覆盖等，但都不是很理想。

5. 保水剂对水分利用效率的影响

谢勇等（2008）利用菜心做盆栽实验，施用保水剂后与对照相比，基质持水量分别增加16.35%、34.00%和135.16%；容量分别降低3.61%、5.37%、9.42%和14.64%。

6. 铅对四季菜心幼苗生长的影响

左凤月等（2011）试验证明：在0.005毫克/升的铅处理时，四季菜心的各项指标略好于对照；在0.015毫克/升处理时，菜心的各生长指标明显降低；在0.045毫克/升高浓度处理下，生长受到严重抑制。

7. 抑制菜心硝酸盐积累的栽培技术研究

李群等（2005）报道，他们从16种处理方案中，筛选出4种适宜无公害栽培模式；还发现对菜心硝酸盐积累的影响因子依次为日照、采收日期、追肥次数和基肥比例；即强光照比弱光照少，肥后14天以上比14天以内采收的少，基肥50%以上少，追肥次数少等都可降低硝酸盐含量。

二、菜心的生物学特性及栽培品种

（一）生物学特性

在菜心、红菜薹和白菜薹3种薹用白菜中，菜心的生育期短，是十字花科蔬菜中耐热性最强的一种。菜心植株最为矮小，但却是华南地区一年四季均可栽培的一种蔬菜。

1. 形态特征

在小白菜亚种的几个变种中，菜心的植株最小，那是因为其根系浅、侧根多、茎基节间短和莲座叶少而小所造成的。柔嫩的肉质花茎和薹叶为主要食用器官。叶为单叶、互生，基叶较大，形成莲座形。早熟品种有莲座叶6～7片，中熟品种有7～9片，晚熟品种在10片以上时，就可抽薹开花。叶长25～35厘米，宽7～13厘米。叶色黄绿至深绿色，叶柄狭长，浅绿或绿白色。薹叶卵形至披针形，叶柄短或不明显。总状花序，单生，黄色或偶有白色，完全花。果实为角果，含种子15～25粒。种子近圆球形，紫红或紫褐至黑褐色，千粒重1.3～1.7克。

2. 对环境条件的要求

（1）温度。种子发芽适温25～30℃，20℃以下种子发芽缓慢。幼苗生长的适宜温度23～28℃，低于20℃特别是15℃以下生长缓慢，提早花芽分化，早、中熟品种尤其如此。菜薹形成期间以15～25℃为宜，特别是20℃左右更好。此时光合作用强，光合产物积累较多，品质好、产量高。开花结籽在25～30℃，花器发育正常，授粉受精良好，结籽率高，种子饱满。菜心对春化低温要求不严，在3～15℃，不同熟性的菜心品种都能现蕾，但现蕾时间长短不同。

（2）菜心种子发芽可在黑暗中进行。发芽后至开花结籽期间，需要良好的光照，但光照太强会有碍植株生长，对开花结籽也有害无益，光照长短对菜心花芽分化影响不大，主要取决于温度的高低。

（3）栽培土壤与矿物质营养。菜心对土壤要求不太严格，但在肥沃、透气的土壤上栽培，会生长更好。对氮、磷、钾的吸收，以氮最多、钾次之、磷最少，氮、磷、钾的吸收比例为3.5∶1∶3.4。发芽期吸收甚少，幼苗期次之，叶片生长期增多，以菜薹抽生期最多，占总吸收量的大部分。据报道每生产1 000千克菜薹，需吸收氮2.2～3.6千克，磷0.6～1.0千克，钾1.1～3.8千克。菜心生长期短，生长量大，需肥多，但对高浓度的土壤溶液忍耐力弱。因此，基肥需充分腐熟，追肥要勤施、薄施，以氮为主，磷钾肥后期需求明显。

3. 生长发育特性

菜心的生长发育过程包括种子萌发期、莲座叶生长期、菜薹形成期和开花结籽期4个阶段。前3个阶段与生产密切相关，并因品种、气候、栽培地区和环境条件的差异而有所不同。

（1）发芽期。自种子萌动至子叶展开为种子发芽期，一般需2～7天。在13～23℃催芽，2天便可大量萌发，而在28～33℃时则一天便可大量萌发。土壤细碎、水分充足是齐苗的保证。

（2）莲座叶生长期。自第一片真叶生长至植株现蕾为莲座叶生长期，此阶段主要表现为叶片数和叶面积的增多、增大，至2～3片真叶时开始花芽分化、生长和现蕾。莲座叶的叶片数和生长时间，因品种、栽培季节和栽培条件而不同。早熟品种如四九心19号菜心，在25～30℃温度和充足的肥水条件下，生长很快，长出 3 片真叶就开始抽薹开花，生长量大、产量高。但对温度敏感，在 15 ℃以下播种后 25 天左右，6 片叶就可抽薹开花，薹细小而无商品价值，在武汉地区早春播种就是这种情况，过密和干旱也会促进上述现象的发生。晚熟品种如迟心 2 号，要求有一定的低温条件，才能正常抽薹开花，在 25～30 ℃的高温下只长叶，迟迟不能抽薹开花。迟菜心发育较慢，一般要有 10 片以上的莲座叶才能现薹、抽薹，生长期长，株型大、产量高。一般菜心莲座叶生长需 20～30 天，形成 8～12 片叶子。

（3）菜薹形成期。从现蕾到菜薹采收为菜薹形成期，历时 11～18 天。从幼苗开始就给予良好的水肥供应，是获得高产的基础。据中山大学生物系观察，在菜薹齐口期（采收前）前，当日平均温度为 10 ℃左右时，菜薹的日长量为 0.66 厘米，夜晚为 0.18 厘米；在 12 ℃时，日增长 0.66 厘米，晚增长 1.30 厘米左右。而齐口期之后，10 ℃增长量为 2.64 厘米，夜晚为 1.02 厘米；在 12 ℃时，日增长量为 3.6 厘米，夜增长量为 2.58 厘米；在 20.0 ℃时，日增长为 3.33 厘米，夜增长 3.57 厘米。齐口期前后，当气温在 20～25 ℃时，菜薹每天平均增长量可达 8 厘米，个别植株甚至可达 10 厘米以上。而在 5～10 ℃时，日平均增长量只有 3～5 厘米。菜薹的生长速度是随气温的升高与降低而变化的。在 5～8 ℃的夜里，菜薹生长很慢，此时日温在 10 ℃或稍高，则菜薹的生长量日间较大；而在气温 12～18 ℃的夜里，菜薹生长较为迅速，此时若日温在 25 ℃以上，则日间生长量较夜间稍慢。

在主薹形成前期至初花，花茎迅速生长。在主薹采收以后，侧薹相继萌发，虽然薹座上每个腋芽都有萌发能力，但一般只有上面 2～3 个有形成商品薹的能力。侧薹数抽生的多少，首先取决于品种，其次为栽培季节，最后是栽培肥水条件。4～8 月栽培者，一般用早熟品种。在高温高湿下植株生长快，叶片少，采收以后的薹座还未来得及抽生侧薹，就被太阳的高温烤干，而且越夏栽培的早熟品种本身腋芽的萌发力就弱，故侧薹少或没有。而中晚熟品种，由于在秋冬季节栽培，生长发育温度适宜，莲座叶较多，只要采收时注意留3～4 叶，其叶腋中一般均可抽出侧薹。如果及时施肥浇水，这些侧薹均可形成商品菜薹，但如果掐主薹下手太狠，将莲座叶掐光，或掐主薹后不及时浇水施肥，中晚熟品种也难长出像样的侧薹，还不如一次采光。莲座叶生活力强的品种、采收侧薹时莲座叶尚存的品种，可在侧薹基部留一片薹叶，还可抽出孙薹。不管主薹采收还是侧薹采收，留叶不能太多，留得多可多抽薹，但均较纤细，不能很好地形成商品菜薹，而按上述留叶方法操作，则侧薹、孙薹都有可能提高商品薹比率。其单薹重可达主薹重的 70%～80%（图 2-15、图 2-16）。

（4）开花结荚期。自植株始花至种株采收，需 50～60 天。菜心为总状花序，其花在花枝上自下而上地开放，从不紊乱。主薹伸长开花时，侧薹也相继分生，侧薹上再分生孙薹，侧薹发生的级别与植株长势和种植密度、品种、栽培季节等都有关系。种株越冬时长势强，晚熟品种则抽出侧薹多，分枝级别也多，种株种植过密时，则分枝少，甚至只有一根主薹；植株开花多少与分枝多少成正比。单株结果多者在500个以上，少者不到200个，果长3～7厘米。每果有种子15～25粒，种子千粒重1.1～1.7克，南方采种千粒重小，北方采种千粒重大，花枝摘心可提高种子千粒重。种子有25～50天的休眠期，因品种而异，同一植株上侧枝上采收的种子比主枝上采的种子休眠期长。

图2-15　少侧薹菜心

图2-16　多侧薹菜心

（二）菜心的栽培品种

菜心栽培品种的分类方法很多，按叶色可分为青叶、油青和黄叶3类；按叶形可分为柳叶和圆叶；按薹上蜡粉多少可分为有粉、薄粉和无粉；按栽培季节可分为越夏栽培、秋冬栽培、越冬栽培和春季栽培品种；按熟性可分为早、中、晚熟3类。本章将菜心现有栽培品种按熟性分为5类，分别介绍其所属品种的特征特性和栽培要点。

1. 菜心品种按熟性分类

（1）早熟品种。指播种后35天以内开始采收菜薹的品种。

（2）早中熟品种。指播种后36～45天以内开始采收菜薹的品种。

（3）中熟品种。指播种后46～55天以内开始采收菜薹的品种。

（4）中晚熟品种。指播种后56～65天以内开始采收菜薹的品种。

（5）晚熟品种。指播种后65天以上开始采收菜薹的品种。

2. 各类品种介绍

（1）早熟品种。

① 四九心19号。广州地区栽培品种，早熟，播种至初收30～35天。长势较强，株高38厘米，开展度23厘米。基叶5～6片，叶卵圆形，长23厘米，宽13厘米，绿色。主薹高26～28厘米，横径1.5～2.0厘米。薹叶狭卵形，浅绿色。薹重40克。耐热、耐湿，抗逆性强，较耐霜霉病和菌核病，品质中等。宜5～9月直播，苗龄15～20天，具3～4叶时定苗，行株距12厘米×12厘米。适于华南地区及长江流域栽培。

② 20号菜心。早熟，播后30～35天开始采收。株高42厘米，开展度28厘米。基部叶片5～6叶，叶卵形，长16厘米，宽10厘米，浅绿色。主薹高32～34厘米，横径1.4～1.8厘米。薹叶狭长，浅绿色。薹重38克。侧芽少，耐热、耐湿，较耐霜霉病和菌核病，品质中等。适于华南地区及长江流域栽培。宜5～9月直播，行株距12厘米×12厘米。

③ 四九菜心。农家品种，早熟，播种后30天左右即开始采收，延续采收10～15天。株型直立，株高30～35厘米。基叶6～8片，叶片长椭圆形，叶长16厘米，宽7厘米，叶面平展，油绿，叶缘波状，叶色黄绿，叶柄淡绿色。薹叶4～6片，狭卵形，主薹高18～25厘米，薹粗1.5～2.9厘米，淡绿色，薹重40克，侧薹少。耐热性强，华南适作夏、秋季栽培，长江流域宜秋、春季栽培，在黄河以北地区自4～9月可根据需要随时播种，一般每667米^{2}产量在1 000千克以上。此品种是一份优异的种质资源，广东沿海地区栽培的许多新育早熟品种，都是从四九菜心中分离出来的。

④ 肖岗菜心（黄柳叶早心）。早熟，植株直立，黄绿色，莲座叶，长卵形。早抽薹，主薹高约25厘米，横径1.3～2厘米，薹叶狭卵形，易抽侧薹。品质优良，耐热性较弱。在广州一般7～9月播种，播后35～40天采收，延续收获10～15天。一般每667米^{2}产薹400～500千克。

⑤ 桂林柳叶早菜花。早熟，植株直立，叶长倒卵形，莲座叶浅绿色，向内卷曲，有皱褶，叶柄绿白色而圆。薹绿白色。耐热，腋芽萌发力较强，品质优良。在广西7～8月播种，生长期60～70天，每667米^{2}产薹1 000千克。

（2）早中熟品种。

① 秦薹一号。该品种由柳州市农业科学研究所何秋芳等育成（1999），系用菜心细胞质雄性不育系作母本，当地主栽品种自交系作父本配制的杂种一代品种。植株生长势强，自播种至采收35～40天，延续采收20～25天，为早中熟品种。株高35厘米，叶薹色深绿，有光泽。主薹长37.8厘米，薹叶长卵形，小而少，薹粗1.8厘米。侧薹4～6根，2～4级侧薹3～4根。抽薹迅速，主、侧薹同时抽发。耐高温、高湿，高温期无苦味，清甜，纤维少。抗病性强，适宜华南及长江

流域栽培，华南沿海地区全年可栽培，长江流域以秋冬栽培为主，也可在高山作夏季栽培。种植株行距20厘米×20厘米，每667米^{2}可产薹2 000千克以上。

② 50天特青。早中熟，播种后35～38天开始采收，株高37厘米，开展度21厘米，基部叶片4～5片，叶长卵形，长20厘米，宽10厘米，深绿色。主薹20～22厘米，横径1.0～1.5厘米，薹叶狭卵形，绿色，主薹重25～30克。较耐热，耐病毒，品质优但产量较低，适宜出口。宜于5～9月直播栽培，种植行株距12厘米×12厘米。

③ 组合5号。广州市蔬菜所刘自珠等用雄性不育系作母本，迟2－88－1的自交系作父本配制而成的杂种一代早熟品种。播种后36～40天开始采收，植株生长势强，株高39厘米，开展度25厘米，基生叶6～7片，长卵形，叶长17.2厘米，宽10.2厘米，青绿色，叶柄长13.8厘米，绿色。薹叶6片，柳叶形，薹长26厘米，粗1.6厘米，油绿具光泽无蜡粉，紧实匀称。以采主薹为主，薹重54克，净菜率达54.7%以上。华南地区适播期为8月下旬至10月及3～4月，直播或育苗移栽。种植株距15～18厘米，每667米^{2}产量可达1 000千克以上。

④ 油绿50天。由陆信娟、邢后银等引自广东，系早中熟品种。播种后35～40天开始采收，其茎短缩，基叶斜举，椭圆形，油绿色有光泽，叶柄短。主薹长22厘米，较粗短，薹叶细长，耐热耐湿，纤维少，品质柔嫩，风味可口，高抗霜霉病和病毒病。比南京当地菜秧耐热，适宜南京地区高温高湿季节栽培。一般4～10月上旬均可播种。播后20天左右，幼苗3～4叶时应及时定苗，株行距10～13厘米，于始花前后薹长20～25厘米时适时采收。

⑤ 60天特青。早中熟，播种后40天开始采收菜薹。株高40厘米，开展度24厘米，基部叶片7～8片，叶长卵形，长20厘米，宽12厘米，深绿色。主薹高22～25厘米，横径1.0～1.5厘米。薹叶狭卵形，绿色，有光泽，主薹重45克。生长势强，耐病毒病，纤维少，质脆嫩，品质优，适宜出口。

(3) 中熟品种。

① Ts8855。黑龙江省牡丹江农业学校任宝贵等1989年从美国引入。从播种到采收需40～50天，为中熟品种。该品种表现高产、抗病、耐低温，而且品质较好。最适生长温度为15～20℃，且耐－7℃的低温。在我国东北地区，如牡丹江地区可作早春栽培和秋季栽培，春季在草芽返青时播种，秋季于8月底播种。东北地区一般用直播而不用育苗移栽，必须有保护地才可育苗移栽。种植行距15～20厘米，株距12厘米，移植后20多天即可采收。每667米^{2}可产菜薹2 250千克。

② 70天特青。中熟，播种后45天开始采收。生长势强，侧芽多。株高42厘米，开展度25厘米。基部叶8～10片，叶长卵形，长20厘米，宽12厘米，深绿色。主薹高23～27厘米，横径1.1～1.5厘米，薹叶狭卵形，有光泽，主薹

重 45～50 克。耐病毒病，纤维少，质脆嫩，品质优，适宜出口。华南沿海地区一般于 11 月和翌年 3～4 月播种栽培，育苗移栽，苗龄 25～30 天，种植株行距 15 厘米×20 厘米。

③ 桂林柳叶。中熟，植株较高大，开展度大。叶和叶柄深绿色，腋芽萌发力较强，可以采收侧薹。花薹稍起棱，质嫩，味佳。在广西 9～10 月播种，生长期 80～100 天。每 667 米^2 产薹 1 500 千克左右。

④ 黄叶中心（十月心）。中熟，植株直立，黄绿色。薹叶长卵形，侧薹2～3 根，品质优良，较耐贮运。适于秋凉生长，不耐高温多雨。在广州宜于 9～10 月播种，播后 50～55 天开始采收，可延续采收 30 天。一般每 667 米^2 产量1 250 千克。

⑤ 青柳叶中心。中熟，植株直立，基叶长卵形，绿色，叶柄浅绿色。主薹长 32 厘米，横径 2 厘米。薹叶狭卵形。适于秋凉生长，不耐高温多雨。在广州 9～11 月播种，播种后 50 天开始采收，延续采收 30～35 天。一般每 667 米^2 产薹 1 000 千克左右。

⑥ 三月青菜心。中熟，播种后 50～55 天开始采收。植株直立，叶片宽卵形，绿色，叶柄绿白色。抽薹慢，主薹长 30 厘米，横茎 1.2～1.5 厘米，侧薹少，品质中等，不耐热，冬性较强。在广州 1～2 月播种，2～3 月开始采收，可延续采收 10～15 天。一般每 667 米^2 产薹 750～1 000 千克。

⑦ 油绿 802。由广东省广州市农业科学研究所黄红弟等通过杂交后代自交分离系统选育而成。中熟品种，播种后 52～55 天开始采收。植株生长势强，株型紧凑，株高 20.6 厘米，株幅 18.0 厘米，基叶卵圆，深油绿色，叶长 18.8 厘米，宽 8.7 厘米，叶柄短为 6.0 厘米。菜薹矮壮、匀称、绿有光泽，肉质紧实，主薹高 14.6 厘米，横径 1.52 厘米，重 40～46 克。抽薹整齐，花球大，齐口花。味甜，爽脆，纤维少，品质优。华南地区栽培适期为 11～12 月及 2～3 月，直播或育苗移栽，按 13～16 厘米株距定苗或移栽。秋冬栽培，每 667 米^2 可采薹1 200 千克。

⑧ 特青 60。系广东番禺农家品种，播种后 40～50 天开始采收，属中熟品种。商品性优于四九菜心，但耐热性稍差。植株直立，株高 38 厘米，叶长卵形，深绿色，有光泽，平展无卷曲，叶柄浅绿，薹色浓绿、粗壮，光滑无蜡粉，薹长 30～33 厘米，横径 1.4 厘米，薹重 80 克。品质优，纤维少，清甜爽口，炒食尤佳。适作春秋栽培。以 4～5 月和 9～10 月播种为宜。育苗移栽或直播均可，种植株行距 15 厘米×20 厘米。

⑨ 油叶早菜心。据广西柳州市种子站张征介绍，油叶早菜心播种后 50～55 天可开始采收菜薹，中熟。该品种株高 35～40 厘米，叶色青绿、叶面光滑，具油润光泽。叶长卵形，叶柄浅绿，薹基部较大，薹叶狭披针形。侧薹 3～4 条。

可直播亦可育苗移栽。直播者于播后 22～25 天采收菜秧作小白菜，每 667 米^{2}可采 1 500～2 000 千克；育苗移栽者，苗龄 18～20 天定植，定植后 30～35 天始采菜薹，每 667 米^2 可产菜薹 750～1 000 千克，高产者可达 1 500 千克。此品种是柳州市栽培的主要骨干品种，耐热性强，生长迅速，适于 7～9 月高温季节栽培，薹叶两用。

（4）中晚熟品种。

① 迟菜心 2 号。由广州市蔬菜所从黄村三月青中选株育成，常规品种，播种至初收约 60 天，为中晚熟品种。基部叶片 7～8 片，叶长 19 厘米，宽 10 厘米，宽卵形，叶缘波浪形，叶基部向内扭曲，叶柄较短，半圆形，叶色油绿。商品薹高约 25～27 厘米，横径 1.5～2.0 厘米，柳叶、薹油绿有光泽，主薹重 53 克。花球大，质脆嫩，纤维少，不易空心。风味好，品质优良。耐贮藏，耐寒性中等，耐肥，根系发达，再抽薹能力强，适应性广。适于华南地区及长江流域栽培，直播或育苗移栽均可，华南地区适播期 11 月至翌年 3 月，育苗移栽，苗龄 30 天，幼苗 4～5 叶时移栽。株行距 15～20 厘米。一般每 667 米^2 产量1 500～2 000 千克。

② 大花球菜心。中晚熟品种，播种后 50～60 天开始采收。又可分为青梗大花球和黄梗大花球。株形较大，莲座叶卵形或宽卵形，绿色或黄色，叶柄浅绿色。抽薹较慢，主薹高 36～40 厘米，横径 2～2.4 厘米，黄绿色，易抽侧薹，品质好。在广州 10～12 月播种，12 月至翌年 2 月始收，延续采收 30 天左右。一般每 667 米^2 产菜薹 1 000～1 500 千克。

（5）晚熟品种。

① 柳叶晚菜花。广西柳叶花中最大型品种，晚熟，植株高大，腋芽萌发力强，侧薹多，冬性强。在广西一般 11～12 月播种，翌年 1～2 月开始采收，生长期 100～120 天，每 667 米^2 产薹 2 500 千克左右。

② 扬州菜薹。晚熟，播种后 85 天左右开始采收。植株直立，开展度小。基叶宽卵形，基部有一对裂片，叶绿色，柄浅绿色。抽薹慢，主薹长 30～50 厘米，品质优良。在当地 9 月播种，12 月至翌年 2 月收获。每 667 米^2 产菜薹2 000～3 000千克。

③ 迟菜心 29 号。由广州市蔬菜所选育，是从农家品种黄三月中选株筛选育成，晚熟，冬性强，播种后 70 天开始采收。植株较大，有明显短缩茎，基叶 10～11 片，长卵形，叶柄三角形，较短，叶脉白色分明。薹叶剑形，叶色深绿。薹长 28 厘米，横径 1.5～2.0 厘米。薹色深绿具光泽，花球大，纤维少，肉质坚实，食味好，品质优，耐贮藏。主薹重 50 克。对低温阴雨有较强的适应性，耐肥，耐寒力强。直播移栽都可以。缺点是不耐霜霉病。适于华南地区秋冬栽培，以 12 月至翌年 2 月为最佳种植期，苗龄 25～30 天，苗具 3～5 叶均可移植，种

植株行距15厘米×20厘米，一般667米^{2}产菜薹1 000～1 500千克。

据张衍荣（1997）报道，目前在广东、广西和海南等省、自治区的主栽品种是：早熟品种有四九菜心、四九心19号、全年心、黄叶早心、青柳叶早心、石牌油叶早心、早优1号、早优2号、20号菜心、50天特青等。中熟品种有黄叶中心、青梗中心、青柳叶中心、宝青60天、60天特青等。晚熟品种有三月青菜心、青柳叶菜心、迟心2号、迟心29号、70天特青等。

上述品种中又以四九菜心、四九心19号、50天特青、青柳叶中心、60天特青、宝青60天、70天特青、青柳叶迟心、迟心2号、迟心29号分布最为广泛，几乎遍及广东、广西和海南省、自治区各地。目前，早熟品种生产面积最大，晚熟品种次之，中熟品种较少。张华和刘自珠（2010）认为早熟菜心品种一般在夏季高温多雨季节栽培，植株生长发育较快，抽薹也快，生育期短，不利于营养物质积累，植株细小，采收后不易发生侧薹，即使发生也不理想，故要求侧薹尽可能少；中、晚熟品种主要在秋冬季节栽培，此时气候条件适宜菜心生长发育，植株生育期较长，生长健壮，有利于营养物质积累，侧薹容易发生，可以在主薹采收后，在基部莲座叶叶腋中再抽出侧薹，可以通过栽培技术促进其生长发育。

三、菜心栽培技术

根据各地的研究报告，现将菜心栽培归纳为华南地区、长江流域、华北平原和东北地区栽培以及间套轮作栽培，供生产、试种者参考。

（一）华南地区栽培（菜心的基本栽培技术）

华南地区即我国广东、广西、海南、台湾等省、自治区和福建南部、云南河谷、平原地区是菜心主栽地区，其栽培面积占该地区蔬菜种植面积的30%～40%，是该地区绝对主栽蔬菜，现有主栽品种几乎全部来自广东和广西。华南地区的菜心栽培已经完成了周年供应的配套栽培技术，且广为应用，不管什么时候，菜市场都有新鲜菜心供应。其基本栽培技术如下：

1. 品种选择

根据栽培季节和当地的气候条件，选用优良品种。由于现在市面销售的品种很多，有真实的品种，也有同物异名的品种，因此买种子时一定要识别真伪，买可靠的种子。许多新品种都出自广州市蔬菜所、广东省农业科学院蔬菜所，如四九心19号、油青12号、油绿501、油绿701、绿宝70天、油绿80天、迟心2号、迟心29号、特青迟心4号、油绿802、东莞45天、碧绿粗薹、油绿粗薹和翠绿80天等。还有一些诚信度较高的种子公司所售的种子也较可靠，因此可到这些单位或公司去购种。

华南沿海地区4～8月栽培，宜选用早熟品种，此类品种耐热耐湿性较强，适宜此段时间夏秋种植。生长期30～50天，播种后30天左右开始采收。植株较小，生长期短，短缩茎不明显，生长快（4～5叶开始抽薹），菜薹较小，棱沟不明显或无棱沟，腋芽萌发力较弱，以收主薹为主。对低温比较敏感，遇低温容易提早抽薹。目前，在生产上应用的品种有四九心19号、四九菜心、四九心20号、全年菜心、碧绿粗菜心、油绿50天、东莞45天和特青50天等。

华南沿海地区3～4月和9～10月栽培，宜选用中熟品种，该类品种耐热性较早熟品种稍差，生长期60～80天，播后40～50天开始采收。其品种一般半直立，株型中等，有短缩茎，莲座叶较明显，5～7片叶时抽薹，菜薹较大，具浅棱沟，腋芽有一定萌发能力，主、侧薹兼收，以主薹为主，菜薹品质好，对低温适应性广，但遇低温有时也容易抽薹。目前，在生产上应用的品种有60天菜心、油绿701、绿宝70天，60天特青和绿福70天等。

华南沿海地区11月至翌年2月栽培宜用晚熟品种，这类品种较耐寒，但不耐热，适宜冬春栽培。生长期70～90天，播种后50～65天开始采收。植株直立或半直立，8～10片叶开始抽薹。叶较大，薹粗壮，莲座叶明显，薹上有棱沟，腋芽萌发力强，主、侧薹兼收，虽以采收主薹为主，但侧薹可连续采收4～5次，其产量亦相当可观。

其他地区栽培品种，可根据各地区气候条件和栽培季节，参考华南地区栽培品种，选择适宜品种，最好先引进一些品种试种，然后择优推广。

2. 播种育苗

育苗是菜心丰产的主要环节之一，培育壮苗才能保证后期植株的生长发育良好。不同栽培季节，育苗所应注意的事项也不同，在夏秋季防高温、骤雨是育苗的关键，在冬季防寒是关键，4～5月间育苗防虫又是主要问题，都要认真对待。

（1）播种期的确定。一般按前茬作物罢园1个月提前播种，待幼苗长成以后，便可适时定植，必须让地等苗，绝不可苗等地。但4～8月栽培的早中熟品种可直播，不必提前育苗，晚熟品种提倡育苗移栽。

（2）育苗地的选择。宜选前作为豆类、瓜类、葱蒜类、菠菜和生菜等为好，尽量避免重茬地或种十字花科蔬菜的地块，以减轻病虫危害和某些微量元素的缺乏。

（3）苗床地整理。育苗地需精细整理，耕耙2～3遍，耕翻第一遍后将腐熟底肥撒于土表后，再耕耙一遍，即可开厢整地。苗床地一般按1.5～1.7米开厢（包沟），畦高20厘米，并将土块整碎、整平，最好在畦面洒一层腐熟、稀薄的人畜粪尿，过3～4天以后再播种。

（4）播种量。育苗移栽者每667米^{2}播种子800～1 200克，可供3 000～3 500米^{2}定植。直播者每667米^{2}播种0.4～0.5千克。播种后盖0.5～1.0厘米的细土，再盖冷凉纱并随后浇1次水，使种子与土壤紧密接触。

（5）苗床管理。主要是浇水，保持土面湿润，一般早、晚各淋 1 次水，如太阳太大，中午再淋 1 次。如此 2～3 天即可整齐出苗。当大部分种子顶土出苗时，于傍晚去掉冷凉纱，防止线苗。不可在大太阳下午前揭纱，以防灼伤幼苗。大雨后也需浇水洗泥，每次浇水量不可过多。菜苗出真叶后便可追肥，早追肥有利苗齐苗壮，早期追肥宜用 1∶10 的人畜粪尿水淋施，或用 1∶200 的尿素溶液淋施，每隔 3～5 天施 1 次。菜苗出 1～2 片真叶时需间苗，将拥挤的苗去掉一些，一般需 2～3 次间苗，保证苗距较均匀。间苗宜在阴天或阳光不太强的早、晚进行，这样可减少因间苗造成的死苗，因为间苗时对邻近幼苗根系有损伤。

3. 幼苗定植

（1）土地整理。定植地块一般行两耕两耙，第一次耕耙后施底肥，每 667 米^2 用腐熟有机肥 2 000～3 000 千克或鸡粪 750 千克，复合肥 50 千克，尿素 10 千克，均匀撒施，翻入土中，整平，然后按 1.5～1.7 米开厢作畦。再将畦面土整平、整碎。

（2）适宜定植的苗龄。早熟品种 15～18 天，中熟品种 18～22 天，晚熟品种 22～25 天。当苗具 4～5 片真叶时即应适时定植。

（3）选苗标准。茁壮、无病虫危害，节间未伸长（起托）、大小一致。较弱小的嫩苗可在下一次取用。

（4）种植密度。定植株行距，早熟品种 10 厘米×13 厘米，中熟品种 13 厘米×16 厘米，晚熟品种 16 厘米×17 厘米。每 667 米^2 分别约种植 50 000、30 000、24 000 株。

（5）定植时注意事项。定植时如遇大土块需敲细，栽锄挖穴深一点，苗子放下去根系伸展，不可弯曲，将细土盖于根际，防止大土块将苗悬空，不利于成活。苗栽好后随时浇定根水，将水直接浇于根部，用水将苗稳住，让根落在实处，有利新根发生，返苗快。

4. 田间管理

菜心栽植于大田后的田间管理工作主要是补苗、浇水、追肥和病虫防治。

（1）补苗。为了提高产量，先要确保全苗，即田间没有缺株。定植后 3 天发现萎蔫苗，即应拔去补栽，定植成活后，如发现萎蔫苗，应拔去重栽新苗。

（2）浇水。原则是全生育期保证土壤湿润，高温初栽期每天早、晚各淋水 1 次，幼苗成活，叶片封行后，每天浇水 1 次，一般在早上浇水。当遇大风天气、太阳大时，仍需一天 2 次。

（3）施肥。菜苗定植后 3～4 天便可进行第一次追肥，可用 1∶8 的人尿或 1∶300的尿素水溶液结合浇水施下，浓度可随植株长大而加大至 1∶400 和 1∶200。全生育期需 4～5 次追肥，晚熟品种还应增加 1～2 次，主侧薹每采收 1 次，则应追施 1 次。全生育期约需人畜粪尿 1 200 千克，或尿素 10～20 千克。

据老菜农反映，用人畜粪尿生产出来的菜薹与用化肥种出来的相比，食味更加爽脆、清甜。

（4）病虫防治。菜心的主要病害有霜霉病、软腐病、炭疽病和病毒病；虫害主要有黄曲条菜跳甲、小菜蛾、蚜虫、菜螟、菜青虫和斜纹夜蛾等，防治方法见第五章薹用白菜病虫害及其防治。

5. 适时采收

（1）采收适时的标准。简而言之，菜薹伸长至齐口时即为采收的适宜时期，或是菜薹顶部花蕾开放前后采收为适时，这是按一般要求的采收标准。按这个标准，早熟菜心定植（定苗）后 15～18 天开始采收，中熟菜心 25 天开始采收，晚熟菜心需 30～40 天才开始采收。若按不同市场的需要，则采收标准各有差异。

① 供应本地市场采收标准有 3 个。一是菜薹伸长与叶片高度相等，俗称"齐口花"；二是开花前后，即开 1～2 朵花或花蕾已现黄，次日即开；三是长度标准，即薹长已达 20～25 厘米的商品要求，这 3 个标准可根据个人的习惯而定。无论选哪一种都行，也可综合考虑，兼顾产量和品质，为广大生产者和消费者所接受。

② 运往我国北方诸省市，以 20 厘米左右，花未开放者较好。经 1～2 天运输也只会开几朵或尚未开花，仍能保持比较鲜嫩状态。

③ 我国香港、澳门市场或供应高级宾馆：则宜在薹长 15～20 厘米，尚未开花时采收，产量有所降低，但卖价较高，生产者也能接受。但当卖价不好时，会降低生产者的经济效益。

④ 出口东南亚和西欧市场，须经保鲜长途运输的，由于运输时间长，应选择鲜嫩菜薹，长度为 12～15 厘米。

（2）菜薹采掐技术。采收菜薹需用特制小刀将薹自基部切或掐断，一手掐薹，一手抱薹，抱满了就整齐放于菜篮中。小刀从基部显著伸长的那个节下手，早熟品种不采侧薹，可将基部明显膨大的部位都采下来，但中、晚熟品种需采侧薹者，每株必须留 2～3 片完好的莲座叶，以便叶腋中萌发侧薹。采收侧薹时，也需留 1～2 片叶，萌发孙薹。于主薹采收 10～20 天后，便开始采收侧薹，可延续采收 20～30 天，气温高时采收时间短，气温低时采收时间较长。

（3）采后简易加工。所谓简易加工，即每家每户都可以做到的采后处理。经过这道工序后，可使产品价值升级，卖相更好，效益增值。

① 分级。将刚采收的菜薹先按品种分开，然后按薹的长短分级。如果菜薹长短较为整齐一致，则只将个别突出长或短者挑出，另行扎把。其余的可任意扎把，每把 500～1 000 克。扎把时挑选粗壮、鲜艳的薹置于四周，细一点或色泽不太理想的薹包在中间，这样可使整把菜的卖相都很好，具有较强吸引力。薹色不一致的菜薹绝不可放在一起胡乱扎把。

② 摘花。当每把菜薹扎好以后，随手将已开的花摘掉，让人看到的是未开

花的鲜嫩菜薹。如有菜薹开花很多，则将其分出来，另行扎把，低价销售。开花太多的菜薹不宜作商品，应予淘汰。

③ 扎把用的彩带最好选用与菜薹色泽近似的绿色、蓝色或鲜艳的大红色、桃红色，令人看了很舒服。黑色、灰色和褐色则会令人感到不悦。

④ 装筐。装菜薹的容器不宜过大，一个大容器中装几十千克，下面的菜薹都压得扁扁的，再新鲜的菜薹也没看相了。所以，宜用小一些的塑料四方框装好，再装车销售，也可减少运输途中的损耗。

本部分为菜心栽培的基本技术，可供各地栽培参考。其他地区栽培不再系统阐述，只扼要做介绍。

（二）长江中下游地区栽培

长江中下游地区包括江苏、上海、浙江、江西、安徽、湖北、湖南、四川、陕西南部和贵州北部地区。此地区四季分明，但夏天高温炎热，7～8 月间平均气温在 29 ℃左右，中国“三大火炉”城市都在这里，冬季－5 ℃以下低温时有出现，最低温在－17 ℃。显然，这种高温和低温都是不适宜菜心栽培的。因此，菜心可以在春、秋 2 个季节栽培。现根据江苏南京郝振萍、安徽铜陵市刘禅英、浙江宁波市宓国雄、南京市邢后银和作者在武汉市的试验结果归纳，将此地区菜心栽培的有关问题现综述如下。

1. 栽培季节

春季 3～5 月，秋季 8～12 月，全年约有 8 个月适宜种植菜心。可露地栽培，但如采取保护措施，则越夏、越冬均可栽培。另外，还可选择高山作越夏栽培，在长江三峡河谷、盆地也可作越冬栽培。

据作者在武汉的多年观察，春季栽培在低海拔平原地区以 2 月下旬至 3 月上旬播种较好，播种越早危险性越大。武汉市 2 月 1 日播种（覆膜），17 天才出苗。遇上低温，绝大部分被冻死，少数植株存活。于 3 月 25 日开始抽薹，4 月 8 日进入采收期，但实际上都是纤细薹，根本没有商品菜薹。所以，晚一点播种较可靠。

秋季栽培早熟品种以 8 月上旬较为适宜，中晚熟品种 8 月下旬至 10 月均可播种。秋季栽培比春季栽培产量高得多。

2. 栽培品种

郝振萍等认为在南京地区四九菜心、日本 50 天油青和 50 天油绿适于春秋两季栽培，70 天菜心、双丰 8 号和早熟 80 天油青适于夏秋栽培。曾用 16 个品种作了春秋两季栽培，结果表明春季排前 3 位的品种是东莞 80 天、60 天油青和东莞 50 天，秋季是东莞 80 天、超级 50 天和百顺 812，秋季产量比春季高得多。

3. 市场动态

长江中下游地区早春有红菜薹、小白菜薹、越冬大白菜薹和专用白菜薹供应市场，但在3月中旬以前这些薹已相继退市，3月下旬至5月已没有菜薹供应。因此，2月底、3月初播种的菜心在35～40天后刚好上市，填补了这个空缺。例如，2013年3～4月武汉市场的3种菜薹卖价为3～4元/千克，效益可观。秋冬栽培早熟品种均在35～40天开始采收，8月上旬播种于9月中、下旬采收，供应市场。此时，红菜薹、白菜薹还没上市，大、小白菜的菜薹都在春暖花开才有。所以，9～10月是菜心供应的最佳时期，市民和饭店的需求量很大，销售价格也在5元/千克左右。近年来，菜心逐渐为该地区所接受，但当11月红菜薹和白菜薹大量上市后，其优势就没有那么明显了。

4. 越夏、越冬栽培

关于夏季栽培，与其在低海拔的城市郊区很费力费工地进行越夏栽培，还不如就近选择海拔1 000米左右的高山进行适地栽培效果好。如湖北利川海拔1 071米，7月下旬平均气温为23.8 ℃、7～9月3个月都在20～23 ℃，很适合菜心的生长发育，容易得到高产。因此，在高山生产菜心供应城市和乡镇菜市，菜薹品质比在温度高过6～7 ℃条件下生产的菜薹品质还好，长江中下游所在省市附近都有高山可供利用，而且此举还有利于高山地区耕作制度改革和脱贫致富。于国、于民、于市场、于生产者和消费者都有利，一举多得，何乐而不为。海拔1 000米地区自4月下旬至7月均可播种，8月虽可播种，但由于山下已可播种，因此没必要继续在山上种植。不过就地消费还是可以的，而且一直可播至9月，但品种宜用中、晚熟品种。

长江中下游地区越冬栽培要在大中棚中进行保护栽培。可用晚熟品种于10～11月播种，于春节前后采收。此时露地栽培的红菜薹、白菜薹产量很少，所以市场售价很高，武汉市场卖6元/千克左右。但大棚内病害较重，需注意控制棚内空气湿度和打药防治。

5. 一年七茬栽培

刘祥英等（2011）通过3年试验认为在安徽铜陵一年可以种植七茬。其安排如下：

5～9月种植早熟品种，澳洲超级608（翠绿甜菜心）、四九心19号、香港50天特青，一般播种后30天左右开始采收。

9～10和3～4月种植中熟品种，即绿宝60天菜心、油绿701、绿宝70天和60天特青等，一般播种后40～50天开始采收。

11月至翌年3月播种晚熟品种，迟心2号、80天菜心等，播种后70～90天开始采收。

5～10月共种五茬，11月种一茬，翌年种一茬，至4月采收结束，周年共种植七茬，使菜心达到周年供应。

（三）我国“三北”地区菜心栽培

“三北”系指华北、东北和西北地区，过去这一大片地区很少种植菜心，现在引种试种及栽培技术研究者越来越多，近年来积累了丰富的种植经验，现根据他们的报道，提出该地区种植菜心的栽培要点。

1. 种植季节

“三北”地区的气候特点是冬季严寒，什么也不能种植，但农民近年来迅速发展的保护地栽培，积累了丰富的经验。柴晶、王艳秋（1998）已提出大棚一年六茬菜心高效栽培技术。也有陈金河等（2004）关于菜心露地高产栽培技术的报道。归纳起来的结论是，在该地区春、夏、秋 3 季均可种植菜心。夏季气温最高平均在 22～23 ℃，所以越夏栽培基本上没高温障碍，是菜心生长发育较理想的气温。

根据邓桂仁等的试验，辽宁铁岭春季最佳播期是 6 月 26 日，次为 7 月 3 日和 6 月 19 日，秋季最佳播期是 10 月中、下旬。从产量分析，秋播者明显高于春播。宋春雨、怀凤涛的试验结果是，在哈尔滨地区也是 6 月 28 日播的产量最高。

2. 种植品种

宋春雨等种植四九菜心、香港菜心和特选菜心 3 个品种，3 季合计产量以香港菜心产量最高，四九菜心次之，特选菜心最低，3 个品种每 667 米^2 产量分别是 3 760.37 千克、3 419.53 千克、3 003.95 千克。邓桂仁等则以迟花 2 号为好。赵素梅等（1999）引种试种柳叶迟心成功。陈金河等认为 60 天青梗菜心和迟心 2 号，在佳木斯栽培是比较好的，可春、夏、秋 3 季排开播种。

3. 栽培技术要点

据卢远东等报道，在辽宁铁岭栽培菜心每 667 米^2 下农家肥 4 吨，磷酸二氨 600 千克；种植畦长 10 米，宽 1 米；定植密度中熟品种 20 厘米×14 厘米，晚熟品23 厘米×17厘米；采用撒播或沟播。幼苗展苗后要进行少量追肥，每公顷用复合肥 225～300 千克，结合中耕将肥埋入土中。莲座叶迅速生长时追第二次肥，每公顷用尿素 300 千克，随灌水渗入土中。主薹采收后进行第三次追肥，施肥量随植株长相而定。魏凤友等提出的栽培要点是 10 月上旬在温室播种育苗，干籽直播，上架小拱棚，播种后 20～30 天定植，株行距 18～20 厘米，定植前扣棚以提高地温，注意保持土壤湿润，定植后每 5～7 天追施尿素 1 次，每次每 667 米^2 追施10～15 千克。胡英忠的栽培技术是：①选用早熟品种四九菜心、50 天特青或主侧薹兼收的 80 天特青、70 天特青；②在当地 4 月下旬至 9 月上旬种植，春季一般直播，出苗后 7～8 天间第一次苗，3～4 叶间第二次苗，5～6 叶时早熟品种按 10～12 厘米株行距定苗，晚熟品种按 18～20 厘米定苗；③土地要施足底肥，定植后要保证肥水供应，每 667 米^2 追施尿素 15 千克或磷酸二氢钾 25 千克，于采收前施 2 次，采收主薹后再施 1 次。

(四) 菜心保护地栽培

菜心保护地栽培正在逐年增加，南北各地均有报道，主要保护措施有以下几种。

1. 地膜覆盖

地膜主要用于育苗，即种子播种后用地膜覆盖，用来保证地面在出苗之前不易干枯、有利出苗，也有一定的升温作用，许多报道中都有提到。

2. 小拱棚栽培

小拱棚在菜心生产中有两大作用：一是低温季节用于升温防冻；二是在高温多雨季节用来防暴雨和覆盖冷凉纱。更多用在大棚或温室作配套覆盖，即在大、中棚中再设小拱棚增温，效果很好。如柴晶和王艳秋（1998）在关于大棚一年六茬菜心高效栽培技术中就是这样使用的。赵素梅等也同样设计。曹本凤在温室菜心冬茬栽培技术中也是如此操作的。

3. 大棚、温室栽培

姚芳杰等在菜心及其大棚栽培技术研究中选用四九菜心、青梗菜心、石牌油叶早心和迟心 2 号等品种，采用多层覆盖菜心大棚栽培。可从 3 月中旬延续至 11 月中旬，第一茬在温室育苗，其他茬分期在大棚中的栽培畦上播种育苗，畦宽 1.2 米，每畦播 4～5 行，每平方米播种子 3.5～4.0 克。3 月中旬白天气温稳定在 15 ℃以上，晚上在 3～5 ℃以上时即可定植。1.2 米宽的畦上栽 8～10 行，株距 8～10 厘米，4 月下旬以后开始通风降温。于缓苗、现蕾后和主薹采收后追 3 次肥，追肥后立即浇水。如此栽培，近年来收到了很好的经济效益，每 667 米^2 收入达 1.5 万～2.5 万元，比传统大棚栽培高 1～2 倍，具有广阔的开发前景。

李艳茹等介绍了早春茬大棚菜心栽培技术，也是用大棚套小拱棚栽培。

高宏玉关于日光温室菜心栽培技术报道的越冬栽培也可使北方地区菜心从初冬一直供应到翌年春季，使菜心四季生产、周年供应，经济效益十分显著。在吉林省梅河口市日光温室、塑料大棚、中棚、小棚和风障、阳畦栽培的都有。在日光温室中可于 10 月至翌年 2 月的任何时候播种，并于 12 月至翌年 4 月采收。利用风障、阳畦或有草苫子覆盖的中、小棚栽培时，也与日光温室一样同时播种，但采收稍迟。塑料大棚无草苫子覆盖时，10 月播种需至 12 月上旬收获，2 月播种需至 3 月收获。播种时若浇透了水，整个苗期可不浇水，也不追肥。苗龄 25～30天时，有 4～5 片叶，选晴天定植，株行距早熟品种为 10 厘米×13 厘米，中熟品种 17 厘米×20 厘米，晚熟品种 20 厘米×23 厘米。直播者全生育期追施 5次肥，1 片真叶时每 667 米^2 追施尿素 3～4 千克，3 片真叶时间苗后追施 1 次，以后每5～7 天追施 1 次，每次用尿素 5～10 千克和复合肥 10～20 千克，现蕾时重施，用复合肥15～25千克，采收主薹后再施1次，并浇水，促进侧薹发生。菜薹采收视市场需要而定，但晚采1～2天会提高产量。

（五）菜心的间套轮作高效栽培正在逐步扩大

由于菜心的全生育期时间短，很容易与其他蔬菜或农作物配套，进行一年多茬高效栽培，所以发展空间很大。

1. 菜心与蔬菜瓜果的多茬高效栽培

（1）“甜瓜—菜心—菜心—西芹”一年四茬高效栽培模式。这是黄云鲜等（2010）试验成功的一种栽培模式，其生产流程是第一茬甜瓜于1月下旬播种，6月上旬采收结束；第二茬为菜心，于6月中旬播种，8月初采收完；第三茬也是菜心，8月中旬播种，9月下旬采收结束；第四茬是西芹，于7月底播种育苗，10月初定植，翌年1月上旬采收结束，四茬刚好一年。

其经济效益按平均收购价计算：每667米^{2}产甜瓜1 500千克，产值3 600元；第一批菜心900千克，产值1 800元；第二批菜心产量1 500千克，产值2 000元；西芹产量5 000千克，产值4 000元。合计产值11 400元，扣除成本，纯收入在7 000元以上。

（2）“春西瓜—秋菜心—冬草莓”大棚高效栽培模式。由童小荣等（2007）试验成功，其茬口安排是春西瓜在3月中旬播种，4月初定植。6月中旬至7月底采收，每667米^{2}用种400克，产西瓜2 000千克。8月初播种菜心，9月中旬采收，每667米^{2}产菜心1 000千克；草莓于4月下旬育苗，9月中、下旬定植，12月下旬至翌年4月中旬陆续采收，每667米^{2}产量1 250千克。均按批发价，即西瓜每千克1元、菜心1元、草莓10元计算，则合计总产值为2 000＋1 000＋12 500＝15 500元，效益相当可观。

（3）“无籽西瓜—无籽西瓜—菜心”一年三熟高产高效栽培。这种栽培模式是卢运富（2010）提出的，其茬口安排是第一茬无籽西瓜，于3月播种育苗，4月上中旬移植，6月中下旬采收。第二茬无籽西瓜，于大暑前10天播种育苗，大暑后3～4天定植，国庆节前1周左右上市。第三茬种菜心，10月上旬撒播，11月中下旬至12月采收。

2. 菜心与大田农作物一年多熟高效种植

（1）“超级杂交稻—菜心—草莓”种植模式。曾启汉等报道，这种模式的季节安排是超级杂交稻3月中旬初播种，4月上旬末抛（播），7月中旬收获，在本田103天；菜心8月上旬初播种，9月中旬采收，在本田41天；草莓4月中旬末育苗，9月中旬定植，翌年4月上旬采收完，在本田198天。三茬作物合计342天，可充分利用土地。

（2）“水稻—菜心—番茄”轮作高效栽培。龙增群等（2012）研究成功的一种栽培模式，其茬口安排为第一茬水稻，3月上旬播种，尼龙小棚覆盖育秧，4月上旬定植，7月中下旬收获。第二茬菜心，8月上中旬播种，直播，8月下旬间苗、定苗，9月中、下旬收获。第三茬番茄，8月上旬播种，采用冷凉纱遮光育苗，9月上旬定植，11月中下旬至翌年3月采收。其经济效益为每667米^{2}产水稻498千克，产值1 294元；菜心750千克，产值2 625元；番茄3 500千克，产值7 350元，合计每667米^{2}总产值为11 269元。

（3）“菜心—超甜玉米—优质稻”轮作无公害生产模式。杨柳青等（2008）于2005—2006年经过2年试验提出的生产模式。其茬口安排是迟心2号菜心于头年晚稻收割后11月中旬播种，12月中旬间苗移植，翌年1月中旬开始采收，采收至2月上中旬，全生育期80～90天。超甜玉米3月上旬播种，苗龄7～10天，3月中旬移栽，6月收获，全生育期90～100天。优质稻7月上旬播种，7月中旬抛秧，10月下旬至11月上旬收割，全生育期112～115天。这种轮作换茬栽培模式一年3季每667米^{2}产值4 730元，纯利3 500元，较过去“早稻＋晚稻”种植模式的900元产值，增加3 830元。成本对比增加1 230元，而产值增加了3 830元，纯利增加了2 900元，约为老模式的5倍。所以，这种栽培模式是一种较好的耕作制度，既改善了土壤，又增加了经济收入，实现了钱粮兼收，提高了土地利用率，减少了病虫害的危害。示范栽培全过程采用无公害栽培，所有生产的产品符合无公害标准，提高了市场竞争力和产品价值。

除上述较详细介绍的几种栽培模式外，菜心间、套、轮作栽培的报道还有很多，如赖小芳和张月仙（2007）关于大棚芦笋套种菜心效益及其栽培技术，邢后银等（2007）关于丘陵地区超甜玉米、玉米、油菜、菜心差异发展栽培模式，王秀琴关于日光温室小黄瓜、菜心、孢子甘蓝高效栽培技术，王秀琴和杨金龙关于日光温室芸豆、菜心、飞碟瓜高效栽培技术，马超长和王玉运关于五彩椒、鲜食小黄瓜、菜心高效栽培技术等，均说明菜心是一种优良的间、套、轮作栽培的蔬菜。可以想象，今后还会有更多人利用菜心作为耕作制度改革的突破口，实现大田作物区农田增产增收的有机搭配。

（六）无公害栽培技术得到应用

根据廖荣初（2008）报道的柳叶菜心无公害优质高产规范化栽培技术，孙海霞等（2007）、张利娟和林敬辉（2009）关于菜心无公害栽培技术等的研究，归纳起来，菜心无公害栽培注意做好以下几点。

1. 产地环境选择

周边3千米以内无工矿企业、医院等污染源，距公路主干线100米以上，要求大气环境质量、农田灌溉水质等必须符合无公害蔬菜生产的要求。

2. 栽培环节控制

无公害栽培技术环节控制的宗旨是为菜心生长发育创造最好的条件，令植株能健壮地生长发育，以抵抗病虫侵害，包括以下环节：

（1）品种选择。多引种观察，筛选抗病、抗逆性强的品种，可以少发病虫，少打药，减少农药污染。如广西桂林青柳叶迟心、吉林省磐石市的四九菜心和中熟的青梗菜心。

（2）培育壮苗，适时定植。用高超的育苗技术，进行种子消毒，培育壮苗，杜绝弱病苗定植，播种后温度尽量控制在 25～30 ℃，以利发芽。出苗后 15～20 ℃有利叶片生长和菜薹的形成，在 20～25 ℃下生长快，但品质较差，25～30 ℃易出现空心。当菜苗 4～5 片叶时，需适时定植。株行距早熟品种按 10 厘米×13 厘米，中熟品种 13 厘米×15 厘米，晚熟品种 15 厘米×20 厘米定植。

（3）整地施肥。种植无公害菜心的土地需 2～3 年内没种过十字花科蔬菜，最好是水旱轮作地，土地需深翻 20～30 厘米做成高畦。肥料要下足，以有机腐熟的人畜粪尿、厩肥和鸡粪、饼肥较好，于耕耙整地时施下；追肥一般 5 次，即 1 片真叶期、3 片真叶期、莲座叶期、现蕾期和主薹采收后分别进行，施肥量参考第二章第二节菜心栽培部分的施用量执行。注意增施磷、钾肥。

（4）病虫防治。严格遵守蔬菜规定，不使用一切禁用药品。注意繁养寄生蜂，捕杀虫害。必须用药时，也应以低毒、低残留药品为主。

（5）浇水。高温干旱时，每天早晚各浇 1 次，阴天、凉爽时一天 1 次。水源必须清洁。

（6）采收要及时，采收标准按前面介绍过的标准执行，分本地销售、外地销售、我国港澳台销售和东南亚销售，根据销售的不同标准适时采收。采收过程中注意清除病残茎、叶。采收前 7 天喷施 0.5%的钼酸钠或 0.5%的氯化锰，以降低硝酸盐含量。

（七）菜心周年生产，供应已在南、北方实现

这主要取决于越夏栽培和越冬栽培的成功。

1. 越夏栽培

根据吴碧云（2009）在关于夏淡菜心栽培技术探讨中的介绍，夏淡栽培菜心必须注意以下几点：

（1）选择耐热耐湿品种。以广东农业科学院蔬菜所选育的“碧绿”粗薹菜心最好，广州市蔬菜所的油绿 50 天菜心、四九菜心品种较好。

（2）合理安排播种期。为了供应 7～9 月淡季，应安排在 5 月中旬至 7 月中旬排开播种，以直播为宜，通常采用撒播，每公顷用种量约 6 千克，播种后立即浇水埋种，再盖 0.5 厘米厚的细土。于 1 片真叶时开始间苗，3 片真叶时定苗，

株距 12～13 厘米。

（3）整地时下足底肥。每公顷施干鸡粪 3 000 千克，优质复合肥 375 千克，生石灰 375 千克，土地深耕 20～30 厘米，按 150 厘米（包沟）开沟，然后将畦面整平成中间稍高的龟背形，防中间积水。

（4）适时定植。当苗龄 15～20 天，苗具 3 叶一心时定植，株行距 13 厘米×15 厘米，栽后小心浇水定根，稳苗，并在大沟中灌少量水，以降低地面温度，有利于保湿。

（5）肥水管理。定植后除雨天外，每天早晚各浇 1 次水，每隔 5～7 天施氮、磷、钾复合肥 1 次，每公顷用量 150 千克，撒施或兑水浇施，兑水浇施效果比撒施好。

（6）及时防治病虫，见第五章。

（7）产量。一般每 667 米^2 可产鲜薹 1 100～1 500 千克。

陆朝辉等（2011）提出了菜心周年栽培技术，选用的品种是四九心 19 号、油青 12、油绿 501、油绿 701、绿宝 70 天、油绿 80 天、迟心 2 号、特青迟心 4 号、油绿 802、碧绿粗薹、油绿粗薹和翠绿 80 天等。早熟菜心于 4～10 月播种，品种为四九心 19 号、油青 12 号、油绿 501、碧绿粗薹和油绿粗薹等；中熟菜心于 9～11 月及 3～4 月播种，育苗移栽，品种用绿宝 70 天、油绿 80 天和油绿 701 等；晚熟菜心于 11 月至翌年 3 月播种，育苗移栽，品种用迟心 2 号、特青迟心 4 号、翠绿 80 天和油绿 802 等。具体栽培措施为播前晒种 1～2 小时，再行温汤浸种后，然后用菜丰宁或锐劲特种衣剂拌种待播，每公顷田地准备 1 000 米^2 苗床，播种 4.5 千克。苗出土 4～6 天后开始间苗，苗距 3 厘米。定植地深耕晒白，每公顷施有机肥 20～30 吨，生石灰 1.5 吨、过磷酸钙 375 千克或利达生物有机肥 2 250 千克作底肥，均匀撒于田间，两耙后按 1.8 米（含沟）开厢，畦长 25～30 米，高 15～20 厘米。苗龄 20～30 天，幼苗 3～5 片叶时适时定植，株行距早熟品种 13 厘米×12 厘米，中熟品种 15 厘米×13 厘米，晚熟品种 15 厘米×14 厘米。追肥 1 片真叶时 1 次，3 片真叶 1 次，以后每隔 5～7 天追施 1 次，每 667 米^2 每次追尿素 5～10 千克或复合肥 10～20 千克。现蕾及采收主薹后可稍重追施。其他事项需注意防治病虫和适时采收。

宓国雄（1995）分 4 个播期即 3 月 20 日、6 月 10 日、7 月 20 日和 9 月 1 日播种观察，四九心 19 号菜心一般在播后 30～40 天开始采收，植株真叶 8～10 片，薹长 20～30 厘米，粗 1～1.5 厘米，单薹重 30～50 克，每 667 米^2 产量 1 600～2 000 千克，当地每千克售价 2.3 元，比对照高 1.34 元，每 667 米^2 产薹可达 1 600～2 000 千克，产值 3 680～4 600 元，产值比对照增加 2 400 元。

2. 越冬栽培，解决冬季供应问题

根据郝振萍等（2010）研究，越冬栽培（11 月至翌年 2 月）宜选晚熟耐低温品种，如迟心2号等，华南地区一般年份菜心均可顺利越冬，只个别年份会有薹叶受冻，会降低菜薹的商品价值。但在长江流域露地栽培菜心，则很难顺利越冬，有的年份会被冻死，有的年份虽不会冻死，也不能形成商品菜心。必须利用中大棚保护才能顺利越冬。为了在翌年2～3月能采收供应市场，年前应安排在10月中、下旬播种，11～12月初定植，这样可在年前形成莲座叶越冬，元旦过后可陆续采收。播种过早则元旦前就可能抽薹采收，难延续到1～2月供应；播种过迟则因后期低温，难形成莲座叶越冬，1～2月虽可抽薹，但薹较细小，而且侧薹不多，影响产量。

从薹用白菜栽培综合考虑，越冬薹用栽培宜选用白菜薹品种或小白菜，大白菜品种于9月下旬至10月上旬播种，可于翌年2～3月采收菜薹。不需要任何保护，可安全越冬，而且品种选择的范围更大，这也是早已形成的特殊栽培模式，没有任何风险，因为白菜薹、小白菜和大白菜莲座期的耐寒力都很强。

若长江流域4～5月供应，选用晚熟品种如东莞80天、迟心2号、迟心29号等，于3月下旬至4月上旬播种。9～11月秋冬栽培可选用中熟品种，于8月中下旬开始排开播种，9月下旬至11月采收。

这样，菜心在长江流域的周年生产供应就可完成。

第三节　白菜薹栽培

白菜薹乍听起来好像很熟悉，因为在大白菜和小白菜栽培的历史长河中，人们早已在早春大白菜、小白菜和白菜型油菜抽薹时有采食其菜薹的习惯，非常受食用者喜爱，并为大众所接受。但是，却没有一个以菜薹供食的专用品种。这是由于其研究工作还刚刚起步，发表论文不多，也不为一些北方学者所重视，就像红菜薹一样。

近二三十年来，随着白菜薹生产的发展，生产者和消费者越来越多。研究工作也逐步发展起来，因此新品种相继问世。人们会发现，白菜薹也和其他一切新鲜事物一样，有着顽强的生命力，给人带来美好的感觉。虽说它是白菜类蔬菜中的一个小种类，但却具备后来居上的潜质。其栽培技术几乎和红菜薹一样，但其育种前景却远比红菜薹和菜心广阔。特别是进入杂种一代新品种时代以后，这方面的优势更为突出，详细内容将在第三章中再进行论述。本节只就栽培方面的问题进行阐述，以此与同行们共同探讨，也供大家参考。

一、白菜薹栽培的研究进展

翻阅文献资料，最早报道白菜薹的研究是唐起超（2000）关于菜、油两用种——早白菜薹（I）栽培技术要点。而晏儒来等于20世纪80年代曾从华容引进极早熟白菜薹试种过，由于太晚熟，所有红菜薹都抽薹采收了，此品种仍尚未抽薹，也较杂，所以没有继续研究选育。目前，已发表文献中涉及品种介绍、选育的有4篇，涉及栽培的有12篇，涉及病虫防治的有1篇，涉及种子萌发实验的有1篇。

吴朝林（2003）介绍了白菜薹的基本栽培技术。吴艺飞和周晓波（2012）叙述了白菜薹的反季节栽培。唐起超（2000）、杨艳文和张雪华（2001）等探讨了白菜薹菜、油两用栽培。黄根生和王继红（2001）、沈继东（2002）、朱志军和李运生（2004）、唐宋阳和宋国珍（2010）、刘安水和唐没荣（2011）等则研究了白菜薹一年多茬栽培在高产高效栽培中的地位和作用。而唐起超（2000）、吴朝林（2003）、田军（2003）、王孝林（2009）、陈利丹等（2012）则介绍了一些优良品种和评比实验结果。王国槐和刘本坤（2003）研究了甘蓝型油菜与白菜薹种间杂交制种和品比。潘德灼和李凤玉（2007）则研究了Ca^{2+}和GA_3对早熟白菜薹等种子萌发的影响。王迪轩（2010）介绍了秋冬栽培中3种病害的防治方法。

二、白菜薹栽培品种介绍

（一）白菜薹品种熟性分类

白菜薹的熟性系指自播种至开始采收的间隔天数。大致分为极早熟（39天以内）、早熟（40～49天）、早中熟（50～59天）、中熟（60～69天）、中晚熟（70～79天）和晚熟（80天以上）6个级别。

（二）各类品种介绍

1. 极早熟品种

（1）雪莹。杂种一代新品种，播种后37天左右开始采收，生长势强。较直立，叶色深绿，叶柄白色，叶柄长7.74厘米，宽1.56厘米。基叶5片左右，薹叶5.5片，薹长41厘米，横径1.5厘米。侧薹3～4个，平均薹重63克。食味甜、脆。本品种在长江流域适作秋冬季栽培，不宜作越冬栽培品种。春季2月下旬至3月初播种，4月采收，华南地区8月至翌年3月均可播种栽培，单株产薹200～250克。

图2-17　白杂二号

（2）白杂二号（0902）。新育成的杂种一代白菜薹新品种，系晏儒来等用雄性不育系与白菜薹自交系杂交育成。该品种极早熟，播种后生长快，长势旺，株高 37 厘米，开展度 40 厘米。叶色绿，叶长 36 厘米，宽 19 厘米。主薹长 30 厘米，粗 1.5～2.2 厘米，薹重 80～120 克，无蜡粉。以实用鲜薹为主，也可以嫩株供食，食用品质上佳，鲜嫩可口（图 2-17）。

长江流域适作秋冬栽培，华南地区自 8 月至翌年 3 月均可播种，种植密度可按行距 30 厘米，株距 15 厘米定植，每 667 $米^2$ 约栽 15 000 株。采收主、侧薹者可采薹 2 500～3 000 千克。由于较早熟，故宜下足底肥，定植后及时追肥灌溉。采收时宜留基部莲座叶 3～4 片，可以再发侧薹 3～4 个，15～25 天后又可采收侧薹。防止折、损所留叶片，影响产量。在武汉地区 8 月下旬播种，11 月便可采收结束。单株产量 200～250 克。

2. 早熟品种

（1）湘薹一号。该品种由吴朝林等（2003）育成。属早熟品种，播种后 42 天左右开始采收。植株开展度 52 厘米，高 36 厘米。莲座叶 9 片左右，长 26 厘米，宽 20 厘米，桃形，浅绿色，薹叶嫩绿色，薹色白色，薹叶 4 片，薹叶品质好，薹粗 1.5 厘米。适宜长江中下游地区作早熟栽培或秋冬栽培，一般可按 110 厘米（包沟）开沟，双行栽培。多行育苗移栽，苗龄 3 周左右定植，株距 30 厘米，行距 40～45 厘米，每 667 $米^2$ 定植 3 000～3 500 株。采收期集中，延续采收 30 天。

（2）湘薹二号。该品种由吴朝林等（2003）育成。属于早熟品种，播种后 45 天左右开始采收。植株生长旺盛，开展度 56 厘米，莲座叶 10 片左右，叶色浅绿至黄绿，薹白色。薹叶 8～10 片，且最下面 2～3 片，薹叶为圆形，较大，占整个薹重的 70%左右。湖南 8 月 10 日至 9 月 10 日为适宜播期，山区栽培随海拔提高，播期应适当提早，海拔 1 000 米以上地段，5～8 月均可播种栽培。华南地区 8 月至翌年 4 月均可栽培，可随时播种。一般为育苗移栽，定植行距 40～45 厘米，株距 30 厘米，每 667 $米^2$ 栽 3 000～3 500 株。由于本品种薹叶多而大，可专供喜食叶片的群体生产食用。

（3）湘株三号。据汪孝株（2009）报道，湘株三号为早熟品种，播种后40～45 天开始采收，可延续采收 100 天。侧薹生长多而快，薹粗壮，白色，鲜嫩，叶片浅绿色。适宜长江流域及华南地区栽培，长江流域 7 月下旬至 10 月上旬均可播种。

3. 中熟品种

（1）白杂一号。系雄性不育系与白菜薹的自交系杂种一代品种，由晏儒来等于 2007 年开始选育配成，属中熟品种，播种后 55 天开始采收，肥水充足时一直可采收至 3 月中旬，供应市场时间达 100 天以上，特别适宜农村栽培。该品种植株生长势强，株高 50 厘米，开展度 60 厘米。初生莲座叶 7 片左右，叶绿色，薹淡绿，基部略现红色，叶扇形、规则，稍凹，叶长40～50厘米，柄长15～20厘米。主薹粗壮，薹叶6～8片，长菱形，薹长30～40厘米，粗2～2.5厘米。主薹重约120克，侧薹重约100克，长30厘米，粗2厘米，每株可抽侧薹6～8根，孙薹15～20根，薹上无粉或具薄粉。薹及嫩叶食味好，稍甜、柔软。较抗病，耐寒。2010年冬至2011年早春多次大雪覆盖未受冻，雪化后照样抽薹采收，直至3月中旬结束。

长江流域适作秋冬、越冬和春季栽培，春季栽培采收期会提前。由于植株较大，宜稀植，可按行距50厘米，株距30厘米定植，可育苗移栽或直播。秋冬栽培于8月中、下旬播种，苗龄20～25天；越冬栽培于9～10月播种，春播者于2月中、下旬利用小拱棚播种育苗。育苗和定植时，注意拔掉带红色茎秆的假杂种，以保证所栽苗100%为杂种。每667米^{2}栽苗约4 000株，可产菜薹3 000千克。由于植株大、产量高，必须保证水肥供给。菜薹始花期前后1～2天为适宜采收期，采早了影响产量，采迟了会降低品质。采收时注意保护好莲座叶。适作棉田套作粗放栽培（图2-18）。

图2-18　白杂一号

（2）早薹30。由田军等（2003）育成的中熟品种，播种后50天左右开始采收。本品种耐寒、抗病，适应性强，产量高。叶深绿色，半直立，薹白色，横径1.5厘米，单薹重40克左右。一般行育苗移栽，苗龄20～25天，定植后25～30天开始采收，单株侧薹数12根以上。也可以直播，直播者每667米^{2}用种250～500克。选晴天定植，行株距20～25厘米。适于长江流域栽培，一般作秋冬栽培。

4. 中晚熟品种

白杂三号。由晏儒来等于2009年用不育系与白菜的自交系杂交育成。中晚熟，播种后60天左右开始采收主薹，85天采收侧薹，可采收至翌年3月。植株生长势强，株高40厘米，开展度60厘米。莲座叶6～7片，叶绿色，叶片大而不规则，叶柄较短，有叶翼，叶长40厘米，宽22厘米。主薹长34厘米，粗2.0厘米，薹重约100克，不太规则。主薹叶较大，侧薹早发，其大小与主薹相当，重90克左右，每株可抽侧薹5～6根和孙薹10～15根。薹上无蜡粉，食用品质好，质地柔软，稍甜。

长江流域秋、冬、春季均可栽培，秋季于8月中、下旬播种，10月下旬采收；越冬栽培于9～10月播种，11～12月始收，春季栽培于2月中、下旬用小拱棚育苗，4～5月采收。种植密度可按行距50厘米，株距30厘米定植，每667米² 栽4 000株左右，可采收主薹、侧薹、孙薹3 000千克。由于莲座叶直立性强，株型紧凑，采收菜薹时易折损叶柄，故应小心操作。菜薹品质优，食味好。栽培时宜下足底肥，定植后早追速效肥，防脱肥早衰。注意在育苗和定植时淘汰红茎苗，可保定植苗为100%杂种植株。适宜作棉田套作粗放栽培（图2-19）。

图2-19　白杂一号与红菜薹大股子生长比较
[箭头所指三株为白杂一号，后面为大股子（洪山菜薹），两品种同时播种，白杂一号白菜薹生长快]

5. 晚熟品种

株洲早白菜薹。该品种是株洲市秋冬蔬菜的一个地方品种，因其抽薹早、品质优、产量高、效益好，正在各地普遍推广，种植面积逐年增加。该品种由周更新和唐起超选纯推广。本品种株高35～40厘米，开展度30厘米。外叶数16～18片，叶椭圆形，叶色黄绿，叶脉清晰。叶片长19厘米，宽16厘米，叶柄白色，扁凹呈匙形。叶柄长7.5厘米，宽5.5厘米，厚1.3厘米左右。主薹高25～30厘米，重100～150克，一般可采收4～5级侧薹。

较抗霜毒病、病毒病和软腐病，耐旱性、耐寒性极好，适应性强，特别能适应不良的气候条件。对肥水条件要求中等，易种易管、不易早衰。适宜在长江流域及以南地区作晚秋和越冬菜栽培。一般每667米² 产2 000～2 500千克。

长江流域一般8月中旬至9月中旬播种，最佳播期为8月25日至9月5日。长江以北地区可提前至8月初，华南地区可推迟至10月下旬。适当稀播，每50克种子需苗床30～50米²。在幼苗6～7片时，宜假植一次，假植密度是4厘米×6厘米。假植期间，适当控肥，以促进花芽分化。苗龄40～45天。

当幼苗具12～15片叶，已出现花芽时即可定植，栽植密度为20厘米×30厘米，单株定植，栽后及时浇足定根水。如果管理得当，自10月下旬开始采收，可一直不间断采收至翌年2～3月。

三、白菜薹栽培技术

（一）适宜栽培地区和季节

白菜薹生物学特性与白菜近似，与红菜薹几乎完全相同。所以，凡是适合红菜薹种植的地区，都可种植白菜薹，由于白菜薹一些品种为变种间杂种一代，生命力更强，熟性差异也大，所以其适应性更强，其适栽地区也会更广泛。由于它源于湖南栽培，所以理应以长江流域最适宜种植。在长江流域，选用适宜品种，几乎一年四季可栽培，以云南昆明为中心的云贵高原，更是四季周年栽培的圣地。其次是华南地区的秋冬和越冬栽培，华北、东北和西北地区的秋冬、春夏和大棚温室栽培。适宜播种期在各地差别很大，现根据各地区气温列表，如表2-10所示。

表2-10　全国各地适种季节

种植地区	适宜生育期（天）	适宜播期	种植方法	行株距（厘米）	始采薹期	主食用部位
长江中下游平原	120	8月下旬至10月上旬	育苗移栽	(30～50)×(20～30)	10月上旬至11月	菜薹
	110	2月下旬至4月上旬	直播	10×5	4月上旬至5月下旬	菜秧
长江流域1000米左右山区	200	3～9月	育苗移栽	(30～40)×(10～30)	5月上旬至6月下旬	菜薹
长江流域大、中棚	180	9月中旬至10月上旬	直播或育苗移栽	(30～50)×(10～30)	11月上旬至12月下旬	菜薹
华南沿海（秋季）	210	7～11月	育苗移栽	(30～40)×(10～30)	9月下旬至12月	菜薹
华南沿海（春季）	150	2～3月	直播	10×5	4月上旬至5月下旬	菜秧
黄河中下游（春季）	150	8月上旬至9月上旬	育苗移栽	10×5	9月下旬至11月上旬	菜薹
黄河中下游（秋季）	120	3月上旬至4月下旬	直播	10×3	4月下旬至5月中旬	菜秧
华北平原	230	7月上旬至8月下旬	育苗移栽	(20～40)×(10～20)	8月下旬至10月	菜薹
华北平原大、中棚	360	7月上旬至8月下旬	育苗移栽	(40～50)×(20～30)	8月下旬至10月上旬	菜薹
东北平原	170	5月中旬至6月中旬	育苗移栽	(20～40)×(10～20)	6月下旬至7月下旬	菜薹
东北平原大棚内	230	4月下旬至8月中旬	育苗移栽	(20～40)×(10～20)	6月中旬至10月上旬	菜薹

（二）品种选择原则

现有白菜薹栽培的品种并不多，但以后会逐年多起来。这里只提出选择品种应注意的几条原则。

1. 华南地区

因夏季高温高湿，其越夏栽培，宜选择较耐高温、耐多雨品种。这类品种以用早熟菜心与白菜薹的杂交种较好。而其他季节宜选品质好、产量高的品种。视市场的需要和茬口的安排而选择适宜熟性的品种。但越冬和早春栽培，应选中晚熟品种。

2. 长江流域

夏季6～8月，冬季12月下旬至2月上旬不易种植白菜薹。秋冬栽培时作早中熟栽培应选菜心与白菜薹的杂交种，其他时段根据市场和茬口的需要选择高产、优质品种。作越冬和早春栽培宜选晚熟品种。大棚温室应选高产、抗病性强的品种。

3. 黄河流域、华北平原和东北地区

夏季气温不是限制因子，可根据生产的需要，选择合适的栽培品种，要求栽培品种为耐旱性、耐寒性较强的中晚熟品质优良的品种。

4. 使用菜薹的品种

薹叶宜小，商品性要好；而以菜秧供食者，则要求植株早期生长快，能一个月之内达到商品菜的标准，莲座叶的叶柄较短，叶片肥大，味鲜嫩可口，一般杂种一代具有这些条件，可优先选用。

（三）栽培技术要点

一般的栽培技术可以参考红菜薹进行，这里只强调独特之处。

1. 注意去杂

现有白菜薹栽培品种，杂种品种日益增多。为了使生产的植株尽可能达到100％的杂交种，必须严格去杂，去杂的时间有3个：一是育苗过程中，利用间疏苗将假杂种或混杂株去掉；二是定植时淘汰；三是定植成活后去杂。很显然，苗期利用间苗的机会去杂是最理想的，应在此时严格去杂。但是，有些杂种一代或常规品种的杂株在苗期并不明显，到定植成活快速生长时才被发现，所以只能在此时进行。有些杂株不是没有产量，而是影响商品一致性，如一把白菜薹中嵌上几根红的或绿的，就不美观，不受消费者喜爱。

要去杂的对象和标志是什么？简而言之，去杂的对象就是去掉那些不合群的植株。这些植株中，有的是生物学混杂株，有的是假杂种及母本株，有的是机械混杂株，也有可能是生长不正常的植株。如何去识别他们？有经验的人员可以从以下6个方面去识别。

(1) 叶色。深绿叶与黄叶品种杂交，幼苗应是黄绿色或浅绿色。如果苗床中发现深绿叶株，就可能是假杂种。如果红叶与绿叶品种杂交，红叶株是假杂种。

(2) 叶脉色。主要是看主脉，红叶与绿叶品种杂交，幼苗主脉应是绿色，红色的是假杂种。

(3) 叶柄色。叶柄红色与绿色品种杂交，红色的是假杂种。绿叶柄与白叶柄品种杂交，小苗叶柄应为淡绿色，绿色的为假杂种。

(4) 植株上有毛或无毛。白菜薹都是无毛的，发现有毛植株，那是与有毛的油菜杂交株，应去掉。

(5) 嫩茎色。红色与绿色品种杂交，后代应为绿色，红色者为假杂株。红色与白色品种杂交，后代应为白色，红色的也是假杂株。但基部红色，上部绿色或白色者是真杂种。

(6) 幼苗大小。如果在常规品种幼苗中，发现某些小苗特大或长势特强，则很可能是生物学混杂株，宜拔掉。

2. 苗龄掌控

无论直播还是育苗移栽，要使植株生长健壮，必须培育出壮苗，适时定植。所谓适时指的是苗龄的大小。由于白菜薹品种熟性从30多天到80多天，因此不同熟性的品种，苗龄不一致。实践证明，40多天开始采收的品种，苗龄在15～20天，幼苗具3～5片苗叶时即应定植，直播的这时也应定苗，将多余的幼苗去掉；40～60天开始采收的品种，苗龄20～25天必须定植，直播的也是这时要定苗；60天以上开始采收的品种，苗龄25天左右较好。过去一些老农喜欢栽满月苗，那是因为过去栽培的都是80天才抽薹的一些老品种。现在的早中熟品种，苗龄都不能超过25天。否则在苗床内就有可能抽薹、线苗。即使是直播也应按时定苗，拔除多余的苗后，才能促进植株根系和地上部的生长发育。

3. 种植密度

现有栽培品种并不多，早熟品种如白杂二号、雪莹等品种植株较小可以种植较密，株行距20厘米×20厘米即可，每667米^{2}可栽15 000株。而一些较晚熟的品种，如小神农（I）、白杂三号等，其生长势强，则种植株行距以30厘米×50厘米较好，每667米^{2}可栽4 000株左右。而以菜秧为食用者，则根据各地习惯而定。如上海使用小苗，以5～10叶供食，则可按种植大蒜的方法，以行距10～20厘米、株距5～10厘米种植，每667米^{2}可栽130 000株；武汉人爱吃娃娃菜，以10叶以上的植株供食，种植行距以20厘米×20厘米较好，每667米^{2}可栽15 000株，单株可达0.2～0.3千克。

4. 采收时应注意事项

第一，采收期标准的确定。采收期确定的标准一是以薹长为标准，一般以30厘米长较好。便于扎把，且经扎把后卖相较好。有些早熟品种达到这个标准有困难，但也应达到25厘米长，达不到此标准，则商品性太差；而那些中熟和中晚熟品种的薹都很粗，所以30～40厘米长时采收较好。采收期确定的另一标准是始花前后1～2天，这对绝大多数品种来讲，都是适宜的。从营养的角度考虑，没开花的菜薹比开了花的菜薹营养价值更高。曾测定过红菜薹食用薹不同部位的可溶性固形物（以糖类物质为主）含量，结果是自上而下逐步降低。靠近花蕾部位2厘米可达8%～10%，薹顶部的含量为基部含量的4～5倍，所以薹越长，则营养价值越低。始花时间作为采收标准也有其不足之处，虽然一般品种可以此为采收标准，但个别品种菜薹带花伸长。在选育杂种一代时，发现过这种带花生长的杂种一代，但都淘汰了。农业科技工作者都知道开花是植物消耗能量最大的生理表象，花开得越多，则菜薹的品质越差。因为开花的能量均由糖、蛋白质等转化而来。有些菜农为了提高产量，让菜薹开了很多花才采收，这是对消费者极大不负责的表现，应该避免。

第二，采收时要注意掐薹的部位，任何薹与叶的生长，都是先长叶后长薹，而不是先抽薹后长叶。初生莲座叶形成后，便抽出主薹，主薹掐掉后，初生莲座叶的叶腋中相继长出次生莲座叶，其顶芽抽出便是侧薹（一级枝）。侧薹采收后，其叶腋中首先长出几片丛生状的再生莲座叶，顶芽伸长便为孙薹，因此掐薹时必须留有1～2个节位叶，才有后续的薹抽出。主薹宜从节间开始伸长的那节下手掐薹，侧薹留1～2节下手，孙薹只留1节下手。如果叶采光就无薹可抽了。这就是为何菜薹叶子长势好而不抽薹的原因。

第三，应重视采薹后的粗加工，即采后处理及包装。采后处理也叫粗加工，就是扎把变成商品菜。如同卖花的插花技术，怎么将菜薹弄得好看一些，使一把菜薹对消费者产生购买欲望，要注意做好以下5点：

（1）分类。第一是长短分类，使菜薹整齐美观，一致性好，切不可将20厘米长的和40厘米长的放在一起扎把。第二是将有蜡粉和无蜡粉的菜薹分开。

（2）打长叶，将那些长过顶芽的叶去掉，丢掉一些太老的薹，扎把后看到的是薹而不是叶。

（3）扎把时将粗壮整齐的薹排在周围，小而不整齐的放在中间，这样就可将不怎么整齐的菜薹变得看起来较整齐。

（4）去花。把扎好以后，拿在手里将花摘去一部分，使之显得鲜嫩一些。

（5）扎把打捆的大小，一般分500克、1 000克2种重量为适宜，人少的买一小把，人多的买一大把。

(四) 白菜薹配套高产高效栽培的几种配套模式

1. “棉花—白菜薹”模式

这是湖北荆州地区广为栽培的一种模式。以往该地区棉花采收完以后，一直闲置至翌年春才种下一茬作物，现在很多农民在棉花中播白菜薹，增加一茬白菜薹的收入，按2012年元旦前后菜薹平均每千克5元计算，每667米^{2}增产值可达2 000～3 000元。其栽培方法有2种。

(1) 粗放栽培法。于9～10月，选雨前将白菜薹种子稀稀地撒于棉田中，雨过天晴便可出苗，令其自然生长。白菜薹在棉花落叶后生长加快，待棉花采完后便可拔去棉秆，撒施尿素等化肥，促进其生长，于11月开始采收，一直可采收至3月。现在很多人都不拔棉秆，也可以，只是产量低一些。

(2) 育苗移栽法。在棉花采完之前1个月找一块空闲地播种育苗，棉花采完后及时拔秆、翻耕整地，将白菜薹幼苗定植至大田，并加强水肥管理。定植后30～40天便可开始采收，也可采收至2～3月，其产量比粗放栽培至少高1倍。

“棉花—白菜薹”模式成功的关键是要选对品种，以中、晚熟的杂种一代或特晚熟的普通品种较适宜，品种的生长势一定要强。这种栽培模式对增加棉农收入有特殊价值。

2. “西葫芦—晚番茄—白菜薹”模式

刘安水和唐美荣（2011）报道的三菜轮作栽培模式。作法是1月中旬利用塑料大棚加小拱棚增温育苗，2月中下旬采用地膜加小拱棚栽培西葫芦，4～6月采收；番茄于5月中旬播种，6月中旬定植，8～10月采收；白菜薹于9月中旬播种，10月上中旬定植，12月至翌年3月采收。

这种栽培模式经济效益相当可观，每667米^{2}产西葫芦3 000千克，产值5 000～6 000元；番茄5 000千克，产值8 000～10 000元；白菜薹1 200千克，产值3 000～4 000元，合计每667米^{2}总产值达16 000～20 000元。

3. “水稻——白菜薹”模式

这种栽培模式对提高大田作物水稻田的产值，有特殊重要意义。有2种茬口安排：一是“白菜薹＋中稻＋白菜薹”，二是“早稻＋晚稻＋白菜薹”。

第一种茬口安排：早春白菜薹用中熟品种，于2月中旬利用小拱棚覆盖播种育苗，3月中旬定植，4～5月采收；中稻于4月播种育秧，5月中旬定植，9月中、下旬采收；秋冬白菜薹选用中熟品种，于8月底播种育苗，9月下旬定植，于10月下旬至11月初开始采收，一直采收至翌年3月。春白菜薹每667米^{2}产薹1 000千克，产值2 000～3 000元；产中稻500千克，产值1 500元；秋冬白菜薹产薹2 000千克，产值5 000元。

第二种茬口安排：早稻于3月下旬利用小拱棚播种育秧，4月下旬定植，7

月下旬采收；晚稻于6月下旬播种育秧，7月下旬定植，10～11月初采收；白菜薹选用晚熟品种于9月底播种育苗，10月下旬至11月初定植，12月开始采收至翌年3月。每667米^{2}可产早稻约500千克，晚稻600千克，合计产值约3 300元；白菜薹2 000～2 500千克，产值4 000～4 500元。

4. 白菜薹菜、油两用栽培模式

唐起超（2000）、杨艳文和张雪华（2001）报道的栽培模式。具体做法是选用中晚熟品种，如早白菜薹（Ⅰ）等品种，于8月中旬至9月中旬播种，在苗龄40～45天时于9月下旬至10月上旬定植，定植后25～30天，一般在11月上旬开始采收，于翌年2月上旬停止采收，让后续菜薹迅速抽出，开花结籽，于4月下旬便可采收菜籽榨油。每667米^{2}可产菜薹1 000千克，产菜籽量则较难定量。如果菜薹卖价较好，则可多采收几次，以增加菜薹产量，则菜籽产量较低；如果菜薹销售价格低，可较早停止采收菜薹，则菜籽产量较高，可达80～100千克。

5. “早白菜薹—马铃薯/西瓜—杂交水稻”一年四茬高产高效栽培模式

安徽芜湖县咸保镇农技站（2002）采用这种栽培模式，每667米^{2}可产白菜薹2 500千克、马铃薯1 000千克、西瓜3 500千克以及杂交水稻600千克，总产值5 500元，纯收入突破4 500元。具体做法是选用早白菜薹（Ⅱ、Ⅲ）于8月20日至9月10日播种、育苗，苗龄35天时定植，主薹长25～30厘米时开始采收，遇越冬低温时，可设小拱棚保温，以免受冻；白菜薹采完后及时进行土地耕翻，按西瓜栽培要求开沟作畦，留出西瓜种植畦，于2月中旬在厢中间种4行马铃薯，每667米^{2}种3 500～4 000穴，进行地膜覆盖栽培，于4月下旬至5月上旬采收；西瓜于2月中、下旬用营养钵育苗，覆盖双层薄膜保温育苗，25～30天后选晴天打孔定植，每667米^{2}栽600株，栽后加盖小拱棚保温，一般6月底至7月初采收结束；杂交水稻选用早中熟品种，如粳杂80于5月15～20日播种育秧，苗龄35～40天栽秧，9～10月成熟后及时采收。董根生和王继红（2001）也报道了同一栽培模式，其结果与前所述基本一致。

6. “早白菜薹——早毛豆——秋延西瓜”配套栽培模式

董根生和王继红（2001）用此配套栽培模式获得每667米^{2}产早白菜薹2 000千克，产值1 500元；早毛豆600千克，产值1 000多元；秋延西瓜2 000千克，产值2 500元，合计总产值达5 000多元。其栽培流程是选用早白菜薹（Ⅱ、Ⅲ），于8月25日至9月10日播种育苗，在苗龄35天、6～7叶时定植，11月开始采收，采收至翌年2月上中旬罢园；毛豆选用早熟品种，于3月上旬播种，每穴2～3粒，盖地膜保温防冻，出2片子叶后破膜炼苗，待豆荚饱满时一次性或多次采摘毛豆上市；秋西瓜选用早熟圆果型品种于7月10～20日播种，每667米^{2}种植600～700株，于10月中、下旬成熟采收，采收时期视品种而异。

(五) 白菜薹的反季节栽培

白菜薹和其他十字花科蔬菜一样，喜欢在冷凉气候条件下生长。在长江流域就是秋冬栽培，在较高温度下形成植株的初生莲座叶，而在较低温度条件下形成产品器官，非此环境条件下栽培，就是反季节栽培。吴艺飞和周晓波（2012）采用了白菜薹6～7月播种，提早至8～9月采收菜薹的栽培方法。其方法是选择早熟耐热品种，于6～7月播种，8～9月采收的高温栽培。栽培过程中有以下5点特殊措施：

（1）播种后覆盖遮阳网育苗，出苗后及时除去遮阳网。

（2）注意打药防苗期猝倒病、立枯病和菜螟，后期防菜蚜、菜粉蝶和菜蛾等。

（3）及时疏苗，将密集的幼苗拔除一部分，以保证幼苗健康生长。

（4）保持栽培土壤的湿润，防止植株萎蔫受损。

（5）早采收，防止菜薹老化。

第三章 薹用白菜育种

第一节　薹用白菜育种研究进展

红菜薹、白菜薹和菜心这3种以薹供食的蔬菜，在全国、尤其在南方地区越来越受广大消费者所喜爱，栽培面积也在迅速扩大，因而对栽培品种的需求是全方位的。一是面积扩大，需要提供更多的优良品种；二是栽培地区由局部发展到全国广大地区，由平原到高山、由季节性生产供应发展到周年生产供应、由局部自给自足式生产发展到全国流动供应，近年来出口外销量也在加大；三是随着人们生活水平的提高，对菜薹食用品质的要求也越来越高；四是随着栽培面积的扩大，病虫害也逐渐增多。因此，现有品种很难满足生产发展的需要，提供丰富多彩的优良品种的要求迫在眉睫。广大科技工作者顺势而上，近30年来薹用白菜的育种研究工作，可以说是突飞猛进，各类栽培品种应时面世，研究者遍布全国各地。现将关于薹用白菜育种方面的研究进展进行综述。

一、育成推广了一批新品种

张曰藻和刘烁善（1978）开创了红菜薹育种的新篇章，他们从武昌胭脂红农家品种中入选14个早熟单株，经多代比较筛选，筛选出一个有蜡粉株系和一个无蜡粉株系，有粉株系命名为十月红一号，无粉株系命名为十月红二号，将原有品种熟性（80多天）提早了20多天，很快在武汉市推广。

20世纪80年代初，晏儒来、刘卫红等，将广东四九菜心的早熟性和抗黑斑病性转至红菜薹中，育成了一批超早熟红菜薹株系，其中播种后40～70天采收的株系都有，这批株系之后成为各地早熟新品种选育的基础种质。20世纪80年代后期，在武汉市科学技术委员会的立项资助下，由晏儒来、向长萍、徐跃进和李锡香等组成的课题组，育成一批自交不亲和系，于20世纪90年代初配组筛选育成了华红一号和华红二号2个极早熟杂种一代，播后50多天开始采收。同时，开始了红菜薹细胞质雄性不育系的选育，于20世纪90年代末成功育成雄性不育系，经配组测交、筛选，于2002年又育成红杂60号和红杂50号（省市命名为华红三号、华红四号），凭其优良特征特性，很快在湖北、湖南和广西等省、自治区得以迅速推广，后又育成红杂70号、粉杂70号等品种，现正在生产应用之中。20世纪90年代末，徐跃进等育成温敏型雄性不育系，配成杂种一代命名为华红五号，正在推广中。

吴朝林等，于1990年开始从事新品种选育的研究，于1999年后先后育成推广了湘红一号（45天）、湘红二号（60天）、湘红三号（85天）、湘红四号（85天）、湘红2000（80天）、湘红九月（45天）、五彩红薹一号（50天）和五彩红薹二号等。先后在湖南、湖北和四川推广，种植面积较大。梅时勇等于2000年育成独秀红红菜薹新品种，其栽培按照广东菜心栽培法。此品种在生物学产量利用率方面，与其他品种比较，有明显优势，但长江流域的生产者还有个接受过程。邱正明等（2003）育成推广鄂红一号（50天）、鄂红二号（60天）；2010年，聂启军等，又育成推广鄂红四号（56天）现正在推广之中。赵新春等于2007年育成推广紫婷二号（60天），现正在推广中。王春梅等（2000）育成推广佳红一号（65天），在武汉市东西湖区有较大面积推广。

菜心育种近30年来也取得了很大进展，目前广州地区的主栽品种有20多个，绝大部分是20世纪80年代以后新育成品种。四九菜心是20世纪60年代广州市冼村菜农用系统选育法最早育成的菜心早熟品种。此后，广州市蔬菜所和广州市白云区蔬菜所以四九菜心为原始材料，用系统选育法分别选育出四九心19号、四九心20号菜心；后又用雄性不育系配制育成早优1号、早优2号和中花菜心等杂种一代品种。广东省农业科学院蔬菜研究所通过系统法育成早、中、晚熟配套菜心品种，如早熟品种5404、中熟品种7101和6172（宝青60天）、晚熟品种201等。

白菜薹育种最早始于20世纪80年代，在湖南华容县有人种植白菜薹，是一个晚熟品种，比较杂，后经种子经销商选育命名为极早黄白菜薹，由岳阳市五里牌一些种子店所经销。第一个介绍推广白菜薹新品种的是湖南株洲市唐起超（2000）关于菜油两用种——早白菜薹（Ⅰ）栽培技术要点和早白菜薹（Ⅱ）、早白菜薹（Ⅲ）的特征特性和栽培要点，吴朝林（2003）、田军（2003）、汪孝林（2009）、陈利丹等（2012），则分别介绍了一些优良品种和品比试验结果。

二、各种育种方法得到了充分的应用

十字花科蔬菜常用的育种方法，如选择育种、有性杂交育种、杂种优势利用、远缘杂交育种、单倍体育种和转基因育种等，在薹用白菜育种中都得以充分的利用。

（一）选择育种的广泛应用

通过选择优良单株，经过多代比较试验，育成新品种或优良自交系是最常用的方法，在薹用白菜育种中得到了广泛的应用。至今，在华南地区推广的数十个菜心品种，几乎全部是通过这一方法育成的新品种，如四九心19号、迟心2号、迟心29号、油青12、绿宝70天、特青迟心4号、油青49、宝青40天、油青40、新选45、油青31天、超级50天、60天油青、东莞50天、油青50天、南港45天、白沙45天、东莞80天、百顺811、百顺812、特选49、油青70天、迟花油青、尖叶50天和碧绿菜心等菜心品种；十月红一号、十月红二号、佳红一号、洪山菜薹和9801等红菜薹品种；极早黄、特早熟和早皇薹等白菜薹品种，都是系统选择而育成的品种。至今，选择育成种为绝大多数种子经销商常用育种手段。他们从十月红菜薹或四九菜心中选择一些优良单株，扩繁并命名推广，比比皆是，有的还标上杂种一代，所以生产者购种时必须小心谨慎。

（二）杂交育种

当选择育种效果达不到新品种的育种目标时，人们会使用杂交技术创造新的变异，再在分离世代选择优良变异，通过系统选择固定下来，从而育成品种或优良自交系。

晏儒来和刘卫红（1984）用十月红菜薹作母本、四九菜心作父本杂交后于F_2代开始选择单株，经4～5代定向选择，育成了一批40天、50天、60天的红菜薹株系，成为现在选育早熟红菜薹杂种一代的基础材料，比母本十月红菜薹（65天）提早10～20天，而且将菜心高抗黑斑病的特性也转育至红菜薹中。通过雄性不育的转育，现在这些株系中有OF系统的不育率近100%的株系28份及其相应的保持系28份。其中，熟性40～50天的19份，50～60天的9份。红杂50号、红杂60号、红杂70号，就分别是其中的9617A、9630A、9631A等不育系配成的杂种一代。

目前，广州市蔬菜科学研究所育成并通过品种审定的有油绿50天、油绿701和油绿80天菜心品种，最近又育成151早菜心，广州市白云区蔬菜科学研究所育成的品种有20号菜心和151早菜薹。

实际上有性杂交是创造各种有用基因型的最有效的途径，雄性不育系的转育、抗病育种中抗性的转育、品质育种中优良种质的重组、耐湿育种中耐湿材料的获得、耐热性育种、耐寒性育种或对其他一切性状的改良，无一不是通过有性杂交后，从分离世代中定向筛选出来的。杂种一代的亲本也是通过这个途径而创造的，虽说通过选择可以从现有品种中选出一些自交系，但这远远满足不了杂种一代配组的要求。

此外，一些种子经销商推广的许多品种，一部分是选择单株，另一部分是从杂种一代新品种分离群体中选株育成，故应归为杂交育种一类的品种，这里不便提供具体品种的名称。

（三）利用自交不亲和系育成的新品种

十字花科蔬菜中花期自交不亲和现象普遍存在，由于其自交不亲和，所以花而不实，必须配以另一个异型自交不亲和系或自交系才能生产出杂种一代种子。湘红2000、五彩紫薹二号、湘红二号、华红一号和华红二号等，都是用自交不亲和系配组育成的杂种一代。也可以先育出自交系来，从而育成品种或优良自交不亲和系。

（四）利用雄性不育系配制杂种一代

华中农业大学育成的红杂60号、红杂50号和华红五号，就都是用雄性不育系作母本配出的杂种一代，后来晏儒来等育成的菜杂一号和白杂一号、白杂二号、白杂三号，也都是用雄性不育系配成的杂种一代。湖南省农业科学院、湖北省农业科学院蔬菜所、吴朝林等也用雄性不育系育出了几个杂种一代新品种，如湘红9月、五彩红薹一号和鄂红二号、鄂红四号等。彭谦等（1989）先育成菜心雄性不育系，然后用不育系与自交系配组育成菜心杂种一代早优1号、早优2号和中花菜心，已在生产中广为应用。广西柳州市农业科学研究所育成柳杂一号、椰杂二号以及华南农业大学育成的8722等，都已在生产中推广和应用。

（五）远缘杂交育种

黄邦全等（1995）将甘蓝型油菜、Qgura萝卜细胞质雄性不育材料与紫菜薹进行杂交获得种间杂种，经三代与紫菜薹回交，育成紫菜薹不育系及紫菜薹杂种组合，至今尚未见育成品种的报道。

据莫俊杰等报道，他们用甘蓝型油菜雄性不育系117AB与红菜薹十月红、优选十月红、二早子、改良十月红和湘研菜薹配了5个杂种一代，其中与十月红配的一个组合，达到每667米^2 791千克的产量，产值达3 164元。但至今尚未见育成品种的报道。郑岩松（1996）利用芥蓝与菜心进行远缘杂交和回交，从杂种后代中选出了抗TuMV的菜心品种，并指出杂种后代的抗性水平取决于轮回亲本的抗性水平。

（六）小孢子培养技术的研究

王涛涛等（2004）报道，他们对红菜薹的小孢子技术进行了较全面的研究，指出：①基因型对产胚量影响很大，供试的5个品种中，只有3个产生了胚状体。②培养基用 B5 和 Ms 培养基均可，但在培养基中加适量活性炭，可使产胚量提高 3 倍；而再生培养基的琼脂浓度为 1.2%时，再生率可达 50.1%。③在 4 ℃下处理 10 天，可使胚的再生率从 45%提高到 65%。④最适的胚龄是 20～24 天，再生率最高可达 66.7%，30 天后，部分胚状体开始黄化死亡。

曾德二（2006）也指出：①基因型是产生胚状体的主要因素，5 个品种只有 2 个产生了胚状体。②在产生胚状体的品种中，加活性炭者可提高产胚率 13%～532.0%。与王涛涛等（2004）的结果基本一致。

张秀武等（2008）研究结果也表明：①不同品种的培养出胚率差异显著，经 3 个生长季观察 15 个基因型中有 12 个诱导出胚状体，而产胚率高的品种后代，产胚率也较高。②4 ℃低温处理 2 小时，对小孢子胚的形成有促进作用。③NLN 培养基中加生长素（NAA）和细胞分裂素（6 - BA），对小孢子诱胚率影响不大，浓度过大反而降低诱导率。但加活性炭能提高小孢子诱胚率，子叶型胚在 15 克/升的诱导率最高，达 56.7%，再生株在 Ms 和 1/2Ms＋1 6 - BA（0.5 毫克/升）中的生根为最强。肖辉等（2008）试验结果证明：在培养基中加 6 - BA 对红菜薹小孢子出胚率比加 NAA 的好；B5 培养基上红菜薹小苗生长快，但较纤细，在 Ms 培养基上的再生植株生长较缓慢，但添加活性炭 0.1 克/升均可提高培育成功率。

刘乐承等（2008）将油菜菜心花粉置于 3 种培养基上培养，结果以 15.00%蔗糖＋0.01%硼酸＋0.001%GA 配方培养的效果最好，培养 12 小时的花粉萌发率高于培养 6 小时的，但培养 12 小时的长度却小于 6 小时的。

邓晓辉等（2009）研究也证明：在 NLN 培养基中活性炭的有无和浓度大小对红菜薹小孢子诱胚率影响极大；对胚进行低温处理和提高琼脂浓度，可提高胚诱导植株的再生率。

何丹等（2009）试验结果是，采用 Ms＋（1.0～2.0）毫克/升 6 - BA ＋0.05 毫克/升 NAA＋0.5%的活性炭＋30 克/升蔗糖＋7.5 克/升琼脂培养基对甘蓝型油菜和红菜薹杂交子房培养效果较好，并以杂交后 18 天的子房培养的结籽粒最高，15 天的次之，其杂种萌发率分别为 38.49%和 57.03%。

邓耀华等（2010）研究证明：当气温稳定在 10 ℃以上时即可对红菜薹小孢子开始培养，而以 15 ℃的培养效果最佳。

（七）转基因育种

姚焱等（2009）意图将 *AtARF*8 基因转入红菜薹中，以便削弱顶端优势，促进侧薹抽发，提高产量。利用花薹浸泡转化法将 *AtARF*8 基因转化红菜薹花序，获得 3 400 粒种子，在存活株中鉴定出 3 株 *AtARF*8 基因的红菜薹植株，其转化率接近 0.1%。施华中等（1995）研究证明：以花粉原生质体作为转化受体是可行的，与花粉相比，花粉原生质体的电导入效果更高。随着今后花粉原生质体实验体系的建立和完善，以成熟花粉原生质体作为外源基因的媒介，经授粉受精获得转基因植株，可能成为有潜力的遗传转化新体系。

（八）对红菜薹雄性不育系转育的研究逐步深入

1. 红菜薹雄性不育性分类

（1）细胞核不育型。此类不育性的不育率最高只能达到50%，在自然群体中所获得的雄性不育材料，大多属此类。

（2）显性核基因雄性不育型。由许明等（2003）从大白菜中转育过来的雄性不育系即属此类。由于其核基因控制的不育性为显性，所以理论上的不育率可近于100%，但目前还只达到50%的不育率。

（3）细胞质雄性不育型，也可称之为细胞核、细胞质互作型不育或核胞质不育型。由于其细胞核和细胞质都是不育的，所以不育率可达100%。这是目前用于生产杂种一代的主要雄性不育系，大多用波里马油菜转育的雄性不育株作母本，用红菜薹作父本，多代杂交回交选育而成。此类不育系，理论上可达100%不育，但实践证明，要保持100%不育决非易事。

（4）温敏型细胞质雄性不育型。从波里马油菜雄性不育材料转育至红菜薹中的雄性不育株系中，经常会发现早春的可育株，一些作保持系用的植株，也会变成雄性不育株。利用这类不育系制种比较麻烦，因为同一植株上可能有自交或株间杂交的假杂交种子，也可能是与父本间的真杂交的种子。

2. 薹用白菜雄性不育性的转育

（1）新转育成功的雄性不育系。彭谦等将甘蓝型湘油的不育性转育至菜心中，于1985年育成菜心雄性不育系002－8A，其不育率稳定在93%～100%，是一个较好的不育系；刘自珠等（1996）又育成002－8－20A菜心不育系，不育率在93%以上。

广东省农业科学院蔬菜研究所在20世纪80年代初育成四九心不育两用系、宝青60不育系和松六不育系，其中松六不育系是由白菜不育性转育而成的细胞质雄性不育系，是一个很有利用价值的不育材料。

唐文武、吴秀兰和周军（2010）以波里马油菜的雄性不育系为不育源，转育至四九菜心、50天特青、宝青60天、迟心2号、80天特青和80天油青中，结果经4代转育后，分别达到84%、94%、84%、88%、98%和90%的不育系。经比较，以80天特青为不育系载体的转育效果最好，不育率达98%，是一个很好的不育系，50天特青不育率达94%，80天油青也达90%，都有利用价值，其余3个尚需进一步选育。

赵利民等（2002）将大白菜不育系3411－7转育至菜心中，并配成秦薹1号菜心。之后，广西柳州市农业科学研究所，引用此不育系配成柳杂1号、柳杂2号菜心。

华中农业大学红菜薹育种课题组晏儒来等，于1992年将波里马油菜雄性不育转育至十月红菜薹中，育成3个不育系，试配杂种一代不理想，于1995年开始重新转育，于1997年育成9617A、9630A、9631A 3个不育系，还有10多个贮备不育株系。晏儒来退休后受聘于深圳市农业科技促进中心（原农作物良种引进中心）与王先琳、陈利丹和李健夫等合作，于2000年将红菜薹的不育性转育成菜心雄性不育系3个，即菜心ms101、菜心ms102和菜心ms103，还贮备有10多个不育株系，不育率均达100%。

吴朝林等（2000）育成红菜薹雄性不育系，于2002年配制育成五彩红薹1号。后又继续配制筛选优良F_1代，取得可喜成果。

邱正明等（2005）育成一批不育率达90%以上的雄性不育系，育成的代表性品种有鄂红2号等，随后又配制了一些优良杂种一代。

（2）大白菜显性核基因雄性不育性的转育。许明等于1998—2001年育成了显性核基因不育系，但其保持系还保持不了100%的不育，虽说理论上可以近于100%，但目前还只达到50%。由于后代不育性遗传比较复杂，尚需进一步研究。

（3）萝卜雄性不育系的转育。黄邦全等于1996—1998年将萝卜雄性不育导入红菜薹中，获得了叶色、蜜腺正常的红菜薹雄性不育系，配成的杂种一代还在试验中。

（4）甘蓝型雄性不育系红菜薹。莫俊杰等，直接用甘蓝型油菜雄性不育系117AB与5个红菜薹品种配组杂交，得到5个杂种一代。其中，用十月红、改良十月红、优选十月红和湘研菜薹作父本的倾向红菜薹类型，叶为红色；而用二早子作父本的倾向于母本，叶为绿色。其中，186-1-96A×十月红组合，在4个月的生育期中产量每667米^{2}为791千克，比湘研菜薹增产1倍多，产值3 164元。其余组合产量稍低。

现在各育种单位用雄性不育系配制育成已推广或正在推广的品种有：广州市蔬菜科学研究所的菜心杂种一代品种早优1号、早优2号和中花菜心；广西柳州市农业科学研究所的柳杂一号菜心、柳杂二号菜心；华中农业大学的红杂60号、红杂50号、红杂70号红菜薹杂种一代品种和白杂一号、白杂二号、白杂三号白菜薹杂种一代品种，还有菜杂1号菜心杂种一代品种；湖南省农业科学院蔬菜研究所的五彩红薹一号、湘红2000、湘应九月等红菜薹杂种一代品种；湖北省农业科学院蔬菜科技中心的鄂红二号、鄂红四号等。

3. 红菜薹雄性不育系花药败育的细胞形态

据田福发等（2004）观察：红菜薹波里马雄性不育系花药发育受阻于孢原细

胞阶段，不形成花粉，不形成绒毛层和中层；而红菜薹萝卜雄性不育系花药败育发生于小孢子母细胞期或四分体时期，表现为绒毡层细胞异常，挤压四分体，导致四分体和毡绒层同时解体而败育。

许明等（2006）研究结果也大同小异。他们用2个雄性不育系观察，发现改良不育系小孢子在四分体发育正常，在单核小孢子期，毡绒层异常膨大挤压小孢子，造成小孢子发育营养不良，引起小孢子败育。而红菜薹、萝卜雄性不育系则在孢原细胞分化期之前就已有53%败育，不形成花粉囊，形成花粉囊的胞原细胞大多只形成2个体积很小的花粉囊，其中的小孢子发育与前相似为单核早期毡绒层膨大挤压小孢子，而造成小孢子败育。许明等（2007）还研究了红菜薹雄性不育系和保持系在不同发育时期内源激素的变化，苗期2R含量主要集中于根部，保持系根部含量最高；幼根保持系IAA含量显著高于不育系，苗期叶片IAA含量相差不大；不育系与保持系苗期不同器官GA含量分布不均衡；盛花期叶片激素含量变化较大，蕾期不育系的IAA、GA和ZR含量出现不同程度的亏缺，不育系的含量都极显著低于保持系，其亏缺影响花粉的正常发育，从而引起败育。

宋秋瑾等（2006）研究证明：红菜薹的株高、叶长、主薹高和侧芽萌发力性状的遗传，主要受基因加性效应控制，叶柄长、主薹重性状的遗传主要是非加性效应起作用。

三、薹用白菜主要性状遗传相关的研究

1. 质量性状

这类性状主要包括叶色、薹色、叶柄色、花色和蜡粉等性状。

（1）花色。据吴朝林（1996）观察，黄花对白花，黄花为显性，白花为隐性。F_2代中呈黄3∶白1分离，似受一对等位基因控制。张华和刘自珠（1999）对菜心白花与黄花的观察结果与红菜薹的结果完全一致。

（2）蜡粉。即薹上、叶柄上有无蜡粉。虽然未见相关研究报道，但大量实践说明，有蜡粉对无蜡粉为显性。

（3）叶色。用红色叶片和叶脉品种与全绿色的小白菜、白菜薹和大白菜杂交，叶和叶脉全为绿色或白色。因此，认为绿叶和白叶脉为显性。黄叶与绿叶杂交，F_1代叶色处于绿、黄之间，因此认为绿叶对黄叶为不完全显性。

（4）薹色。用红菜薹与白菜薹、大白菜和菜心等杂交，F_1代菜薹基部为红色，上部为绿色或白色。因此，认为绿色和白色对红色为不完全显性，且红色多少受基因型（品种）和环境影响，而略有不同。红色可能受多基因控制。

（5）叶柄色。红色叶柄的红菜薹或与叶柄为绿色、白色的菜心、小白菜、白菜薹和大白菜杂交，F_1代叶柄色和薹色的表现相似，但显性更明显一些。

(6) 熟性。即自播种至开始采收时间的早晚，早熟品种或株系与晚熟品种杂交，F_1 代大多表现为早熟，但比早亲稍晚。这种现象在双亲熟性差异大时更为明显，而差异小时，则偏早性不够明显。

2. 数量性状的遗传与相关

数量性状受多基因控制，不是一般的遗传分析能得出结论的。诸如产量、薹重、叶重、薹长、薹粗、叶片大小和营养成分含量等。

研究数量性状的遗传规律，对提高育种工作的有效性、减少工作量具有重要意义。通过对广义遗传力（h_B^2）和遗传变异系数（GCV）的分析，可以了解各性状的遗传变异性和遗传潜力，而性状的遗传潜力在选择条件下的实现程度可由预期遗传进度（GS）反映出来。即通过性状的 GCV 可以了解预期遗传进度的最大限度，由广义遗传了解实现遗传潜力的可能性，进而估算出预期遗传进度，来说明选择效果。通过相关分析则可了解对某一性状的选择以及对其他性状的影响。

刘乐承（1995）对红菜薹 19 个基因型的 17 个数量性状进行了遗传、相关和通径分析。根据遗传变异系数大小，可将 17 个性状分为 2 类：侧薹长速、莲座叶数、侧薹重、单株产量、始收期和侧薹数为一类；其 GCV（遗传变异数）＞30％；其余性状为一类，其 GCV＜20％。预期遗传进度与遗传变异系数呈极显著正相关。

相关分析表明：单株产量与其构成性状中的侧薹数、孙薹数、侧薹重和侧薹粗呈极显著正相关，而与孙薹长、孙薹粗和孙薹重呈微弱负相关；单株产量还与反映熟性的现蕾期、始收期和植株高度、开展度、总莲座叶数呈极显著正相关。根据相关分析不难看出，通过对总莲座叶数、侧薹数和总薹数的间接选择效率高，接近于直接的单株产量的选择，而对孙薹长、孙薹粗、孙薹重和侧薹长的选择效率低，且多为负面效应。

通径分析表明：侧薹数、侧薹重、孙薹数、孙薹重和现蕾对单株产量的直接效应依次减小，前 3 项有相互增加的效应。孙薹重虽与单株产量负相关，但直接效应却是正面的。现蕾虽与单株产量呈极显著正相关，但直接效应却是负面的。

徐显亮和许明（2009）用 16 份材料对菜心主要品质性状和农艺性状的相关分析，表明维生素 C 含量与叶数、叶长、薹粗和单株重呈显著正相关；有机酸与叶宽、叶柄宽呈显著正相关；干物质与株高、薹长呈显著负相关；蛋白质与叶数、叶长、叶柄长和薹粗呈极显著正相关，与叶宽、单株重呈显著正相关；蛋白质与维生素 C、可溶性糖呈显著正相关；维生素 C 与可溶性糖呈极显著正相关。说明在品质育种中，可以通过适当的叶数、叶长、薹粗和单株重等农艺性状的选择，来提高菜心的营养品质。

3. 抗逆性育种

(1) 耐热性育种。廖飞雄和潘瑞炽（2004）研究了耐热性育种，他们分析了离体筛选出的一个耐羟脯氨酸选择系的脯氨酸和耐热性，指出新选系 Hypr01 比原品种 60 天特青菜心有较高的游离脯氨酸含量；在 35 ℃胁迫下，Hypr01 中有显著的游离脯氨酸增加，为 60 天特青的 4 倍，为耐热品种四九菜心的近 2 倍。与对照比，在 35 ℃连续培养的愈伤组织表现出更强的活力和根的分化能力，鲜重增量明显加大，MDA（丙二醛）含量低，SOD（超氧化物歧化酶同工酶）、CAT（过氧化氢酶同工酶）活性较高。在人工气候箱模拟栽培高温逆境下，Hypr01 再生苗生长优于未经处理的 60 天特青，并具有较低的电解质渗出率和较高的鲜重增长，说明有较强的耐热性。因此，在高温（35 ℃）胁迫下筛选出的游离脯氨酸高的选系，会有较强的耐热性。此研究结果为薹用白菜耐热性育种提出了一项有实用价值的途径。

(2) 菜心耐湿性。曾小玲等（2010）以 12 份不同基因型菜心为试材，研究了淹水胁迫对菜心农艺性状和生理指标的影响，利用聚类分析可将参试菜心分为 3 类：第一类为耐湿类型，有天下一心、甜菜心 333；第二类为中度耐湿类型，有四九菜心、矮脚 45、冬竹菜心、白种菜心、油丰 7 号、甜菜心、粗条 18 号甜菜心和春梅菜心等；第三类为不耐湿类型，包括爱和菜心、油菜心 337。该研究结果是菜心耐湿性进一步研究的先导。

(3) 红菜薹低温致死温度测定。刘乐承等（1995）测定了 19 份红菜薹材料的低温致死温度，即拐点温度，结果列于表 3-1。

表 3-1 红菜薹拐点温度表

试材编号	试材株系名称	熟性	试材来源	拐点温度（℃）
F2-2-4	892-2-4	早	OF 系	-5.22
M7-2	Os3-1-2	早	十月红一号系	-5.22
F2-2-6	892-1-4	早	OF 系	-5.26
M7-1	Os31-2	早	十月红一号系	-5.44
F1-2	OF83-4-1-2	早	OF 系	-5.66
M1-1	Ts22-4	中	十月红一号系	-6.05
M5-4	Os31-1	中	十月红一号	-6.06
M2	SI07-1-1-1	晚	十月红一号	-6.14
F3-2-3	Ts12-1-2-3	中	十月红二号系	-6.28
F1-大	OF83-4-1-3	早	OF 系	-6.56
M3-1	Ts15-1	中	十月红二号系	-6.88
M1-5	S136-1-1-1	中	十月红二号系	-7.05

（续）

试材编号	试材株系名称	熟性	试材来源	拐点温度（℃）
M4-8	Ts12-1-3	中	十月红二号系	−7.07
X2-7	OF2-7	早	OF系	−8.23
M8-3	SI07-8-3	晚	十月红一号系	−8.83
M6-4	Ts24-4	晚	十月红二号系	−9.70
M6-3	Ts24-3	晚	十月红二号系	−9.74
Ts12-1	Ts12-1	中	十月红二号系	−10.56

如表3-1显示：红菜薹的低温致死温度（拐点温度）起点为−5.22℃，如F2-2-4，而最耐寒的品种致死温度为−10.56℃，如Ts12-1。这里测试的品种（株系）虽不算多，但也为今后耐寒性育种提供了一些低温参数。

四、其他理论问题的探讨

1. 关于自交不亲和快速测定的研究

马艳和晏儒来（1991）的试验证明：当亲和力指数在0.5以下时，其后代有95%的株系为不亲和；如果亲和指数在0.1以下，则其后代近于全自交不亲和。另外，也可将授粉后24h内的柱头在电子显微镜下观察，如果花粉管不能进入柱头的乳突细胞则表明二者不亲和。以上2种方法，都可较快育成自交不亲和系。此结果是否可靠，有待验证。

2. 关于紫菜薹细胞核雄性不育系数量性状配合力分析

宋秋瑾等（2006）研究表明，亲本一般配合力在株高、主薹高、叶长和芽萌发力等性状上有显著差异，因此对这3个性状遗传力强，应做正向选择；而叶柄长、主薹重其遗传力较弱，受环境影响大。

3. 关于红菜薹品种氨基酸含量的分析

肖辉等（2008）所做的试验说明，红菜薹有17种氨基酸，其中7种为人体所必须，各品种间各类氨基酸含量差异不显著。红菜薹的薹叶具有更高的营养价值和药用价值，不同采收温度对各类氨基酸含量的影响不尽相同。

4. 红菜薹春化相关基因的克隆与表达

陈国平等（2010）在研究中找到了控制红菜薹抽薹的基因，其*FLC*是开花抑制基因，而*SOCI*是开花促进基因。春化处理之后，由于*FLC*被抑制而使得*SOCI*表达量得以提升，最终促进植物提前开花。新育成的一些早中熟品种中*FLC*基因较少，故抑制效应较低。

5. 遗传标记的研究

漆小泉等（1995）用8个随机引物对2个红菜薹自交系的3个单株和4个大

白菜自交系的4个单株的染色组DNA进行PCR扩增，共有40个条带分离清晰、明亮，其中31条带在7个单株中表现出差异，可作为遗传标记（RAPD）。用7个引物在紫菜薹和大白菜之间检测出了21个RAPD标记，可以用于大白菜和红菜薹的分子标记。

6. 转基因育种

姚焱等（2009）为了获得多侧薹红菜薹，将超表达拟南芥生长素反应因子8（*AtARF*8）转入红菜薹，能够削弱顶端优势，增加侧薹数量。试验用花蕾浸泡法将*AtARF*8基因转化红菜薹花序，获得种子3 400粒。并通过PCR分析，从存活株中鉴定出了3株转*AtARF*8基因的红菜薹植株，其转化率接近0.1%。

7. 远缘杂交后代细胞遗传学研究

黄邦全等（2000、2001、2002）研究了红菜薹与萝卜、甘蓝型油菜杂交后的细胞遗传规律，1996—1998年，他们将Ogura雄性不育细胞质导入紫菜薹，获得了叶色正常、密腺正常的红菜薹雄性不育系，后又用这个不育系与萝卜杂交，并获得了一些杂种。其中，以红萝卜作父本的杂种，F_1代植株叶柄、叶脉呈紫红色，以白萝卜为父本者叶柄、叶脉不呈紫红色。所有植株都开白花，蜜腺正常，雄配子高度不育，雌配子部分可育。杂种F_1代的花粉母细胞的染色体数目为$2n=19$。后来，他们又用上述杂种与甘蓝型油菜杂交，获得4棵杂种植株，其中3株开白花，1株为白花、黄花的嵌合体，其染色体数目为$2n=38$。这些研究成果尚未见用于新品种选育的报道。

8. 种质资源的研究

吴朝林和陈文超（1997）介绍了红菜薹的分布、主要农艺性状分类和代表性品种，将红菜薹种质资源分为湖北品种群、湖南品种群和四川品种群，武汉、长沙和成都为3个原产中心。十月红、阉鸡尾、阴花红油菜为其代表品种。

9. 菜心抗病性鉴定

张华、刘自珠（2010），周而勋等（2000）研究报道了菜心品种对炭疽病抗性鉴定结果，结果表明尚未发现对炭疽病高抗和免疫的品种，但不同品种间的抗病性存在较大的差异，一般早熟品种抗病性较强，中熟品种次之，晚熟品种较弱。

第二节　种质资源的收集、研究与利用

在新品种选育计划确定以后，首先要做的工作就是种质资源的收集、研究与利用。

一、种质资源的收集

种质资源收集既要广泛又要突出重点。省级育种单位收集面应广一些，其他育种单位单纯为育种而引种，则收集工作更应突出重点。所谓重点，包括目前的主要栽培品种、小白菜中冬性较弱易抽薹的品种以及品质优良或具某一种特殊抗病性的品种。红菜薹育种只能用红菜薹，如果需要菜心、白菜薹、小白菜或大白菜的某一特殊基因，则需通过多代转育成红菜薹以后才能使用。华南地区的菜心具有特殊的形态特征，如果改变太大人们会不习惯。因此，只能用菜心作为育种亲本，需要用其他变种的种质也需要多代转育成菜心的形态后才便于应用。唯独白菜薹现在还未形成特殊的固定形态，因此白菜薹这个变种的育种，任一亚种、变种都可直接应用，根据育种需要选择其中的品种作为育种原始材料。

二、种质资源的鉴定、选择

种质资源收集以后，一定要对主要特征特性进行鉴定，只有对资源有足够的认识，才能做到灵活而准确地应用。

（一）鉴定项目

种质资源鉴定的目的是为育种提供遗传信息，供亲本选择时作为确定入选亲本的参考。无论采用什么育种方法，都需要参考这些数据，主要包括 4 个方面的内容。

（1）物候期。主要包括播种期、出苗期、定植期、现蕾期、始花期、开花采收期、盛收期和末收期。

（2）植物学性状。包括根系、叶色、薹色、叶柄色、叶脉色和蜡粉有无；苗叶数、初生莲座叶数、次生莲座叶数和薹叶数等；株形、株幅、株高、薹长、薹粗、薹重、薹形、薹叶形状大小、开花时种株大小、分枝级数、开花多少和种子多少等。

（3）生物学特性。主要是指该种质资源对生长环境的适应性，具体说就是对温度、光照、水分、土壤、肥料的要求和极端条件下的反应。

（4）农艺性状。主要是指菜薹产量高低，生长势强弱，菜薹延续采收时间长短，菜薹商品性状优劣，后期产品的商品率，植株的耐寒性、抗热性、耐湿性、耐旱性、抗病性和抗虫性等。

以上项目根据育种目标应有所侧重，根据经验教训是多记比少记好，育种者的心情是记载时嫌麻烦，当你想使用那份材料时，又嫌数据不够，难以确定取舍。而没有任何记载的种质材料，最后会成为累赘，丢掉舍不得，使用又无依据。

（二）种质材料的栽培

（1）栽培条件。简而言之，是略优于大田生产，令其各方面的性状能充分表现出来。防虫不防病，令其自然生长。

（2）试验季节。应在最适宜的栽培季节进行，如红菜薹、白菜薹应在 8 月下旬播种，菜心早熟品种应在夏秋栽培，中、晚熟品种应在 9～10 月播种，在这样的季节进行鉴定，才能筛选出有用的材料。

（3）种植株数。每份材料种植 50～100 株。

（三）种质材料的选择、采种

种质材料的选择：任何选择都是有目标的，这个目标就是育种初期确定的目标性状中的 1～2 项。选择的过程有以下 3 个环节：

（1）去杂去劣。将 50～100 株中的非本品种的杂株、劣株和弱株拔掉，有多少拔多少，不可遗漏。而且，拔掉的植株不要丢在试验地里。

（2）选株。分两种情况，一种是如果是想改良原有品种或育成常规品种，则宜多选同型株，即选那些性状差异不大的植株，这样见效快，容易育成品种；另一种是只想选株育成自交系，作为配制杂种一代的亲本，则宜多选具有特殊性状的单株。不论哪种选择，都在莲座叶形成期进行初选，入选者插棍、编号和挂牌；在始花期进行第二次选择，将主薹退化株拔掉；最后入选株数，第一种情况可选 20～30 株，第二种情况每份入选 10～20 株。凡未入选株一律拔掉，以免影响入选株后面的操作活动。

（3）采种。第一种情况，可架设纱网隔离采种，网内放蜜蜂或苍蝇帮助授粉，种子成熟后混合采种；第二种情况，入选株用硫酸纸袋套袋进行花蕾期自交，因为薹用白菜都有自交不亲和现象，所以需行蕾期自交，以保证每株都能收到种子，种子按单株采种，具体操作程序请参考自交不亲和系选育程序。

三、种质材料的保存

（一）存放地点

每一份种质材料都很珍贵，必须保存好，维持其 5～10 年或 20 年的生命力，不要让其丧失发芽率。要做到这一点也不难，大的育种单位有冷藏库，只要将种子放在冷藏库中，在－10 ℃以下的低温下，可保证放 10 年以上而不丧失发芽率，但必须将种子水分降至 7%以下。小的育种单位或种子公司，可以买一个三开门性能好的冰箱，上层的温度为 0～5 ℃，中间为－10～0 ℃，下层可达－18 ℃。珍贵种质放在下层，稳定株系放中间，新采的临时性种子放在上层。

（二）存放种子的数量

已定形的珍贵原种和杂交亲本每份需存放有2～3年繁种之用的数量，1 000～2 000克。已稳定的株系每份100～200克，而在继续选育的株系，则有10克左右即可。至于那些自交的单株种子，则能采多少算多少。

（三）存放种子的包装、干燥

（1）种子干燥。种子入库前必须令其充分干燥，方法是将种枝剪下先置于40～60厘米的大网袋中，挂藏于通风处，待充分干燥后脱粒，脱粒前选晴天晒一天后再脱粒，脱粒种子装入牛皮纸袋中，再晒2～3天即可。是否已干的鉴定方法是将种子取出置于硬物上，用大拇指指甲用力压迫种子，如果种子一压就碎，表明种子已充分干燥，如果压成小饼，则种子还不干，每次压3～5粒种子即可。已干燥种子即可换装于密封袋中。

（2）种子包装。种子永久性包装，需用密封塑料袋两层包装，即先放入一个袋，外面再套一层。因此，包装袋需多个规格，少量种子均入小袋，再按系统分装后装入大袋，这样便成了多层包装。在每一个大小袋内，均用硬纸牌说明是什么种子，这样在使用时拿种子就比较方便。对于用冰箱存放的种子，3～5年内要用的种子均可放在上层，需要长期保存的种子才放在下面冷冻室。

四、种质资源的利用

（一）直接利用

通过鉴定可以将引进材料分为纯、较纯和不纯等各种类型。如果是常规品种很纯，在鉴定中表现很好，则可直接扩大繁种，供各地试种。如果各地反映都好，有人需要生产用种，就可大面积繁种推广。也可作选育杂种品种的亲本，但多数材料都需通过选择株系才可利用。

（二）间接利用

对那些携带有特殊遗传基因的材料，鉴定时的表现不一定很好，但可通过与本地生产品种杂交后，再通过系统选择育成新品种或优良株系作为选育杂种一代的亲本。

五、种质资源的研究

种质资源就是育种的基因库，组合育种目标性状所需要的综合性状都分散在各资源中，育种者的任务就是将这些分散的优良性状组合至新育成品种中。要做到合理地选用种质，就必须对种质材料有所了解，需要对种质有一定的研究。研究工作包括对植物学性状的基本了解，即第三章第二节所涉及内容，而较深层次的研究则涉及亲子表现的关系。为选育杂种一代新品种提供一些信息，也是本部分要介绍的内容。现用赵松子（1994）所提供的红菜薹6个自交系半轮配杂交组合的11个数量性状平均值表的数据进行具体分析（表3-2）。

表3-2　红菜薹6个自交系双列杂交组合的11个数量性状平均值表

性状均值组合	薹基粗（厘米）	中粗（厘米）	节粗（厘米）	侧薹数	现蕾（天）	始收期（天）	薹长速（天）	采收间隔期（天）	可溶糖含量（克/百克鲜重）	干物质含量（%）	产量（千克）
1×1	1.91	1.07	1.12	14.89	118.67	159.83	41.17	9.17	2.44	8.05	2.80
2×1	2.16	1.16	1.28	9.67	54.83	70.67	15.83	18.00	1.24	7.26	6.91
3×1	1.99	0.98	1.06	11.00	69.33	94.83	25.50	31.17	1.63	9.05	5.60
4×1	1.92	0.96	1.04	11.39	71.67	94.67	23.00	33.33	2.04	9.69	7.95
5×1	1.93	0.98	1.02	12.22	73.00	112.17	39.17	34.50	1.95	9.29	3.60
6×1	1.96	1.02	1.00	16.28	79.67	141.17	61.33	12.00	1.46	8.12	8.11
2×2	1.21	0.71	0.74	5.39	38.67	51.00	12.33	12.00	1.02	7.28	2.98
3×2	1.74	0.93	1.09	7.67	45.67	59.33	13.67	15.50	1.21	6.93	6.26
4×2	1.90	0.98	1.09	8.67	50.00	62.33	12.33	27.00	1.01	7.41	6.35
5×2	1.88	0.97	1.20	8.28	45.00	61.50	14.83	16.83	0.95	7.39	6.28
6×2	1.90	1.02	1.15	10.28	53.33	72.67	19.33	30.00	0.64	7.40	6.40
3×3	1.76	0.85	0.91	9.08	64.50	87.67	23.17	33.50	1.73	9.58	5.51
4×3	1.84	0.98	1.03	8.67	62.17	76.50	14.33	29.00	1.32	8.56	5.88
5×3	1.88	0.92	1.06	9.78	66.50	87.50	21.00	34.17	0.78	7.42	6.03
6×3	1.72	0.87	0.91	11.22	73.50	107.67	34.17	34.50	1.40	9.41	6.55
4×4	1.63	0.79	0.81	8.89	64.00	86.83	22.83	36.17	1.68	9.52	5.88
5×4	1.91	0.92	1.01	10.89	75.33	107.00	32.00	36.00	2.43	9.83	6.15
6×4	1.83	0.95	1.03	12.39	74.17	125.00	50.83	25.00	1.43	8.35	5.13
5×5	1.89	0.97	1.01	10.89	71.17	102.67	31.50	34.67	1.28	8.99	5.48
6×5	1.82	1.04	1.08	12.00	74.67	119.33	44.67	27.33	1.33	7.98	5.58
6×6	1.77	0.90	0.88	12.67	79.83	137.17	57.33	12.83	1.14	8.68	3.20

根据表3-2数据分解成各个性状比较，就可看出以下规律：

（1）产量：F_1代与亲本的关系。由表3-3中数据可以看出：

① 每个亲本自交种的平均产量均低于其杂交种的产量，说明红菜薹产量的杂种优势非常明显。

② 与本株系自交种产量相比，F_1代产量最高的是Ts 24-3×007-1和Ts 15-1×007-1，小区产量分别为8.115千克、7.950千克。而产量最高的自交系小区产量为5.88千克。

③ 杂优强度从杂种优势的度量估测优势强度，可以看出某一亲本与另5个

亲本杂交的 F_1 代产量平均值，全高于高亲，故属于超亲优势。由此可知，选育一个超过高亲的杂种一代并不难。

④ 关于增幅问题，F_1 代产量较亲本的增幅，并不能说明其有无实际利用价值。因为亲本本身有的产量很低，所以其 F_1 代增幅就高，有的亲本产量高，其增幅就较小，如 OF83－4－1 自交系小区产量为 2.48 千克，F_1 代为 6.435 千克，其增幅为 114.5%；而 Ts 15－1 F_1 代为 6.495 千克，其增幅却为 10.4%，因为其自交产量为 5.88 千克。单从产量考虑，007－1 和 Ts 24－3 的正反交才是最有利用价值的高产组合，次为 Ts 15－1×007－1。但由于此试验未设对照，所以不能说明其有多大利用价值。

表 3－3　6 个自交系产量与 F_1 代比较（小区产量）

序号	自交系	自交系产量（千克）	与另 5 个亲本杂交种产量均值（千克）	增幅（%）	5 个 F_1 代中最高产量（千克）	增幅（%）
1	007－1	2.80	6.435	130.0	8.115（6×1）	190.0
2	OF83－4－1	2.48	6.435	114.5	6.915（2×1）	131.7
3	Os31	5.51	6.065	10.0	6.550（6×3）	18.8
4	Ts15－1	5.88	6.495	10.4	7.950（4×1）	35.1
5	T36－1	5.48	5.530	10.0	6.285（5×1）	14.6
6	Ts24－3	3.20	6.357	98.7	8.115（6×1）	153.6

注：1. 小区面积为 2 畦，每畦为 3 米×1 米。每小区 2 畦，种 4 行，每行 7 株，共 28 株。

2. 株系号前带 O 者为十月红一号的自交系，带 T 者为十月红二号的自交系，带 OF 者为十月红与菜心杂交后新育成的株系。F_1 代中最高产量数据后的括号表示相应的杂交组合。

（2）熟性的亲子关系。熟性与 2 个亲本性状密切相关，表现在始收天数和主侧薹采收间隔天数。只有采收早，且采收间隔期短，才能达到早熟高产。6 个自交系与 F_1 代始收期、采收间隔期比较如表 3－4、表 3－5 所示。

表 3－4　6 个自交系与 F_1 代始收期比较

序号	亲本名称	自交种始收天数	5 个杂交种始收天数	始收时间增减天数	5 个 F_1 代中增幅最大者	增减天数
1	007－1	159.83	102.30	－57.53	－70.67（2×1）	－89.16
2	OF83－4－1	51.00	59.30	＋8.30	59.33（3×2）	＋8.33
3	Os31	87.67	95.35	＋8.67	59.33（3×2）	－28.34
4	Ts15－1	86.83	93.10	＋6.27	62.32（4×2）	－24.0
5	T36－1	102.87	97.50	－5.37	61.50（5×2）	－41.37
6	Ts24－3	137.17	113.21	－23.96	72.67（6×2）	－64.5

注：5 个杂交种系某亲本与另外 5 个亲本的 F_1 代均值。增幅最大者后边的括号表示相应的杂交组合。

表 3-5　6个自交系与 F_1 代采收间隔期比较

序号	亲本名称	自交种采收间隔天数	5个杂交种采收间隔天数	始收间隔增减天数	5个 F_1 代中增幅最大者	增减天数
1	007-1	9.17	25.91	16.74	30.0	20.83
2	OF83-4-1	12.00	21.47	9.47	34.5（5×1）	22.50
3	Os31	33.00	28.87	−4.13	34.5（6×3）	1.50
4	Ts15-1	36.00	30.66	−5.34	36.0（5×4）	0.66
5	T36-1	34.67	39.67	−5.00	36.0（5×4）	−1.33
6	Ts24-3	12.83	25.77	12.94	34.50（6×3）	21.67

注：5个杂交种系某亲本与另外5个亲本的 F_1 代均值。增幅最大者后边的括号表示相应的杂交组合。

表 3-4、表 3-5 说明以下4个问题：

① 始收期的亲子关系。目前，早熟性育种的主要衡量标准为播种至开始采收的天数。任一晚熟亲本与早熟亲本杂交，其 F_1 代熟性会变早。表 3-4 中 007-1自交种始收期为 159.83 天，用其与另 5 个亲本杂交的平均始收期为 102.30 天，较 007-1 提早 57.53 天，而个别特殊组合则提早 89.16 天。亲本熟性天数越多，则提早的天数越多，所以一个特晚熟亲本也可配出早、中熟杂种一代，如 007-1 与 OF83-4-1 的杂种一代提早幅度为 70.67 天。

任一早熟亲本与晚熟亲本杂交，如 OF83-4-1，它与另 5 个亲本的杂交种平均为 59.30 天，其 F_1 代平均增加 8.3 天，而自交种始收天数为 51.00 天。特殊组合（2×1）增加 21.67 天。因此，只要有一个 50 天左右的自交系，用它做亲本杂交，要得到一个早熟杂种一代并不困难，因为始收期早熟为不完全显性，即当 50 天左右的自交系与 80～100 天的亲本杂交时，F_1 代的始收期仅比早亲增加 10 天左右，而与 140～160 天的晚熟亲本杂交时，始收期也只比早亲多 20 天左右。

但是，几个始收期差异较小的中熟自交系间杂交 F_1 代的始收期则不像早、晚熟自交系间杂交的 F_1 代始收期长短变化那么有规律，如 Os31×Ts15-1 的 F_1 代为 76.5 天，而双亲分别为 87.67、86.83 天；Os31×T36-1 的 F_1 代为 87.5 天，几乎与低亲一致；而 T36-1×Ts15-1 则为 107.0 天，变成晚亲 102.87 天的超亲优势。故其变化规律有待进一步探讨。

② 采收间隔期的亲子关系。所谓采收间隔期是指主薹采收后至侧薹采收所需天数，这一性状的亲子关系见表 3-5 统计。6 个亲本的间隔期 007-1 为 9.17 天，OF83-4-1 为 12.00 天，Os31 为 33.00 天，Ts15-1 为 36.00 天，Ts36-1 为 34.67 天，Ts24-3 为 12.83 天。其中，007-1，Ts24-3 的侧薹分别在 1 月至 2 月上旬形成，此时已通过低温刺激，且气温开始回升，所以侧薹抽生较

快，暂不作为正规间隔期分析。余下 4 个亲本做亲子分析的结果是，OF83 -4 - 1 与另 5 个亲本杂交的平均值为 21.47 天，较其自交种（12.00 天）增加 9.47 天；Os31 与另 5 个亲本杂交的平均值为 28.87 天；较自交种 33.00 天减少 4.13 天；Ts15 - 1 自交种为 36.00 天，杂交种平均值为 33.66 天，比自交种少 5.34 天；Ts36 - 1 自交种为 34.67 天，其 5 个杂交种均值为 39.67 天，比自交种 34.67 天少 5.00 天。

③ 早亲与晚亲杂交，所有 F_1 代都会提早采收；相反，晚亲与早亲杂交，F_1 代都会推迟采收，但早、晚都未发现超亲效应。如果用一个始收期为 51 天的自交系与 80～100 天的自交系杂交，其 F_1 代的始收期在 59.33～72.67 天。用一个始收期为 160 天的自交系与其他自交系杂交，其始收期在 70.62～141.17 天。

④ 早亲与晚亲杂交，F_1 代的主薹、侧薹采收间隔期与自交系比较，对早亲来说是增加，而对晚亲则是减少，其增减幅度为双亲之差的 1/4 或 1/5。

（3）可溶性糖、干物质亲子关系分析。可溶性糖和干物质为 2 个重要品质因素，现将其指标做一简要分析如表 3 - 6、表 3 - 7 所示。

表 3 - 6　6 个自交系可溶性糖与 F_1 代比较

序号	自交系	自交系可溶性糖含量(克/百克鲜重)	5 个 F_1 代平均含量(克/百克鲜重)	增幅(%)	5 个 F_1 代中最高产量(克/百克鲜重)	增幅（%）
1	007 - 1	2.44	1.664	−46.0	2.04	−14.70
2	OF83 - 4 - 1	1.02	1.010	−1.0	1.24	+11.80
3	Os31	1.73	1.068	−62.0	1.63	−6.10
4	Ts15 - 1	1.68	1.310	−28.4	2.04	+21.4
5	T36 - 1	1.28	1.592	+24.2	2.43	+90.0
6	Ts24 - 3	1.14	1.262	+10.70	1.46	+28.0

由表 3 - 6 数据可以看出 6 个亲本的可溶性糖含量以及 F_1 代的平均含量，007 - 1、Os31 的最高含量组合的含量都比亲本低，只有 T36 - 1 和 Ts24 - 3 的 F_1 代平均值为增加。由此可知，在育种中要提高可溶性糖含量比提高产量和早熟性更难。在选配杂交亲本时，除需要亲本含量较高外，还需要其特殊配合力高，这就需要对大量杂交组合进行筛选才能达到育种目标。这就是为什么一般杂种品种比常规品种品质稍差的原因。

表 3 - 7　6 个自交系菜薹干物质含量与 F_1 代比较

序号	自交系	自交系干物质含量(%)	5 个 F_1 代平均含量（%）	增幅（%）	5 个 F_1 代中最高产量（%）	增幅（%）
1	007 - 1	8.05	8.682	+7.85	9.69（4×1）	+20.4

（续）

序号	自交系	自交系干物质含量（%）	5个F_1代平均含量（%）	增幅（%）	5个F_1代中最高产量（%）	增幅（%）
2	OF83-4-1	7.28	7.278	0	7.41（4×2）	+1.8
3	Os31	9.58	8.276	−15.75	9.41（6×3）	−1.8
4	Ts15-1	9.52	8.810	−8.0	9.69（4×1）	+2.9
5	T36-1	8.99	8.38	−7.3	9.83（5×4）	+9.4
6	Ts24-3	8.68	8.252	−5.0	9.41（6×3）	+8.0

注：5个F_1代最高产量数据后的括号表示相应的杂交组合。

由表3-7中数据可知：

① 有5个F_1代平均干物质含量增幅为负值或零，007-1虽为正值，但仅增7.85%。虽然有5个F_1代最高产量增幅为正值，但增加值除007-1外，多在10%以内，因此品质育种中要提高干物质含量的难度相当大。

② 要想提高干物质含量，必须先筛选出一批含量高的自交系，然后用这些自交系相互间做20～30个组合的杂交，再从中筛选含量高的F_1代，好在有像4×1这样含量高的特殊组合。

③ Ts15-1是个特殊配合力高的好亲本，在6个亲本半轮配的15个组合中，另5个亲本特殊配合力最高的F_1代中，有4个为Ts15-1所参与，即Ts15-1×007-1，Ts15-1×OF83-4-1、Ts15-1×007-1和T36-1×Ts15-1。而Os31的普通配合力和特殊配合力均为负值，因此在提高干物质含量的育种中，没有利用价值，应予淘汰。

（4）侧薹数的亲子关系。侧薹数是重要的产量构成因素，现将其配合力测定数据列于表3-8。

表3-8　6个自交系侧薹数与F_1代的测定值

序号	自交系名称	自交系侧薹数	5个F_1代侧薹数	比亲本增幅（%）	5个F_1代中增减最高值	增幅（%）
1	007-1	14.89	12.09	−23.2	16.28（6×1）	+9.3
2	OF83-4-1	5.39	8.91	+65.3	10.28（6×2）	+90.7
3	Os31	9.06	9.26	+2.2	11.00（3×1）	+12.1
4	Ts15-1	8.89	10.40	+11.8	12.39（6×4）	+19.2
5	T36-1	10.89	10.63	−2.4	12.22（5×1）	+12.3
6	Ts24-3	12.69	12.43	−2.1	16.28（6×1）	+28.3

注：5个F_1代中增减最高值数据后的括号表示相应的杂交组合。

侧薹数虽说为产量构成性状之一，但并不一定是越多越好。侧薹从初生莲座叶的叶腋中抽出，所以薹多必然叶多。而莲座叶多少是与熟性连锁的，叶越少越早熟，越多则越晚熟。现有育成品种中以 5～10 个侧薹为多，但到底多少侧薹好，并无定论，视育种目标而异。

表 3-8 中 F_1 代与亲本比较，增幅正负值各占 50%，且显示为低亲增加，高亲减少，用优势强度来度量应多处于中亲值左右，只个别低亲增幅较大；而 F_1 代的最高值增幅都为正值，说明选育杂种一代成功率会较高。其中，007-1×Ts24-3 还出现了超亲遗传。

（5）F_1 代薹基部粗与亲本的关系。表 3-9 中列出了薹基粗、中粗和节粗 3 组测定值，但育种中以薹基粗作为衡量薹粗的标准，故表 3-9 只用菜薹基粗作为代表比较 F_1 代与亲本的关系。

表 3-9　6 个自交系薹基粗与 F_1 代比较

序号	自交系名称	自交系薹基粗（厘米）	5 个 F_1 代薹基粗（厘米）	增幅（%）	5 个 F_1 代中的最大值	增幅（%）
1	007-1	1.91	1.99	+4.3	2.16（2×1）	+13.1
2	OF83-4-1	1.21	1.92	+58.67	2.16（2×1）	+78.1
3	Os31	1.76	1.83	+2.30	1.99（3×1）	+13.1
4	Ts15-1	1.63	1.88	+15.33	1.92（4×1）	+2.64
5	T36-1	1.89	1.88	−0.50	1.93（5×1）	+7.36
6	Ts24-3	1.77	1.85	+0.45	1.96（6×1）	+10.73

注：5 个 F_1 代中的最大值数据后的括号表示相应的杂交组合。

从表 3-9 可以看出：

① 红菜薹自交系与 6 个自交系的杂交种比自交种的薹基粗多有增加，只 T36-1 略有减少，5 个 F_1 代中的最大值多有较大增幅。因此，通过选育杂交种来加大薹基粗是最佳途径。

② 薹基较细亲本与较粗亲本杂交，都有可能出现超亲优势，6 个自交系的 F_1 代都出现了超亲优势。

（6）亲本评价。在评价亲本之前，首先要将每个性状给予加权评分，即将每个性状按其在育种中的价值给一个分数，产量、薹基粗、可溶性固形物含量、干物质含量按高低给分，第一给 1 分，第二给 2 分，……，第六给 6 分；始收期和主侧薹采收间隔期以最少者排第一，最多者排第 6；而侧薹数则以 7 根排第 1，多 1 根少 1 根者排第 2，如此类推。然后将排名相加，最后得出结果，其分数之和越少则越好，说明其利用价值越大。

按表3-10总分排名，OF83-4-1为31分排第一，它在14项排名中有7个第一、3个第二、2个第三，即除可溶性糖含量外，其余都在前3位；007-1为36分排第二，有4个第一、4个第二、3个第三，在14个性状中有11个在前3位；Ts15-1为44分排第三，有8个在前3位，其中有2个第一、5个第二和1个第三；Os 31为48分排第四，有7个在前3位；Ts24-3为51分排第五，有7项在前3位；T36-1为54分排第六，有5项在前三位。

表3-10　6个自交系各性状排名统计表

序号	自交系	产量	始收期	采收间隔期	侧薹数	薹基粗	可溶糖含量	干物质含量	总分
1	007-1	2+2	5+6	3+1	3+4	1+1	1+2	3+2	36
2	OF83-4-1	2+3	1+1	1+2	1+1	2+1	6+6	1+3	31
3	Os31	5+5	3+3	4+2	2+3	6+3	5+4	5+3	48
4	Ts15-1	1+4	2+2	6+5	2+4	4+6	3+2	1+2	44
5	T36-1	6+6	4+4	5+5	2+4	4+5	2+1	3+1	54
6	Ts24-3	3+1	6+5	2+2	2+3	5+4	4+5	6+3	51

注：每个性状都有2个排名，前面一个为5个F_1代平均值排名，后面一个为其F_1代最高值或加权值的排名。

第三节　育种目标

育种目标是指作物通过遗传改良后，需要达到的目标。无论是红菜薹、白菜薹和菜心，在确定开展新品种选育工作之后，首先要明确的就是新品种育出来后要达到什么标准。目标性状是多方面的，如产量、品质、抗病性、耐热性和耐寒性等，在这些性状中明确重点改良的是什么。然后才能有目的、有计划和有效地选择种质资源，并确定对照品种。最后考虑用什么方法达到育种目标。

一、产量

（一）生物学产量和经济产量

高产是优良品种的基本特性，因而是薹用白菜育种的基本目标。产量包括生物学产量和经济产量。生物学产量是指在一定时间内，单位面积上作物全部光合产物的收获量；而经济产量则指的是同一时间内，单位面积上作物可以作为商品利用即食用部分的收获量。对于红菜薹而言，经济产量只占生物学产量的一半左右，而菜心如果是一次性采收，其经济产量可达80%以上。从这点考虑，栽培菜心比栽培红菜薹经济，如无天灾，其投入绝大部分变成了商品，而红菜薹生物学产量的一大半都变成莲座叶和薹座被当成田间垃圾处理。白菜薹介于二者之间，因其薹座和莲座叶较小而少，而且白菜薹如果以幼嫩的莲座叶供食，则与菜心一样，可食率也可达到80%以上。而红菜薹则只能食薹，很少有人食用莲座叶。

要比较3种薹用白菜产量的高低比较困难，生育期短的菜心早熟品种50天左右可以完成一季栽培，广东沿海地区一年可以生产七八茬，虽说单季产量不高，但在单位面积上全年产量却很高。而现有红菜薹品种，单茬产量可达2 000～3 000千克，但一年只能种一茬。因此，最好以平均日产量来比较三者产量或各品种间的产量。以对照为准，比对照增产显著即可达产量标准，增产越多越好。

（二）薹用白菜产量的构成因素

薹用白菜的产量构成因素为单位面积种植株数、每株薹数和单薹重（含薹叶）。即

每667米^{2}产量＝单位面积种植株数×每株薹数×单薹重（含薹叶）

如果换算成日产量，则再除以全生育期天数。

（1）单位面积种植株数。3种薹用白菜相差甚大，就是同一种薹用白菜的不同品种其种植密度相差也很大。菜心一般都较密，而红菜薹则种植较稀，白菜薹中的少侧薹品种近于菜心，多侧薹品种则接近红菜薹，红菜薹现在也有独薹品种，可以密植；菜心中晚熟品种也有基部分枝性较强的品种，配以稀植，也可多次采收侧薹、孙薹，一般每667米^{2}种3 000～20 000株，随植株大小和种植方式而异。

（2）每株薹数。少的只采收一根，多者可采收30～40根，甚至更多，随种植密度、种植季节、肥水条件和土壤而异。三种薹用白菜中菜心较少，白菜薹次之，红菜薹的薹数最多，晚熟白菜薹的薹数也多，特别是亲缘关系较远，杂种优势强的杂种一代，薹特别多。土壤越肥，肥水条件很好，种植密度较稀时单株薹数会增加，采收期长则薹多。

（3）单薹重。单薹重由薹长、薹粗、薹叶大小和采收阶段等决定。轻者10～20克，重者可达200克以上。种植密时薹较长，稀时较短；采收侧薹较重的，孙薹较轻，曾孙薹更轻；薹叶大的较重，小的则轻；用大白菜作亲本的杂种，薹叶都很大，且薹叶数也多；用小白菜作亲本的杂种后代，主薹都很发达。

（三）影响产量的其他因素

影响作物产量的其他因素主要包括栽培技术、土壤性能、肥效和病虫杂草的防治等。即①栽培技术的改进。②土壤改良。③化学肥料和有机肥料的正确施用。④杀菌剂、杀虫剂和除草剂的科学使用等。这些因素虽说不属于育种的范畴，但对育种目标的实现，有着非常重要的作用。所以，一个新品种育成后，即

应提出相应的栽培技术，如适宜哪个季节栽培、种植密度多大以及要注意哪些影响产量的因素等。

(四) 产量的鉴定

育种的前期阶段主要对所选株系或 F_1 代进行综合性状考察，待性状相对稳定以后才做产量鉴定。在进行产量鉴定时，必须注意以下 4 点：①试验地尽可能与生产实际条件相一致。②栽培管理技术与生产地接近或略高。③土地肥力及栽培技术措施一致，同一措施应在同一时间完成，如定植、追肥和灌水等。不允许用几天时间去完成。④应具有多次试验的种子量。

产量鉴定分 2 步走，第一步是预备试验：此时各株系或 F_1 代数目较多，一般只设 1～2 次重复，但必须设对照，淘汰那些明显比对照差的株系或 F_1 代，保留那些明显优于对照的几个株系或 F_1 代。预备试验需进行 1～2 次，可以在最适宜的栽培季节，也可以在秋冬季节，也可作越冬栽培，还可以在春、秋两季栽培。选育耐热品种，需要较高温度的考验；耐寒品种需要越冬栽培的低温检测；检测抗病性适于在重茬地或上季发病较重的田块进行，以便尽早淘汰那些相形见绌的材料。在正式的产量鉴定中，所得结果必须十分确切，故在各个生育期必须对产量构成因素及综合性状，特别是抗病性等目标性状做详细的观察记载，如叶片大小、薹的长短粗细等。第二步是品种比较试验，全面比较各参试品系或 F_1 代的优劣，以确定正式推广的品种。

二、品质

在当前蔬菜生产中，品质已逐步上升为比产量更为突出的育种目标，也越来越为消费者所关注。薹用白菜的品质主要包括营养、外观、风味 3 个方面。

(一) 营养物质

薹用白菜类营养物质主要指构成产品营养价值的营养成分，如矿质元素、维生素、纤维素、蛋白质和可溶性糖等。据《中国蔬菜栽培学》记载，红菜薹每百克食用部分含水量为 92.3 克，蛋白质 1.6 克，脂肪 0.3 克，碳水化合物 4.2 克，热量 108.78 焦，粗纤维 0.7 克，灰分 0.9 克，钙 135 毫克，磷 27 毫克，铁 3 毫克，胡萝卜素 0.88 毫克，核黄素 0.1 毫克，尼克酸 0.8 毫克，抗坏血酸 79 毫克。据高宏玉等（2012）报道，菜心每千克可食部分，含蛋白质 13～16 克，脂肪 1～3 克，碳水化合物 22～42 克，钙 410～1 350 毫克，磷 270 毫克，铁 13 毫克，胡萝卜素 1～13.6 毫克，核黄素 0.3～1.0 毫克，尼克酸 3～8 毫克，维生素 C 790 毫克。目前，薹用白菜类蔬菜的育种还没发展到针对某一营养成分的育种，那些与风味有关的芳香类物质很重要，但也没有用某一指标作为育种目标。

也许随着食品科学的发展，针对某种特殊需要，有可能成为育种目标。例如，红菜薹的红色素就被提炼作为食品红色添加剂。

（二）外观性状

外观性状指产品的大小、形状、色泽、表面特征、鲜嫩程度、成熟的一致性、有无斑痕和损伤等。其中，大小主要指菜薹的长短和粗细，就商品性而言，红菜薹、白菜薹以30厘米左右长、1.5～2.0厘米横径较好，菜心以长25厘米较好。但消费市场的喜爱是有区别的，有人喜欢粗一些的，也有喜欢细一些。形状要圆而光滑，表面无棱沟，色泽鲜亮，红菜薹以胭脂红、无蜡粉较受欢迎，但也有偏爱有蜡粉的品种，菜心则以油绿色更为消费者喜爱。成熟度一致，薹长短、粗细一致，无斑痕和损伤是薹用白菜的基本要求。作为异地供应的薹用白菜，还要有一定的耐贮运性。

（三）风味

风味是指人口腔味觉器官的感受，是香、甜、脆、嫩、辣、苦、酸、柔、粗硬、纤维多少等感觉的总和。风味品质必须以口尝为准，由于各人的口味不同，所以品尝要求有3～5人同时进行，评定打分，取其平均值。可以生食口评，也可以炒熟口评，视某一性状而定。如甜、酸、苦、辣、涩味等，以田间口味来测定，而香、脆、易炒性、纤维多少等，则需炒熟口评，而且烹炒的时间、火力一致。田间只能作为初评，熟评才能作为鉴定的正式结论，因为菜薹以熟食为主。

薹用白菜的品质成分间都有一定的相关性，据资料，风味品质与体内所含的营养成分，特殊风味物质有关；风味品质与可溶性糖、可溶性固形物、蛋白质三者之间呈显著正相关；维生素C、可溶性糖、可溶性蛋白质与干物质含量呈显著正相关，与有机酸含量呈显著负相关，维生素C与粗纤维含量呈显著负相关；糖与蛋白质的增加会改善风味，而粗纤维、酸、苦、辣、涩的增加会降低品质。

三、熟性

熟性是指从播种至开始采收的间隔天数。3种薹用白菜相比较而言，目前以红菜薹较晚熟，菜心较早熟，白菜薹居中，从发展趋势分析，白菜薹的熟性跨度可能是最大的。熟性的分类见相关栽培部分的分类。熟性不同的品种，是生产发展和市场供应的需要，早熟品种可提早上市，晚熟品种一般品质较好、产量较高，但菜心生产中栽培最多的往往是早熟品种。熟性目标是根据市场供应和生产者的要求确定的。

熟性长短的鉴定要在最适宜的秋冬栽培季节进行，其他季节鉴定都不准确，越冬栽培熟性会加长，早春栽培可能会缩短。做熟性鉴定时，自播种之日开始至采收结束必须保证各种栽培技术到位，措施不到位鉴定的结果也不准确。

四、抗病虫性

病虫害是蔬菜生产的大敌，对蔬菜产量和品质都有严重的影响。为了防治病虫害大量使用农药，既提高了生产成本，也带来环境污染和残毒对人体的危害。因此，通过遗传改良育成抗病虫品种，已成为育种不可缺少的目标。抗病育种已取得了很大成效，但抗虫育种则相对落后。

五、其他育种目标

（一）抗逆力与适应性

抗逆力是指薹用白菜作物忍耐不良环境条件，如旱、涝、高温和低温冰冻的能力。只有具备一定抗逆力的品种，才能充分表达其增产潜力。这些有关目标性状，是在改良品种过程中需兼顾的性状。薹用白菜的适应性是指育成的新品种，对各种不同环境条件、不同区域、不同海拔和土壤肥瘦的忍耐力，在多种环境条件下均能获得稳产高产的品种，其推广潜力会更大。

（二）适于保护地栽培

近年来，我国塑料大、中、小棚栽培发展很快。因此，选育适于较耐弱光照、耐高温、耐高湿、耐肥和耐密植等特点的新品种，是摆在育种者面前的又一重要使命。2011—2012年，晏儒来、杨静等在大棚中做的白菜薹品比试验，很多株系或F_1代都得到高产，而且可在元旦至春节期间的淡季上市。

六、制定育种目标的注意事项

（一）要突出重点

重点目标往往是生产中急需解决的问题，如华中农业大学的红菜薹育种起初就抓住老品种大股子、胭脂红熟性太晚，而突出一个早熟，结果30年来育成了一批早熟品种，从而也带动了湖南、湖北育出一批早熟品种。产量高始终是新品种选育的主要目标性状。而有了一批栽培品种后，品质优良就成了主要目标，那些品质低劣的品种会被品质优良的品种所取代。抗病性是自始至终要重视的性状，品种育成后，一旦发现致命病害，就得从头再来，华中农业大学在选育雄性不育系时，已经配制杂种一代，发现雄性不育系和F_1代严重感染黑斑病，以至于莲座叶死光，不得不重新选育不育系。

（二）育种目标一定要落实到具体性状

如产量要比对照增产多少，或单位面积上达到多少产量；薹长、薹粗、薹重是多少，主薹是否正常；薹叶多少片，薹叶大小、形状，薹色，蜡粉有无等。只有将这些定下来了，才便于有针对性地选择亲本。

（三）育种目标要有预见性

一般育成一个品种需3～5年，育成的品种3～5年供给生产推广。如果没有预见性，就有可能在品种育成后，已赶不上生产的需要，马上会被淘汰。

（四）育种目标还要考虑品种的配套

目前，红菜薹的早熟品种较多，优质的中熟品种较少，专门作为越冬栽培的品种更少。菜心的品种多为早熟常规品种，风味比较单一，应多选育一些优质、侧芽萌发力较强的中、晚熟品种，延长采收，提高产量。白菜薹是近几年逐渐发展起来的一种薹用白菜，尚无多少固定品种，因此早、中、晚熟品种都需要。白菜薹已引起一些育种者的重视，3年之内必有一批新品种问世，而且因其可广泛应用白菜薹、红菜薹、菜心、小白菜和大白菜的不同品种作育种亲本，具有极大的可塑性，所以育成各种类型的白菜薹杂种一代并非难事。

七、薹用白菜育种具体目标

第三章第三节介绍了主要目标性状，可供借鉴。但对每种薹用白菜育种还不够具体，本部分参考有关文献和经验，对菜心、红菜薹和白菜薹育种提出一些具体指标，供育种者参考。

（一）菜心育种性状指标

（1）产量。早熟种要求每667米^{2}产薹1 000千克左右，中熟种1 500千克左右，晚熟种2 000千克以上。

（2）抗性。早熟种要求耐热、抗病，晚熟种要耐寒。

（3）品质。①薹长。早熟种15～20厘米，中熟种20～25厘米，晚熟种25厘米以上。②横径。早熟种1.0厘米以上，中熟种1.5厘米左右，晚熟种1.5～2.0厘米。③侧薹。早熟种要求不分生侧薹，中熟种分生3～4个，晚熟种分生4个以上。④食味。早熟种要求无怪味，口感好，中、晚熟种要求食味好，且主要营养成分高于现有对应品种。⑤色泽。早熟种叶色黄绿，中熟种黄绿或油绿，晚熟种深绿或油绿。⑥叶形。莲座叶以长圆形、卵圆形、椭圆形较好，忌大圆叶，薹叶5片以上，以披针形或窄长圆形较好，不宜太长，早、中、晚熟品种相同。

(4) 抗病性。要求抗软腐病、霜霉病、病毒病、炭疽病和黑斑病等病害。

(5) 熟性。早熟种播后40天内开始采收，中熟种40～60天开始采收，晚熟种60天以上开始采收。

(二) 红菜薹、白菜薹育种性状指标

因为红菜薹、白菜薹育种要求基本相同，故合起来写，以免雷同。

(1) 熟性。特早熟种，播后50天以内开始采收，早熟种50～60天，早中熟种60～70天，中熟种70～80天，中晚熟种80～90天，晚熟种90天以上。根据市场需要，安排育种的熟性目标。

(2) 产量。不同熟性的品种，产量要求是不一样的。原则上是比同类主栽品种增产10%～20%或增产幅度达显著水平。大致早熟类品种产量在1 500千克左右，中熟类品种产量在2 000千克左右，晚熟类品种在2 500千克左右。由于红菜薹销售的价格季节性很强，通常是10月至11月上旬价格较高，11月中旬至12月中旬价格较低，12月下旬至春节前后价位最高，一般春节后10天，由于植株通过了低温春化，加上气温回升，因此主薹、侧薹、孙薹都相继抽出，菜薹迅猛上市，销售价格迅速下落。而晚熟品种，即播后80天开始采收的品种，一般在11月中下旬才开始采收，前期的高价位赶不上，中后期的高价位虽说赶上，但温度低，菜薹生长很慢，产量较少，当春节后大上市时，价格又不理想，多数农民都不愿种晚熟种。因此，育种者确定育种熟性的时候，必须根据当地的实际情况，慎重考虑。

(3) 品质。品质牵涉到产品外观、营养成分和食味。产品外观好坏就是商品质量好坏的外在表现，它与菜薹长短、粗细、色泽、薹叶大小形状和薹形等密切相关。

① 薹长：红菜薹、白菜薹的薹长以25～30厘米较好，太长食用品质下降。

② 薹粗：作为食用标准，以1～2厘米的横径较宜，粗一些虽好看，但烹炒时不易掌握粗、细熟度，口感一致。但外销品种宜粗不宜细，太细容易萎蔫。

③ 薹叶：形态以三角形较好，但长度不宜超过16厘米，最宽处不超过8厘米；最好没有叶柄。薹叶需5片以上，才能保证薹不退化成"钓鱼竿"。

④ 薹色：以鲜、红、白和深绿具光泽较好。

⑤ 薹形：以圆而无棱为好。

产品食用品质，可分2步进行评定，即生评和熟评。生评在田间进行口评，熟评是将菜薹炒熟后口评。口评涉及性状有甜、软、脆、绵、香和酸、苦、辣、涩、硬10个性状，采用10分制，前5个每个加1分，后5个每个减1分，评分从5分开始。至少需3人同时评定记分，最后统计评分结果，以确定排位。生评

宜选雨后晴天，菜薹较干净。熟评时也使用当天采的薹，而且由一人定时烹炒，火力一致。

营养成分需用化学或物理方法测定，用以测定的菜薹宜当天早晨采收，采收标准要一致，如采侧薹开 1～2 朵花。每株系采 10 株，每株采 1 薹，混合装入塑料袋中密封，取中上部段做分析用，测定水分、蛋白质、可溶性糖、粗纤维、维生素 C、核黄素和矿物质的含量。在初评时，由于株系较多，要每份都做营养分析，工作量会很大，可以用它们与农艺性状的相关性进行初选，到选择的高代再做化学分析，进行确认。请参考本书有关菜心的农艺性状与品质性状的部分。例如：维生素 C 与叶数、叶长、薹粗、单株重等均呈显著正相关；蛋白质与叶数、叶长、叶宽、叶柄长、薹粗、单株重等呈极显著或显著相关；干物质与株高、薹长呈极显著正相关；粗纤维、可溶性糖与农艺性状没有必然的相关性。

第四节　选　　种

选种是利用群体中存在的自然变异，将符合要求的优良植株选择出来，经过比较而获得新品种的途径。而选择是一种手段，各种育种途径都必须采用。

目前在生产中使用的品种中，菜心的品种绝大部分是通过选种育成的品种，大多源于四九菜心。红菜薹品种中，仅武汉就有数十个，十月红一号、十月红二号就是通过选择育成的品种，而一些种子店的品种大多源自这 2 个品种和大股子。

在什么情况下采用选种这一途径选育新品种？第一，在生产中尚无一定的推广品种；第二，现有生产品种已相当混杂退化，此时应尽快育成能用的品种。

一、选择方法

红菜薹、白菜薹和菜心都是异花授粉蔬菜作物，可以采用的选择方法有以下 5 种。

（一）单株—混合选择法

这是把单株选择和混合选择结合起来的一种选择方法。即先进行一次单株选择，套袋进行蕾期自交，并单株采种，在株系比较圃内先淘汰一些不良株系，再在选留的株系内淘汰不良植株，使选留的植株自由授粉，混合采种。以后再进行一代或多代的混合选择。

这种选择方法的优点是：①进行一代的自交，2～3 个枝条使单株性状在下代表现较充分，便于下一代选择。②第二代就自由授粉，不易发生退化，且采收种子较多。③方法简便易行，见效快，随时都可扩大生产种子。所以，这种方法比较适于有研究基地的种子公司，用于已退化品种的提纯。

这种方法的缺点是选择效果较差，纯化速度较慢。

（二）混合单株选择法

这是先进行几代混合选择后，再进行一次单株选择的方法。后代即按一次单株选择程序进行，入选单株要套袋进行蕾期自交，株系间要隔离，株系内去杂去劣后任其自由授粉混合采种。

这种选择方法的优缺点与单株—混合选择法相似，但更适用于差异很大的群体和杂交后代的选择。

（三）母系选择法

这种选择方法实际是多次单株选择法，即在选种圃内选株采种而不管父本是谁。每一代当选单株的种子分成 3 份，其中一份做株系比较试验，另一份种在采种隔离区内，保证入选株达 50 株以上，第三份种子备用。当比较试验结果出来后，选留 3～5 个优良株系，其余全淘汰，在采种区内拔掉被淘汰株系的植株，入选株系去杂后自由授粉，株系间要隔离，如此进行一至多代选择，达到目标为止。如果每个材料选 20～30 个单株则选择 1～2 代就有可能得到较纯株系。

在采用母系选择法时应注意的事项：①在植株抽薹时进行 1～2 次选择去杂，将那些明显的杂株和劣株拔去，避免不良株花粉为入选株授粉。②选株时避免选那些特别强势株，这类植株往往是生物学混杂的后代，分离大，不易稳定。③选株应在 20～30 个，每个单株后代自成株系，经 1～2 代鉴定入选其中 3～5 个株系。④采种区种植的植株数，每个株系需种植 100 株以上，保证去劣后仍有 50 株左右采种，50 株以下易发生遗传基因丢失。

与母系选择法相似的还有亲系选择法和半分法。①亲系选择法是将入选单株的种子分成 2 份，一份用做比较试验，另一份种在采种隔离区采种，试验结果出来后淘汰不良株系，入选株系选株留种。②半分法也是将种子分成 2 份，一份做试验，一份贮存，试验结果出来后，第二年再种植入选株系，并从中选株，需要 2 年才能完成一轮选择，比亲系选择慢 1 年。栽培注意事项同母系法。

（四）集团选择法

这种选择方法是在自然群体中，根据植株不同的特征特性，如叶形、叶色、抽薹迟早、薹长、薹粗、薹色和蜡粉有无等性状，选出优良单株，再把性状相似的优良单株归并到一起，形成几个集团。集团内混合采种成为一个株系。下一代分别种在一个小区内，进行集团间和对照品种比较鉴定，淘汰不良集团，入选优良集团，使其集团内自由授粉，集团间隔离采种。如此选择直至达到育种目标为止。

（五）株选

所谓株选即选择优良的单株，这是各种育种方法最基本的工作，入选植株一定要符合育种目标的要求。一个单株选得好不好，往往决定育种的成败，也是衡量育种科技人员水平的标尺。

（1）株选标准。薹用白菜育种的选择标准大同小异，主要包括以下 5 个项目。

① 产量。单株产量由薹重、薹数确定，薹重则由薹长、薹粗确定，所以在选株时，必须测定这几个性状。

② 品质。确定品质涉及商品品质、口感和营养成分。一次株选只能鉴定其中 1～2 项，在株选时侧重其商品性的优良和田间生食的口感。商品性即菜薹的卖相，其卖相也涉及薹色、薹表形态、薹的长短、粗细及一致性和薹叶大小、多少及叶色等。口感宜田间生食初测，根据食味，按测定者的感觉打分，涉及的因素有酸、甜、苦、辣、涩、硬、软等味道，熟食宜在品系或品种阶段测定。而营养成分只宜在品系或品种阶段进行，但如果是选育优质品种，则初选株时需测定其目标性状。

③ 抗病性。宜记载入选植株的发病状况，凡发生软腐病、黑斑病、病毒病和霜霉病者一律淘汰，如田间普遍发病，则入选高抗植株。

④ 株型。宜选较紧凑的植株，主要涉及的是初生莲座叶的长短、长相和大小，以直立或半直立者好，叶片不宜太大。

⑤ 抗性及其他特殊性状的选择。应在适宜的环境和栽培季节选择，否则选择无效。

（2）选择方法。

① 单一性状选择。是根据性状的重要性和出现的先后逐次淘汰的一种选择方法，每次选择只选一个性状。又分为：

（a）分项累进淘汰法：根据性状相对重要性排列，把重要性状排在前面。先按第一性状选株，然后在入选株内选第二性状，顺序累进。前面入选株多，后面依次减少。如菜心选株可按始花时薹长 25～30 厘米→薹粗 1.5～2.0 厘米→薹重 50 克→薹色油绿→薹上无蜡粉的秩序排列，第一次选 100 株，最后入选 20 株进入株系。

（b）分次分期淘汰法：一般分为初选、复选和决选 3 次鉴定选择。

在薹用白菜育种中可按莲座期、抽薹期和始收期或侧薹采收 3 个阶段进行选择。如果决选 20～30 株，则复选 40～50 株，初选需入选 60～70 株。初选时的目标性状为莲座叶生长形态、叶形、叶色和叶柄色等；复选则选熟性（播种至开始采收的天数），按原确定的天数选株，还参考薹长、薹粗和薹叶大小、形态、色泽；第三次在侧薹采收时记载每个侧薹重量、长短和粗细等，按既定标准入选，入选株进行蕾期套袋自交或母系法采种。采用母系法采种时，于开花前拔除所有被淘汰植株，严防劣株花粉污染入选株。

② 综合性状选择法。首先确定要选择哪些目标性状，按其重要性依次排列，最重要的目标性状排在前面，并确定每个性状的最高分，总分为100分。最后将植株各性状的分数加在一起，计算各植株的得分，入选分数高的植株。例如，可以参考下列一些性状的计分：

单株产量→口评结果→抗病性→株形→薹长×薹粗

30分　　25分　　20分　　15分　　10分

单株产量最高者计满分，最差者分数不低于满分的70%，其他性状也一样计分。这样选择的目的是入选那些综合性状优良的植株，使这些植株不为某单一性状所淘汰。但做起来比较麻烦，有经验的育种工作者凭直观就可鉴定出哪些植株好，哪些不好，而新育种者应该扎扎实实做一下，选1～2个轮回，以便积累经验。

二、选择的程序

在通过选择育成新品种的过程中，必须按照一定的步骤进行，通常将单株选择的选种程序分为原始材料、株系比较、品比试验、区域试验和生产试验等阶段。

（一）原始材料圃

本圃是将所收集的种质材料每份栽植一个小区，每个小区种植30～50株，每隔5～10个小区设一对照。以本地主栽品种为对照，以衡量参试材料的优劣和确定取舍。要求栽培条件一致，最好进行秋冬栽培和春播栽培2次试验。通过比较淘汰那些明显比对照差的材料，在入选材料中选择优良单株并进行蕾期套袋人工辅助授粉，分别采种，下代即成一个株系。

（二）选种圃

在这个圃中栽种从原材料圃中入选的单株或集团的后代，供比较、鉴定和选择之用。并从中选出优良株系（或集团）供下一代品比之用。

栽植方式为每个株系种一个小区，每小区栽30～50株，5～10个小区栽一个对照品种，一般采用顺序排列。从中选择优良株系或单株，入选的单株套袋自交采种。入选的株系可选择其中30～40株的花粉混合后给每一个入选株授粉，最好是在隔离区自由授粉，如果有传粉昆虫，也可用网室隔离采用。根据条件确定采种方式，但必须能收到较多种子，满足下一步品种比较试验的种子要求。特殊优良株系应在品比试验时同步进行区域试验，甚至生产试验。所以，需要较多种子。选种圃入选的株系应控制在10个以内。

(三) 决选圃

所谓决选圃即通过比较试验，决定1～3个品系成为新品种。将选种圃入选的几个品系或优良株系后代，进行全面的比较鉴定，同时观察记载它们更多的特征特性，特别是那些比对照品种更优异的性状。其栽植方式，在主要生产季节种植，每小区30～40株，设4次重复，区组内随机排列，以主栽品种为对照。一般为1～2年或2～3个不同的栽培季节，最后综合几次试验结果，确定1～3个品系上升为品种。在隔离区繁制种，供区域试验和生产试验之用。

(四) 区试和生产试验

(1) 区试。将入选品种供给不同栽培地区做适应性试验，凡准备推广的地区均应请人试种，面积可大可小，大致可在湖北、湖南、广东等几个主要种植省份种植即可，选在当地表现好的品种推广。

(2) 生产试验。是将表现好的品种扩大种植做生产示范，以评价其增产潜力和推广价值。也要用主栽品种为对照，不设重复。

第五节 有性杂交育种

根据新品种选育目标选配亲本，通过人工杂交的手段，把分布在不同亲本上的优良性状组合到杂种中，对其后代通过分离选株、逐代比较鉴定，选育出遗传性相对稳定，且明显优于对照品种的新品种，就叫有性杂交育种。

有性杂交育种有广泛的利用价值，它可以用来选育新品种，也可以用来转育某一性状至育种对象。红菜薹早熟性状就是通过有性杂交将菜心的早熟性转育至红菜薹中，从而开启了红菜薹早熟新品种选育的新局面。菜心不育系就是从红菜薹的不育系转育过来的。从杂种优势利用的角度考虑，育成的东西可能就是一个自交系或品系。如果不定名及推广就永远上升不到品种。

一、亲本选择选配

(一) 亲本选择的原则

(1) 明确选择亲本的目标性状。依据新品种选育的目标性状来确定当选亲本的性状要求，对主要目标性状要有较高要求，如产量、品质和抗病性，而次要目标性状也不可低于一般水平，如熟性、株型和蜡粉有无等。

(2) 重视选用地方品种和现有主栽品种。因为这些品种对当地的环境条件有较强的适应性，产品也符合当地食用习惯，如广东四九菜心、武昌十月红一号、十月红二号、大股子等红菜薹和小神农三号白菜薹等。

（3）亲本应具备尽可能多的优良性状。为便于选配，亲本应尽可能具备多的优良性状，其后代分离出综合性状优良单株的概率高，有广泛选择余地。例如，广东菜心的一些早熟新品种就都有四九菜心的血缘，选育早熟红菜薹就是用生产品种十月红菜薹作母本，菜心作父本，杂交后代分离出一批优良株系。

（4）掌握大量具有目标性状的原始材料。品种材料越丰富，则易于从中选择符合需要的杂交亲本。例如，选育菜心不育系时就用了 10 个菜心生产品种作父本和回交亲本。

（二）亲本选配的原则

（1）亲本性状互补。所选用的 2 个亲本的优良性状加起来，必须满足新品种 F_1 代选育目标性状的需要。而且要求在后代能表现出来，受隐性基因控制的性状，必须双亲都具有。例如，十月红与菜心的杂种后代，其早熟性来自菜心，而红色来自十月红，所以育成了一批 30～70 天的早熟红菜薹株系。

（2）不同类型和不同地理位置起源的品种配组。其后代变异范围更大，适应性更强，白菜的几个变种红菜薹、菜心、白菜薹、大白菜和小白菜间均易杂交，可以根据不同的育种目标精心选配。

（3）用优良性状较多的亲本作母本。后代综合性状较优的个体较多，便于选择。

（4）质量性状。显性性状，双亲之一必须具备该性状，如为隐性性状则双亲必须同时兼备。如抗病性，黑斑病就是受一对隐性基因控制，白斑病为数量性状，受 4 对基因控制，抗性为部分显性。

（5）用一般配合力高的亲本配组。2 个一般配合力高的亲本杂交，可产生超亲个体，选择效果会更好。

二、薹用白菜主要性状的遗传与相关

薹用白菜主要性状的遗传包括 2 类性状：一是质量性状，如薹色、蜡粉、叶色、株型和生长势等；二是数量性状，如产量、薹重、薹长、薹粗、株高、开张度、叶长、叶宽、叶数和薹数等。本部分进一步论述数量性状的遗传与相关。

刘乐承和晏儒来（1995）用 19 个红菜薹基因型，对 17 个数量性状，即产量、株高、开展度、总莲座叶数、现蕾期、始收期、侧薹长速、主侧薹采薹间隔期、侧薹数、孙薹数、总薹数、侧薹长、侧薹粗、侧薹重、孙薹长、孙薹粗和孙薹重进行了遗传相关的分析，这 17 个性状的田间 3 次重复试验的平均值列于表 3-11。经方差分析，17 个性状的基因型间差异均达极显著，故对性状的广义遗

表 3－11　红菜薹 19 个基因型的 17 个数量性状的平均值（引自刘乐承）

基因型	产量（克）	株高（厘米）	开展度（厘米）	总莲座叶数（天）	现蕾期（天）	始收期（天）	侧薹长速（天）	主侧薹采薹间隔期（天）	侧薹数	孙薹数	总薹数	侧薹长（毫米）	侧薹粗（毫米）	侧薹重（克）	孙薹长（厘米）	孙薹粗（毫米）	孙薹重（克）
OF834－1－2	281.7	35.77	60.6	18.3	46.7	56.7	10.0	12.0	8.6	15.2	24.2	17.0	7.2	6.5	26.5	10.3	14.2
OF834－	349.7	33.5	53.3	19.8	44.7	53.0	8.3	15.7	7.7	14.6	22.2	21.2	9.1	11.4	27.4	11.7	18.0
Ts12－1－2－3	284.3	36.57	64.9	32.0	56.0	66.0	10.3	20.0	7.1	16.4	24.3	22.2	9.4	15.2	21.0	9.1	10.6
892－1－4	281.0	39.23	68.0	30.4	57.7	67.3	9.7	21.0	6.2	13.4	19.6	22.3	10.4	18.5	21.3	8.7	12.4
892－2－4	234.0	33.8	57.7	28.3	54.0	65.0	11.0	20.3	6.3	11.9	18.2	21.7	9.3	15.7	23.3	8.4	11.3
OS31－2	343.7	48.7	60.11	29.9	58.3	73.3	15.0	21.3	6.9	17.3	23.2	24.6	10.9	16.4	24.2	9.1	13.3
OS31－1	287.0	42.2	61.11	23.7	56.0	69.7	13.7	23.7	6.5	14.9	21.4	24.2	9.9	15.7	22.2	8.6	12.2
Ts22－4	285.0	47.5	87.9	40.5	67.0	88.3	21.23	23.0	6.6	13.7	20.6	26.0	12.2	19.1	21.5	9.8	11.2
S136－1－1	410.7	51.4	69.5	39.7	65.0	90.7	25.7	26.3	7.8	12.4	20.3	27.7	13.6	26.9	21.6	9.9	16.0
Ts15－1	445.3	46.7	69.3	41.3	69.0	93.3	23.7	20.3	10.4	18.1	28.5	26.5	12.2	22.4	22.3	10.1	11.8
S107－1－1－1	608.7	53.2	75.0	59.8	70.7	94.0	23.3	24.3	132	20.0	33.2	27.1	13.3	28.2	21.9	10.1	11.8
Ts12－1－8	396.3	46.4	69.7	49.3	68.3	97.3	29.0	28.3	8.1	20.4	28.5	25.9	11.9	22.1	18.5	9.6	10.7
TS12－1	441.0	49.4	72.2	50.4	89.0	99.3	30.3	28.3	8.8	19.5	28.3	26.8	13.2	25.1	18.3	10.2	11.6
OF2－7	428.3	50.0	71.4	38.8	68.7	99.7	30.3	29.3	10.7	17.8	28.5	26.3	13.2	20.3	19.3	9.1	10.7
Ts15－1	456.7	47.4	69.7	58.5	74.7	101.3	26.7	33.7	10.3	19.7	30.0	27.5	13.0	21.4	20.5	9.7	13.0
S136－1－1－1	339.3	51.8	70.0	57.8	74.3	117.0	42.7	38.1	6.0	21.1	30.1	21.0	13.2	18.1	19.9	8.0	8.3
Ts24－4	743.7	53.2	70.3	89.8	79.0	135.0	56.0	30.7	15.6	23.4	39.0	23.5	13.4	34.3	19.9	7.5	9.0
Ts24－3	815.7	53.2	71.7	101.3	90.0	153.3	63.3	22.0	15.4	28.4	43.8	23.0	12.4	33.5	20.8	8.2	10.5
M8－3	522.0	56.1	70.3	54.8	96.3	157.7	61.0	21.3	8.7	19.2	27.9	23.3	13.0	33.9	23.1	7.8	11.8

传力和相关分析是有意义的。

(一)性状的广义遗传力(б)

广义遗传力估计公式:

$$广义遗传力\ h_B^2=\frac{б_B^2}{б_b^2+б}\times100=\frac{MS_1-MS_2}{MS_1+(R-1)MS_2}\times100$$

式中,MS_1 为基因型方差,MS_2 为误差的方差,($R-1$)为重复自由度,用此公式对表 3-11 数据进行估算,结果列于表 3-12。

表 3-12 红菜薹数量性状的遗传参数(引自刘乐承)

性状	广义遗传力 h_B^2(%)	遗传变异系数 GCV(%)	表型变异系数 PCV(%)	预期遗传进度 GS(%)	
				k=2.06	k=2.67
产量	97.45	38.00	38.50	77.28	100.16
株高	95.65	15.02	15.38	30.27	39.23
开展度	87.95	8.42	8.97	16.26	21.07
总莲座叶数	99.69	48.17	48.25	99.09	18.43
现蕾期	99.12	19.92	20.01	40.85	52.95
始收期	99.78	32.22	32.26	66.30	85.94
侧薹长速	99.54	64.52	64.68	132.60	171.87
主侧薹采薹间隔期	94.51	25.06	25.78	50.18	65.04
侧薹数	93.21	30.43	31.52	60.52	78.44
孙薹数	95.58	22.93	23.45	46.18	59.86
总薹数	96.78	24.40	24.80	49.45	64.09
侧薹长	95.20	11.53	11.82	23.18	30.04
侧薹粗	97.32	26.86	27.22	54.57	70.73
侧薹重	96.12	34.55	35.24	69.77	90.43
孙薹长	91.13	10.85	11.37	21.34	27.66
孙薹粗	84.63	10.89	11.84	20.64	26.75
孙薹重	87.41	18.50	19.78	35.62	46.17

从表 3-12 可以看出广义遗传力、遗传变异系数、表型变异系数和预期遗传进度的大小。

(1)广义遗传力。试验所涉及的 17 个数量性状的广义遗传力(h_B^2)普遍较高。除开展度、孙薹粗和孙薹重在 90%以下外,其余都在 90%以上,说明基因型对表型变异的作用很大,受环境影响较小,故进行早代选择预期效果较好。较差的也在 85%以上,仍属较高范围。

（2）变异系数。包括遗传变异系数（GCV）是遗传所引起变异的真实反映，而表型变异系数（PCV）还包含有由环境所引起的变异，GCV 和 PCV 相差小时，说明变异主要来源于 GCV。因此，根据 PCV 大小进行选择，效果会较好；反之，则差，表明环境影响大。表 3-12 中 GCV 和 PCV 相差最多的孙薹重也才 1.28%，所以环境影响很小。

遗传变异系数最大的是侧薹生长速度，达 64.52%；达 40%以上的有总莲座叶数，早期选择效果很好；达 30%以上的有产量、始收期、侧薹数和侧薹重，这些性状的早代选择效果也较好；变异系数在 20%～30%时，选择效果会稍差；20%以下者，选择效果更差。

（3）预期遗传进度。各性状间相差很大，当 $k=2.06$ 时，以侧薹长速的预期遗传进度（GS）最大，达 132.60%，次为总莲座叶数达 99.09%，第三为产量达 77.28%，以下依次为侧薹重 69.77%、始收期 66.30%，侧薹数 60.52%，侧薹粗 54.57%，主侧薹采薹间隔期 50.18%，总薹数 49.45%，孙薹数 46.18%，现蕾期 40.85%，孙薹重 35.62%，株高 30.27%，侧薹长 23.18%，孙薹长 21.34%，孙薹粗 20.64%，开展度 16.26%。

其值越大，选择效果越好。预期遗传进度在 30%以下者，如开展度、侧薹长、孙薹粗和孙薹长等性状的选择效果较差，育种实践证明，这几个性状特易受栽培条件和环境因子的影响。所以，早代选择宜针对 GS 在 50%以上的几个性状进行选择，GS 较小的性状宜留待高代进行选择。

（二）红菜薹性状的相关分析

刘乐承和晏儒来（1995）对 17 个性状间 256 对遗传相关系（rg）、表型相关系数（rp）进行了分析，其结果列于表 3-13。从中可以看出，各性状间存在不同程度的相关性。性状间的相关往往受到环境因素的影响，因而表型相关系数可分解为遗传相关系数和表型相关系数 2 部分。本试验中红菜薹性状间的遗传相关系数与表型相关系数很一致。因此，通过性状表现型的选择可以期望获得较理想的遗传表现。

通过性状的相关分析，会给育种者带来许多方便，可以通过某一性状预测另一性状。例如，产量性状，在单株选择时，育种者既要知道其产量高低，又要留种，如果将薹采完，测定其产量，就不能很好地自交采种，利用其相关性状的选择是否可行？与产量极显著相关的性状有开展度、总莲座叶数、现蕾期、始收期、侧薹长速、侧薹数、孙薹数、总薹数、侧薹粗和侧薹重等，再从这些性状中筛选出 1～2 个最容易观测的性状作为选择指标，比较一下不难发现，总莲座叶数、始收期和侧薹数等性状是最简单的观测性状。特别是侧薹数，只要在侧薹完全抽出时，一次记数就完事，这样就可简化选择操作程序，收到事半功倍的效果。

表 3-13　17 个性状间

性状	单株产量	株高	开展度	总莲座叶数	现蕾期	始收期	侧薹长速	主侧薹采薹间隔期	侧薹数
单株产量		0.701 7**	0.601 4**	0.815 7**	0.747 0**	0.794 4**	0.803 6**	0.310 2	0.914**
株高	0.695 0**		0.830 0**	0.741 1**	0.875 8**	0.854 1**	0.811 8**	0.626 3**	0.576 1**
开展度	0.584 7**	0.810 8**		0.692 4**	0.775 5**	0.705 8**	0.632 4**	0.633 5**	0.559 5*
总莲叶数	0.910 8**	0.738 5**	0.676 5**		0.829 3**	0.869 5**	0.876 0**	0.543 8*	0.866 4**
现蕾期	0.744 0**	0.870 6**	0.757 4**	0.829 7**		0.978 4**	0.933 5**	0.525 2*	0.607 3**
始收期	0.790 4**	0.848 5**	0.691 0**	0.868 7**	0.977 5**		0.987 4**	0.516 9*	0.675 2**
侧薹长速	0.802 8**	0.805 1**	0.619 1**	0.874 7**	0.930 7**	0.986 9**		0.494 3*	0.708 6**
间隔期	0.309 4	0.615 4**	0.616 9**	0.538 1*	0.520 8*	0.511 0*	0.486 6*		0.320 3
侧薹数	0.934 1**	0.571 1*	0.545 8*	0.855 7**	0.302 8**	0.667 5**	0.697 5**	0.317 3	
孙薹数	0.942 3**	0.646 4*	0.564 4*	0.882 1**	0.723 2**	0.777 4**	0.796 7**	0.453 1	0.825 6**
总薹数	0.912 9**	0.642 0**	0.585 0**	0.908 3**	0.704 5**	0.784 7**	0.788 9**	0.415 7	0.935 3**
侧薹长	0.273 7	0.552 1*	0.567 7*	0.241 7	0.362 5	0.242 4	0.142 9	0.472 6*	0.143 9
侧薹粗	0.685 1**	0.680 1**	0.571 1*	0.723 5**	0.600 8**	0.649 0**	0.664 7**	0.610 9**	0.665 1**
侧薹重	0.836 4**	0.818 6**	0.740 2**	0.832 6**	0.873 0**	0.862 1**	0.827 9**	0.409 5	0.662 2**
孙薹长	−0.307 2	−0.558 5*	−0.777 7*	−0.530 1*	−0.522 7*	−0.478 3*	−0.430 2	−0.790 9**	−0.273 8
孙薹粗	−0.269 3	−0.412 2	−0.297 1	−0.481 5*	−0.557 4*	−0.579 3*	−0.579 2*	−0.372 4	−0.211 4
孙薹重	−0.279 2	−0.436 0	−0.557 0	−0.549 5	−0.530 2	−0.525 2	−0.506 2	−0.559 2*	−0.345 1

注：右上角为 GCV，左下角为 PCV，“*”为 α=0.05 水平显著，“**”为 α=0.01 水平显著。

的相关系数（引自刘乐承）

孙薹数	总薹数	侧薹长	侧薹粗	侧薹重	孙薹长	孙薹粗	孙薹重
0.847 0**	0.944 8**	0.276 6	0.689 7**	0.945 0**	−0.318 4	−0.282 7	−0.297 3
0.656 1**	0.647 8**	0.559 0**	0.690 1**	0.829 2**	−0.569 3*	−0.422 8	−0.448 2
0.575 8**	0.596 8**	0.587 0**	0.588 5**	0.767 9**	−0.800 7**	−0.315 2	−0.572 6*
0.889 7**	0.914 2**	0.244 5	0.727 1**	0.837 8**	−0.537 7*	−0.497 8*	−0.561 4*
0.728 8**	0.707 6**	0.364 9	0.604 9**	0.879 2**	−0.532 7*	−0.574 3*	−0.542 8*
0.783 4**	0.769 1**	0.243 8	0.852 2**	0.867 9**	−0.484 7*	−0.596 2**	−0.536 6*
0.804 1**	0.795 5**	0.142 7	0.667 8**	0.834 6**	−0.434 2	−0.596 1**	−0.516 0*
0.459 9*	0.419 0	0.486 4*	0.621 0**	0.416 2	−0.811 4**	−0.381 7	−0.577 4**
0.840 5**	0.941 6**	0.148 3	0.678 4**	0.672 3**	−0.282 4	−0.219 5	−0.354 1
	0.973 6**	0.103 3	0.522 7*	0.640 8**	−0.446 6	−0.356 7	−0.548 8*
0.970 7**		0.120 2	0.807 4**	0.677 7**	−0.401 8	−0.326 3	−0.503 6*
0.101 0	0.116 9		0.378 0	0.484 5*	−0.580 4**	0.139 3	−0.053 3
0.515 3*	0.599 9**	0.385 5		0.739 7**	−0.535 5*	−0.433 6	−0.466 2*
0.632 2**	0.669 5**	0.480 3*	0.734 2**		−0.540 0*	−0.483 1*	−0.410 9
−0.437 9	−0.393 3	−0.564 8*	−0.525 1*	−0.528 6*		0.388 8	0.706 8**
−0.347 8	−0.318 0	0.140 0	−0.411 5	−0.465 3*	0.382 9		0.759 4*
−0.528 5*	−0.448 4	−0.052 4	−0.451 3	−0.405 9	0.704 5**	0.737 2**	

如果再兼顾侧薹粗，则效果更佳。现将间接选择单株产量的相关遗传进度及相对选择效率列于表 3-14。

表 3-14　间接选择单株产量的相关遗传进度及相关选择效率（引自刘乐承）

性状	h_B^2（%）		CGS		ΔG_y（%）
			k=2.08	k=26.7	
株高	95.65	0.701 7	53.72	89.93	69.52
开展度	87.95	0.601 4	44.13	57.19	57.10
总莲座叶数	99.69	0.915 7	71.58	92.77	92.62
现蕾期	99.12	0.747 0	58.22	75.46	75.34
始收期	99.78	0.803 6	63.18	81.88	81.75
侧薹长速	99.54	0.794 4	62.12	80.51	80.38
间隔期	94.51	0.310 2	23.641	30.80	30.55
侧薹数	93.21	0.941 4	71.15	92.22	92.07
孙薹数	95.58	0.847 0	64.82	84.02	83.88
总薹数	96.78	0.914 8	70.45	91.31	91.18
侧薹长	95.20	0.276 6	21.13	27.38	27.34
侧薹粗	97.32	0.689 7	53.26	69.03	68.92
侧薹重	96.12	0.845 0	84.85	84.08	83.92
孙薹长	91.13	−0.318 4	−23.79	−30.84	−30.79
孙薹粗	84.63	−0.284 7	−20.36	−26.39	−26.35
孙薹重	87.41	−0.297 3	−21.76	−28.21	−28.16

再如早熟性，直接构成性状为现蕾期、始收期、侧薹长速和主侧薹采薹间隔期等几个性状，其中始收期是目前作为衡量熟性的主要指标，其他 3 个性状与始收期的相关关系是现蕾期为极显著正相关（0.977 5**），侧薹长速极显著正相关（0.987 4**）、间隔期为显著正相关（0.516 9*）。间隔期本应测定主薹采收与侧薹间的采收间隔天数，但本试验在主薹抽出不久就掐掉了，所以观察的是侧薹，孙薹采收的间隔天数；同时，由于各株系（或品种）熟性差异很大，导致侧薹、孙薹间采收的时间有的在年前，有的在年后，这种测定应以年前测定为准，因为年后测定的已通过越冬时的低温春化作用，抽薹加快，所以影响了测定结果的准确性。

（三）菜心农艺性状与品质性状的相关分析

徐亮和许明（2009）通过对菜心改良细胞质雄性不育系与 4 个自交系进行杂交，对包括不育系、自交系和杂交组合在内的 16 份材料的农艺性状与品质性状的相关分析表明：维生素 C 与叶数、叶长、薹粗、单株重呈显著正相关；有机酸与叶宽、叶柄宽呈显著正相关；干物质与株高、薹长呈显著负相关；蛋白质与叶数、叶长、叶柄长、薹粗呈极显著正相关，与叶宽、单株重呈显著正相关；蛋白质与维生素 C、可溶性糖呈显著正相关；维生素 C 与可溶性糖呈极显著正相关。所以，在菜心育种中可以选择适当的叶数、叶长、薹粗重和单株重等农艺性状，来增加菜心的营养品质。其测定结果列于表 3－15 和表 3－16。

表 3－15 菜心农艺性状与主要品质性状的相关系数

性状	株高	叶数	叶长	叶宽	叶柄长	叶柄宽	薹长	薹粗	单株重
维生素 C	0.16	0.59**	0.50*	0.42	0.44	0.07	0.18	0.59*	0.58**
有机酸	0.17	0.20	0.34	0.54*	0.25	0.54*	0.13	0.46	0.48
干物质	−0.66**	−0.03	0.34	−0.14	−0.28	0.16	−0.66**	−0.09	0.05
蛋白质	0.45	0.75**	0.63**	0.53*	0.72**	0.22	0.47	0.62**	0.56*
粗纤维	0.19	−0.15	0.02	0.03	0.07	−0.21	−0.04	0.03	0.04
可溶性糖	0.17	0.35	0.32	0.08	0.45	0.19	0.19	0.35	0.24

注：“*”为 α=0.05 水平显著，“**”为 α=0.01 水平显著。

表 3－16 菜心各营养品质间的相关系数

性状	维生素 C	有机酸	干物质	蛋白质	粗纤维
有机酸	0.28				
干物质	−0.02	0.09			
蛋白质	0.57*	0.20	−0.20		
粗纤维	−0.23	−0.02	−0.20	−0.18	
可溶性糖	0.63**	−0.10	−0.15	0.50*	−0.18

注：“*”为 α=0.05 水平显著，“**”为 α=0.01 水平显著。

性状相关分析结果的实际应用价值：

（1）简化选择程序。有些性状要通过漫长观察才能得出结果，不妨在其极显著相关的性状中寻找容易观察的性状进行仔细记载。用以推测另一性状，如产量可以记载侧薹数来抽象推测。

（2）减少记载项目。有些试验，如品种比较，往往需要记载的项目多达数十个，工作量很大，不如利用其相关性，归纳一下，确定 10 个以内的项目做重点记载，减少工作量。

（3）进行性状的缺失分析。在整理试验资料或总结报告时，常有某需要的性状未记载的遗憾，此时可利用已有的记载数据进行估测，虽抽象了些，但可得出倾向性的结论。

（4）利用农艺性状预判品质性状，比测定品质性状简省得多。从表3－14资料得出的结论是，通过对总莲座叶数、侧薹数和总薹数3个性状的选择，其相关选择效率（ΔGy）很高，分别为92.62％、92.07％和91.18％，对始收期、侧薹长速、孙薹数和孙薹重进行选择，相对选择效率（ΔGy）也在80％以上。而侧薹长、孙薹长、孙薹粗和孙薹重这几个性状的选择，其ΔGy在30％左右，影响较小，而且孙薹长、孙薹粗、孙薹重的选择，对单株产量起副作用。

三、杂交的方式和技术

（一）有性杂交的组合方式

有性杂交的方式有单交、三交、回交和多交等方式。所谓单交就是2个亲本之间的杂交，三交即单交后再与另一亲本杂交，回交是杂交种再与其亲本之一杂交，多交是三交种再与一个新亲本杂交，一般用到4个亲本以上的杂交是较少的。亲本少则后代分离较简单，范围较窄，而亲本越多后代分离越复杂，可供选择的内容更丰富，但稳定相对慢一些。

（二）有性杂交技术

杂交就是为得到杂交种子。一般母本种植20株，父本种植10株即可，其杂交过程大致可分为以下9步进行。

（1）选株。选生长健壮的母本5～10株。

（2）套袋。在母本和父本开花前2～3天进行，父本5株以上，用硫酸纸袋将花序套住，并用大头针或回形针固定。父本宜套主枝先开花，以防昆虫串花。

（3）去雄。母本套袋前将花药去除，每个花序便于去雄操作的花药有20～30朵，未去雄的小花蕾，需全部摘去。由于雌蕊柱头于开花前3～5天已成熟，所以凡授粉的花一般均可结荚采种。母本宜套侧枝，以便在开花后有粉可用。

（4）授粉。即将父本5株以上的花粉用毛笔附住，授于母本柱头上，一次授足，不必重复，一个组合做3～4个枝条，即可满足F_1代种植的需求。授完粉后将纸袋套住花枝，并用大头针扎牢绑在竹竿上，以免风吹掉。

（5）标记。母本去雄授粉后，在其花枝基部挂上标牌。牌上注明组合名称，如白201201、红201201和菜心201202等，前4位或前2位是杂交年份，后2位是组合编号，前面的白、红和菜心分别是指白菜薹、红菜薹和菜心。同时，应在记载本上注明授粉日期和花数。

（6）绑架。由于枝条较柔软，授粉后种子成熟过程中有一定重量，加上袋子重量，枝条承受不起，易折断，故每株应插棍，将袋子绑在木棍上，每2～3天将袋上提一下，避免花枝弯曲、折断，以确保种子正常成熟。去袋后将花枝绑于木棍上，防花枝折断，收不到种子。

（7）去袋。花枝顶部花开后7天以上即将硫酸纸袋去掉。

（8）采种。枝条上顶部角果始黄时，将果枝摘下装入硫酸纸袋中，后熟，待角果干燥后脱粒，清除杂质，装入纸袋中继续干燥。连纸袋晒1～2天即可。种子袋编号需写清楚。当年播种者可置于室温下保存，当年不播者，换装于密封小塑料袋中，放在冰箱中，5～10年内发芽正常。

（9）组合数。为控制育种工作量，一般每次杂交组合不宜超过10个，以3～5个较好。

四、杂种后代的选择

（一）杂种一代的栽培

一律采用育苗移栽，苗龄按生产田要求进行，红菜薹20～25天，白菜薹23天左右，菜心15～20天。定植行株距同大田生产安排。一般按顺序排列，设对照品种。幼苗定植后，水肥等条件必须及时跟上。

（二）选择

（1）F_1代。每个F_1代种植20株，由于F_1代植株性状表现相对较一致，故不宜选择，只淘汰个别劣株，各组合在隔离区采用混合选择法或母系选择法采种，如隔离有困难，也可在网棚内采用混合花粉授粉法采种。在组合较多时，可淘汰少量主要经济性状不及对照的组合。

（2）F_2代。种植F_1代采收的种子。F_2代分离较明显，是主要选株世代。每组合种植500株左右，在每5～10个组合中间种植对照品种1个，选株时以对照为标准，选择那些优于对照品种的植株。先目测取10%植株，再对入选株详细记载主要目标性状，淘汰一部分初选株，最后每组合入选5%左右的植株。入选株进行套袋自交采种，做2～3个枝条即可，单独编号采种。

（3）$F_{3\sim4}$代。种植上代单株种子成一个株系，每株系种一小区，每小区20～30株，每隔5～9小区设一对照，严格淘汰那些不如对照的株系。在入选株系内去掉劣株后进行套袋，用系内各株混合花粉授粉采种。作法是将已开和即将裂开的花药用镊子摘下，置于培养皿中，每株取5～10朵花的花药，待花药完全开裂后，用铅笔头或毛笔充分搅拌后，再用毛笔取粉授于各株柱头。F_3代入选10%的株系，F_4代入选1%～3%的株系，总株系数控制在10个以内，每个株系最好能采到500～1 000克种子。

（4）F_5代。进行品种比较试验。每小区种20～30株，设对照，4次重复，区组内随机排列。通过综合比较，入选不同类型的品系，上升为品种，必要时用剩余种子委托省内经销单位做生产试验，以鉴定品种在各地的适应性及表现。当新品种主要经济性状超过各地主栽品种时，种子经销商会主动要求销售种子，新品种很快就可推广到生产中去。

(5) F_6 代生产示范和推广。生产示范可委托蔬菜所和农场，种植 1 000～2 000米^2 的面积，以鉴定其在大面积生产中的表现。在哪里表现好就先在哪里推广。在推广之前，育种者应给试种者提供详细的技术资料，说明品种特征特性、适宜栽培地区和栽培季节以及具体的栽培技术措施。最好发表在专业技术杂志上，以便种植者有据可查。

下面就是我们课题组选育红菜薹早熟品种的实况，供参考。红菜薹的熟性，即从播种到开始采收，老农家品种都在 80 天以上，华中农业大学新育成的十月红一号、十月红二号也需 60 多天，产量较高，但抗病性不理想。课题组新育成更早熟品种，于是选择了四九菜心作为早熟亲本与十月红一号杂交。

1982 年，用十月红与四九菜心杂交并编号 8204。1983 年春，种植 F_1 代 20 株，混株采种，入选红色株。1983 年秋，种植 F_2 代 458 株，入选 44 株单独采种，入选率 9.6%。1984 年春，种植 F_3 代 15 个株系的系内自交籽 779 株和敞开授粉种子 535 株，共 24 个株系，1 314 株，入选结果见表 3 - 17。

表 3 - 17　F_3 代选株情况

株系编号	种植株数	入选株数	入选率（%）
OF03	110	10	9.1
OFs13	7	3	43.0
OF13	89	10	11.2
OFs20	37	10	24.0
OF20	110	10	9.1
OFs23	10	6	60.0
OF23	9	2	22.0
OFs33	6	3	50.0
OF33	115	10	8.7
OFs36	23	10	43.5
OF36	108	10	9.2
OFs37	31	10	32.2
OF37	54	10	18.5
OFs44	6	3	50.0
OF44	54	10	15.8
OF45	59	8	13.5

（续）

株系编号	种植株数	入选株数	入选率（%）
OF46	122	10	8.2
OF52	117	10	8.6
OFs53	7	0	0.0
OF53	66	10	15.0
OFs54	16	5	21.3
OF54	117	10	8.6
OFs56	13	9	69.2
OF56	87	10	17.5

注：1. 株系编号含义：O表示十月红，F表示四九菜心，OF表示敞开授粉籽，OFs表示自交籽。
2. F_3代选株标准：①红色较深的单株；②侧薹4个以上；③薹较粗。

F_3代种植24个株系1 373株，共入选189株，入选率13.8%。

1984年秋，共种植F_4代16个系统108个株系1 850株，根据性状综合分析将F_3代189个株系淘汰了81个株系。F_4代于11月17日共入选15个株系52个单株，入选率2.8%。入选株移栽至大棚中，采到种子的有22份，即：OF13-4-1、OF13-5-1、OF20-5-1、OF23-2-1、OF33-5-1、OF33-6-1、OF33-8-1、OF36-7-1、OF36-2-1、OF36-4-1、OF36-5-1、OF37-1-1、OF37-4-9、OF37-7-1、OF37-8-1、OF43-2-1、OF43-2-2、OF44-1-1、OF45-1-3、OF52-4-1、OF52-5-1和OF56-2-1。同时，播种的还有一些株系。

（6）F_5代。1985年2月2日播种了所有株系，并做了自交不亲和性测定。经亲和指数测算，入选自交不亲和株17份。其中，较优株系4份，即OFx-2-1、OF37-8-3、OF37-8-5和OF36-5-1-2；次优不亲和株5个，即OFx-2-2、OF23-1-1-1、OF37-8-1、OF45-1-3-1和OF52-5-1-1；勉强入选的7个，即OF13-5-1-3、OF13-5-1-4、OF36-5-1-1、OF36-5-1-3、OF36-5-1-4、OF37-1-1-2和OF56-2-1等。

还采收了自交亲和的单株22份，可作为自交系选育，计有OF13-5-1-1、OF13-5-1-2、OF13-5-1-5、OF13-5-1-6、OF33-5-1-1、OF36-4-1-1、OF36-5-1-5、OF20-5-1-1、OF20-5-1-2、OF20-5-1-3、OF23-3-1-2、OF23-3-1-3、OF37-7-1-2、OF37-7-1-3、OF37-7-1-4、OF37-7-1-5、OF37-8-2、OF50-1、OF56-5-1-2、OF56-2-2、OF56-2-3和OF56-5-1-1。

（7）F_6代。1985年12月上旬采收当年秋播株系（F_5代）种子，计有OFx-

2-1、OFx-2-2、OFx-2-3、OFx-2-4、OFx-2-5、OFx-2-6、OFx-1-1、OF13-5-1-1、OF36-4-1、OF36-5-1、OF37-7-1、OF37-7-2、OF37-8-1、OF37-8-1、OF37-8-2、OF37-8-3、OF52-5-1-1、OF52-5-1-2、OF56-2-1、OF56-2、OF早花-1、OF早花-2、OF早花-3、OF早花-4。

1986年1月10日播种加代15份，于4月底采种，计有F_7代种子15份：OF早花-1，50克；OF早花-2，20克；OF早花-3，15克；OF早花-4，20克；OFx-2-1，130克；OF-2-2，20克；OFx-2-3，10克；OFx-2-4，40克；OF37-7-1-1，16克；OF37-8-1，16克；OF37-8-2，20克；OF37-8-3，150克；OF52-5-1-1，110克；OF52-5-1-2，20克；OF56-2-1，120克。

4～5月采收的种子还有自交不亲和测定种子14份：OFx-2-1，1份；OF37-8-3，3份；OF45-1-3-1，2份；OFx-2-2，6份；OF-37-1-1-2、OF45-1-3-1，各1份等。

还采收了4个集团的种子，编号分别为8601、8602、8603和8604。

决选部分株系熟性、小区产量和薹重见表3-18。

表3-18　决选部分株系熟性、小区产量和薹重

株系号	熟性（天）	小区产量（500克）	均薹重（克）	株系号	熟性（天）	小区产量（500克）	均薹重（克）
OF8601	45	8.25	22.1	OF37-8-1	32	9.8	18.8
OF8602	45	11.70	27.0	OF37-8-1-2	39	9.7	24.5
OF8603		10.4	21.0	OF37-8-1-3	45	2.4	25.5
OF8604		13.0	35.0	OF52-5-1-1	31	10.7	19.8
OF8605		14.0	29.0	OF52-5-1-2	24	10.8	19.2
OF早花-1	38	13.7	22.4	OF56-2-1	23		
OF早花-3	42	7.2	42.8	OF早花-2	40	11.6	19.0
OF早花-4	44			OFX-2-5	38	10.0	16.8
OFx-2-1	33	12.2	17.4	OF52-5-1-3	35	14.3	38.0
OFx-2-2	40	7.6	18.8	十月红二号（CK）	65	11.8	30.6
OFx-2-3	38	11.1	24.0	OF52-5-1-4	45	8.9	28.4
OFx-2-4	38	15.5	16.1	OF56-2-2	35	12.3	12.0
OF37-7-1-1	32	13.3	20.3	OF56-2-3	45	7.4	30.4

如表3-18所示，新育成的这些株系，其熟性与其他红菜薹品种相比，都属于极早熟类型，全比推广品种十月红二号早熟。有9份熟性与早亲菜心接近，其

中有2份超早亲，即OF56－2－1、OF52－5－1－2；有4份与早亲一致，即OF37－7－1－1、OF37－8－1、OF52－5－1－1和OFx－2－1。也有一些中熟或中晚熟株系，但没有详细记载。各小区平均产量为5.3千克，比对照低，超过对照的有8份，与对照相当的有2份，占测产的23个株系的43.5%（去掉2个无产量的株系）。这个数据相当可观，可惜还有一些中熟和中晚熟株系没有测产。菜薹平均重都较轻，各株系平均值为22.8克，比对照30.6克轻，比对照重的只有3份，即OF早花－3、OF52－5－1－3和OF8604。究其原因，主要是早熟材料初生莲座叶少而小，所以抽的薹也较小。

由于育种重点是选育杂种一代，尽管有一些优良株系可以作为品种直接扩繁推广，但还是只作亲本配制杂种一代。

1987年配了41个F_1代，其中有9个是用OF系杂交的，其结果如表3－19所示。

表3－19　OF系配的F_1代表现

杂交组合编号	组合亲本	始采薹天数	前期产量（千克）	小区总产量（千克）	均薹重（克）
8601	OF56－5－1－2×01－5	78	0.5	0.6	37.5
8602	OF56－5－1－2×OF37－1－1－2	47	1.95	5.3	26.2
8603	OF56－5－1－2×OT9	66	1.3	7.1	28.0
8604	OF56－5－1－2×J4	48	0.65	4.25	19.3
8605	OF56－5－1－2×OF43－2－1	47	1.95	3.25	42.5
8608	B24×OF56－5－1－2	93	0.0	4.15	22.7
8614	OT9×OF37－7－1－2	50	0.25	2.75	26.7
8619	B29×OF56－5－1－3	78	0.25	4.55	31.0
8624	B30×OF37－7－1－2	48	0.6	3.6	21.6
CK（十月红二号）		57	1.15	4.7	34.1

表3－19数据显示自播种到开始采收的天数，对照为57天，9个F_1代中有5个比对照早；小区前期产量，对照为1.15千克，超过对照的有3个，即8602、8603和8605；小区总产量对照为4.7千克，超过对照的也是8602和8603；平均薹重超过对照的只有8601和8605。综合鉴定，8602和8603和8619这3个杂种一代都可能有推广价值，其中8602、8603为早熟高产型，8619为中熟品种型。可见，十月红一号与四九菜心的杂种后代中，给我们提供了早熟丰产杂种一代的亲本。

1988年春天又测交10个组合，1988年秋季测产于9月1日播种，9月25日定植。10月17日至11月10日陆续开始采收，1989年2月12日最后一次采收。由于末收偏早，有些组合，特别是较晚熟的一些组合产量潜力未能充分发挥出来。按采收的前期（11月底）、中期（12月至翌年1月底）和总产量统计列于表3－20。

表3－20　1988年秋冬红菜薹 F_1 代产量统计表

组合号	杂交亲本	前期产量（500克）	与对照比值	中期产量（500克）	与对照比值（%）	总产量（500克）	与对照比值（%）
8801	007－1－1×B33－2－1	1.175	67.6	12.791	99.6	16.57	113.1
8802	OF45＋51×W968－3－1	4.250	244.5	15.167	118.1	17.12	116.9
8803	y27－1×OT37－2	2.475	142.4	16.658	129.7	19.93	136.0
8804	y27－1×OFx－2－4－1	6.933	398.9	17.75	138.3	19.42	132.6
8805	B35－3－2－×OT36－1	1.542	87.7	9.592	74.7	14.47	98.8
8806	B35－3－×OT37－2	3.65	210.0	16.45	128.1	18.70	127.6
8807	OT37－2×OFx－2－4－1	6.017	346.2	18.067	140.7	20.12	137.3
8808	B48－3×OT37－2	1.05	60.4	11.167	87.0	13.30	90.8
8809	B50－1×Wy67－1	2.047	117.8	9.263	72.2	12.40	84.6
8810	B50－2－2×OFx－2－4－1	7.275	418.6	16.960	132.8	18.72	127.8
8811	Wy68－2－1×OFx－2－4－1	1.15	66.2	8.55	66.6	11.57	79.0
OF集团		2.317	133.3	12.867	100.2	15.68	107.0
CK（十月红一号）		1.735	—	12.838	—	14.65	

在12份参试 F_1 代中，前期超对照的8份中，4份有OF系参入杂交，OF集团也超标；中期超标的7份中，有5份与OF有关；总产量超标的8份中，有5个，而且前期、中期和总产量最高的 F_1 代，都有OFx－2－4参加，所以这个新育株系就是选育早熟、丰产杂种一代的优良亲本。它也是表3－18中小区产量最高的一个株系。

第六节　杂种一代新品种的选育

杂种优势是生物界的普遍现象，目前已广泛应用于蔬菜作物。自1990年华中农业大学育成第一个红菜薹杂种一代品种——华红一号开始，近20年来相继有多个品种问世，并应用于生产。由于其优势突出，且便于新品种保护，所以杂种品种的选育已为育种者和种子经销商所偏爱，广东菜心也有多个 F_1 代品种，但在生产中推广较慢。而白菜薹杂种一代新品种的选育才刚刚起步，但可以预见5年后将陆续有杂种一代新品种推出，并占领种子市场，这是不可阻挡的趋势。

一、杂种优势的利用价值

（一）自交衰退

十字花科蔬菜自交衰退很快，薹用白菜也不例外。但在选育红菜薹自交不亲和系的过程中，发现不同单株后代退化程度不尽相同，个别单株在自交一代后退化就很严重，但也有单株在自交三代后，生长势仍较好。所以，通过大量单株自交，也有可能育成退化轻微的株系。

（二）杂种优势

不同品种、株系之间杂交的后代，出现熟性提早、植株变得高大和产量提高等特性，这种现象即称为杂种优势。杂种优势的强弱可以用配合力表示。目前，配合力强弱的表示分为4种，即超中优势、超亲优势、超标优势和离中优势等。

（1）超标优势。这是以对照作为比较单位，比较F_1代与对照品种之差，直接确定F_1代有无推广价值。F_1代主要目标性状必须显著超过对照品种，才有可能得到推广。

（2）离中优势。这是以双亲平均值之差作为度量单位，用以比较F_1代与中亲值之差。这种比较法可以直接显示出优势的强度达到何种水平，便于在组合间和各种性状间进行比较。用公式表示如下：

$$H=\frac{\frac{1}{2}(P_1+P_2)}{\frac{1}{2}(P_1-P_2)}$$

式中，H为优势值；$\frac{1}{2}(P_1-P_2)$ 等于双亲的离中值；$\frac{1}{2}(P_1+P_2)$ 等于中亲值。此法表明离中值越大，则优势越小。

（3）超中优势。这是以中亲值（即某一性状的双亲平均值）作为度量单位，用以度量F_1代平均值与中亲值之差的度量法。用公式表示为：

$$H=\frac{F_1-\frac{1}{2}(P_1+P_2)}{\frac{1}{2}(P_1+P_2)}$$

（4）超亲优势。这种估测法是以双亲中较优良的一个的平均值作为度量单位，用来度量F_1代平均值与高亲平均值之差的度量法。用公式表示为：

$$H=\frac{F_1-P_h}{P_h}$$

以上4种度量杂种优势的方法，在应用时需根据不同目的灵活应用。如果需选育一个杂种一代用于生产，则宜用超标优势度量，如测定某2个亲本的杂种优势则可用超中优势、超亲优势来度量。而离中优势则用于各种组合和各种性状间进行单独的或综合性状的比较，可求出一个亲本全面的优势强度。

（三）薹用白菜配制杂种一代的途径

（1）品种间杂交制种。对于异花授粉的红菜薹、白菜薹和菜心3个变种，可以用品种间杂交生产杂种一代。即选择2个优良品种育成自交系，父母本按1∶1种植，所得种子其杂种率往往在50%～70%，增产幅度有限。这样的种子里面不管是母本上采种，还是在父本上采种，都包括2类种子，即真杂种和自交种。这种种子较难推广，缺乏竞争力。

（2）利用苗期标记性状制种。即利用在苗期可以较准确地鉴别出真、假杂种的特殊植物学性状。如红菜薹的叶脉、叶柄红色，当用红菜薹作母本与菜心、白菜薹作父本杂交时，在苗圃里就可清楚地识别出假杂种，红色叶柄、叶脉的苗，在间苗时将这些苗剔除，只栽绿色叶脉、叶柄的苗，则生产田的杂种率可达100%。但是毕竟要丢掉30%～50%的苗，甚是可惜，而且还要花大量人工。

（3）利用化学去雄剂杀雄制种。化学杀雄就是用一种或几种化学药剂配制成一定浓度的溶液喷在母本植株上，使雄性花药退化或不产生花粉，而不伤柱头，再配以适当的父本与母本授粉，就可生产出杂种一代种子。如果能找到合适的药剂及其溶液的浓度和喷药时间，理论上是很经济的制种方法。迄今在蔬菜方面用化学药剂成功去雄授粉的杂种一代，还甚少报道，因此在薹用白菜上制种的报道更少见。但国内外报道中，使用过的药剂有二氯乙酸、二氯丙酸钠、三氯丙酸、二氯异丁酸钠、三氯苯甲酸、二氯乙基酸（乙烯利）、顺丁烯二酸联胺（MH）、二氯苯氧乙酸（2，4-D）、核酸钠（萘乙酸和矮壮素等）。使用方法一般都采用水溶液喷雾法，喷药时间一般在花芽分化前开始，间隔适宜天数重复喷用2～3次。但在薹用白菜育种中成功应用的事例，还未见报道，需待科技工作者努力探究。

（4）利用自交不亲和系杂交制种。就是先育成自交不亲和系，再用不同的自交不亲和系配制杂种一代，已经广泛应用。

（5）利用雄性不育系配制杂种一代，即先育成雄性不育系，再用不育系作母本生产一代杂种，也已广泛应用。

在以上5种制种方法中，我国应用最多的是后2种，因此在后面将重点介绍。

（四）决定杂种一代推广价值的因素

杂种一代能否被推广，取决于以下3个因素：

（1）优势强度。所谓优势强度，即与对照品种比较优势的大小，强度越大越易推广。例如，产量增加幅度越大，则生产者越欢迎；如果增产不明显，生产者感觉不到增产效果，那么新品种便没有吸引力，自然难于推广，也没有推广价值。

（2）经济效益。这个效益包括3个方面：一是生产者通过种植，该品种能增加多少收入；二是种子经销商赚多少钱；三是育种者有无利润。这三者缺一不可，少了哪一方面的积极性，品种都无法推广开。

（3）杂种纯度。即杂种一代植株的杂种率，杂种率越高，假杂种越少，增产幅度越大。杂种率一般不能低于90%，最好达到95%以上，但那不容易。可通过苗床间苗时，利用标志性状剔除假杂种，所以生产田控制杂种率在95%以上，甚至达到100%，也不是太难的事。

二、自交系的选育

（一）优良自交系的条件

（1）配合力高。这是选育自交系的主要标准。

（2）产量高。红菜薹、白菜薹和菜心品种的自交系，高产都是共同要求，也只有高产的自交系，才能得到高产的种子。

（3）优良性状多，该性状可遗传。如产量、熟性、品质、薹长、粗重、叶形、叶色和侧薹数等。

（4）抗病性强。抗病性一般是可以遗传的。用抗病性强的自交系配成的杂种一代，通常也是抗病的，只是抗性有显性、隐性之分。

（二）自交系的选育程序

（1）原始材料的引进筛选。自育种准备工作开始，所有育种都会收集到大量的原始材料——品种和株系，并做过1～2年观察，因此应该对每一份材料的特征特性都有一定认识，选育自交系时不可能每份材料都作选株对象，而是按育种目标的需要选择其中最优秀的，还要考虑杂种一代性状互补的需要，选择3～5份材料作为选株重点，每份选5～10株进行花蕾期自交，单株套袋采种。携带特殊性状如优质、抗病基因的品种也可选3～5株自交采种。

（2）选种圃栽培。栽培技术与大田生产基本相同，但种植密度稍稀，肥水条件略优于大田生产，以令其性状得以充分表现。每个选种对象种植30～50株，次要品种种植20～30株，从中选5个单株。入选总株数应控制在50株左右。入选株一律采用花蕾期套袋自交采种，每株做3～5个花序，花蕾期自交，以防花期自交不亲和，采不到种子，尽量多采种子，以供株系鉴定和采种之用。以后各代按选种程序采用母系法或混合花粉采种，直至选纯为止。最后，每个选种原始材料入选1～3个株系做配合力测定。

（三）配合力测定

配合力的高低是选择杂交亲本的依据之一，它直接影响各个目标性状的好坏，只有配合力高的株系才可能配出高产的杂种一代，因此选育杂交种的亲本无论是品种、自交系、自交不亲和系、雄性不育和恢复系，除外观性状优良外，还要测定其配合力，以便淘汰那些配合力低的株系，最后确定用哪几个株系配制杂种一代。配合力测定结果出来，也就是杂种一代筛选出来的时候。配合力分为普遍配合力和特殊配合力2种。

(1) 普通配合力。普通配合力（GCA）即指一个亲本自交系或品种在一系列杂交中的平均表现，如产量等。自交系的普通配合力为其平均产量与总平均产量的差值。表3-21中A的普通配合力平均为8.9，试验产量总平均也是8.9，这样8.9－8.9＝0，所以GCA为0，B为0.2，C为0.2，D为－0.4，E为0.0，F为－0.1，G为0.3，H为0.2，I为－0.2，因此G的普通配合力最高，是重点选用对象，次为B、C、H，需要时也可以选用。

表3-21　4个父本和5个母本所配20个F_1代的小区产量

亲本	A	B	C	D	平均	GCA
E	9.2	8.9	9.0	8.5	8.9	0.0
F	8.4	9.1	8.7	8.2	8.8	－0.1
G	9.0	9.4	9.6	8.8	9.2	0.3
H	9.1	9.3	9.2	8.8	9.1	0.2
I	8.8	8.8	9.0	8.2	8.7	－0.2
平均	8.9	9.1	9.1	8.5	8.9	
GCA	0.0	＋0.2	＋0.2	－0.4		

(2) 特殊配合力。特殊配合力（SCA）是指某特定组合的实际产量（或其他性状）与根据双亲的普通配合力所预测的平均产量的离差。即：

$$S_{ij}=X_{ij}-u-g_i-g_j$$

式中，S_{ij}表示i亲和j亲杂交组合的特殊配合力；X_{ij}表示i亲和j亲杂交组合的小区平均效应；u表示群体的总平均效应；g_i（g_j）表示双亲的普通配合力效应。

按公式将表3-21中数据计算结果，如表3-22所示特殊配合力最高的是B×F为0.5，次为A×E为0.3，再次为G×C、B×H、B×G，均为0.2。从配合力比较可知B是个好亲本，因为用它配的6个组合中，配合力前5位的，有3

个是它参入的；其次为C，因为产量最高的组合有它参入，且有2个组合入前5；再次为G，有一个产量最高的组合；还有A、E、H，也有组合进入前5。而C×G是产量最高的组合9.6，B×G为9.4，B×H为9.3，这3个组合是否可入选新品种，还要参考各自其他目标性状的表现。

表3-22 双亲特殊配合率

杂交亲本	配合力种类	配合力计算结果
G×C	特殊配合力为	9.6－8.9－0.2－0.3＝0.2
A×E	特殊配合力为	9.2－8.9－0.0－0.0＝0.3
A×F	特殊配合力为	8.4－8.9－(－0.3) －0.0＝0.2
A×G	特殊配合力为	9.0－8.9－0.0－0.3＝－0.2
A×H	特殊配合力为	9.1－8.9－0.0－0.2＝0.0
A×I	特殊配合力为	8.8－8.9－0.0－(－0.2) ＝0.1
B×E	特殊配合力为	8.9－8.9－0.2－0.0＝－0.2
B×F	特殊配合力为	9.1－8.9－(－0.3) －0.0＝＋0.5
B×G	特殊配合力为	9.4－8.9－0.3－0.0＝＋0.2
B×H	特殊配合力为	9.3－8.9－0.2－0.0＝＋0.2
B×I	特殊配合力为	8.8－8.9－0.2－(－0.2) ＝＋0.1
C×B	特殊配合力为	9.8－8.9－0.2－0.0＝－0.1
C×F	特殊配合力为	8.7－8.9－0.2－(－0.3) ＝－0.1
C×H	特殊配合力为	9.6－8.9－0.2－0.3＝＋0.2
C×I	特殊配合力为	9.0－8.9－0.2－(－0.2) ＝－0.1
D×E	特殊配合力为	8.5－8.9－(－0.4) －0.0＝0.0
D×F	特殊配合力为	8.2－8.9－(－0.4) －(－0.3) ＝0.0
D×G	特殊配合力为	8.8－8.9－(－0.4) －0.3＝0.0
D×H	特殊配合力为	8.8－8.9－(－0.4) －0.2＝0.1
D×I	特殊配合力为	8.9－8.9－(－0.4) －(－0.2) ＝－0.1

（四）配合力测定方法

（1）同一亲本配测法。将所有待测株系（品种）与同一个测验亲本配组杂交，再根据 F_1 代的表现比较被测系配合力高低的方法。这种配测法所得到的试验数据，可直接作为比较各被测系配合力强弱的依据。测验者如果是普通品种或杂种时，所得结果近于普通配合力；测验者如果是自交系，自交不亲和和雄性不育系时，所测结果近于特殊配合力。

具体做法是将所有被测株系（或自交不亲和系、雄性不育系、品种和杂交种）各种一行约 10 株作母本，测验者种 20 株作父本，用测验者的花粉授于被测株系花柱上，注意事项见有性杂交技术有关部分。所得种子种植于鉴定圃，详细记载其特征特性和产量，计算出其配合力。

（2）轮配法。又叫双列杂交法，即将各株系轮换与其他株系相配，又分为 4 种配组法。

第一种包括自交和正反交，共有 P_n（P 表示亲本）个组合；第二种包括自交和正反交的一套组合，共有 $1/2(P+1)$ 个组合；第三种包括正反交，但不包括自交，共有 $P(P-1)$ 个组合；第四种只有正反交中的一套组合，也不包括自交，共有 $1/2P(P-1)$ 个组合，适用于株系较少时使用，一般以不超过 5 个为宜。这里着重介绍实践中使用较多的第四种半轮配法。

半轮配法既能测定普通配合力，又能测定特殊配合力。其交配组合数为 $\frac{1}{2}P(P-1)$，假如有 8 个自交系其组合数为 $\frac{1}{2}8(8-1)=\frac{1}{2}\times56=28$ 个，而 5 个自交系的组合数为 $\frac{1}{2}5(5-1)=10$ 个，显然在 5 个自交系配出的 10 个杂交种便于安排试验，28 个组合则较难安排。

做统计分析时，先将各株系的产量（或其他因素）列成表。下面引用 6 个红菜薹自交系半轮配的红菜薹自交系 F_1 代薹重（克）及其普通配合力（表 3-23）。

表 3-23　6 个红菜薹自交系的双列杂交的产量平均值（千克）和 GCA

亲　本	007－1 (1)	OF83－4－1 (2)	Os31 (3)	Ts15－1 (4)	T36－1 (5)	Ts24－3 (6)	Σx_i
007－1(1)							
OF83－4－1(2)	7.0						
Os31(3)	5.6	6.3					
Ts15－1(4)	8.0	6.4	5.9				
T36－1(5)	3.6	6.3	6.0	6.2			
Ts24－3(6)	8.1	6.4	6.6	5.1	5.6		
X1	32.3	32.4	30.4	31.6	31.8	31.8	$\Sigma x_i=190.3$
GCA(i)	+0.15	+0.17	−0.33	−0.03	+0.02	+0.02	$x=7.929$

计算各自交系普通配合力的公式为

$$\mathrm{GCA}=\frac{x_{i\cdot}}{p-2}-\frac{\sum x_{i\cdot}}{P(P-2)}$$

例如：

$$\mathrm{GCA}007-1=\frac{32.3}{4}-\frac{190.3}{24}=8.075-7.929=0.15$$

$$GCA(OF83-4-1)=\frac{32-4}{4}-\frac{190.3}{24}=8.1-7.929=0.17$$

$$GCA(Os31)=\frac{30.4}{4}-\frac{190.3}{24}=7.6-7.929=-0.329$$

$$GCA(Ts15-1)=\frac{31.6}{4}-\frac{190.3}{4}=7.95-7.929=-0.03$$

式中，GCA 表示普通配合力，$x_i.$ 表示某亲本与其他亲本杂交值之和，P 表示亲本数，$\sum x_i.$ 表示所有亲本杂交组合之和。

计算杂交组合特殊配合力的公式为

$$SCA_{i\cdot j}=x_{i\cdot j}-\frac{x_i.+x_j.}{P-Z}+\frac{\sum x_i.}{(P-1)(P-2)}$$

式中，x_i 表示 i 亲本参入杂交各组合的和；P 表示参入杂交亲本数；$x_{i\cdot j}$ 表示上述 2 个亲本杂交组合的总和；$\sum x_i.$ 表示所有亲本各组合杂交之和。

例如

$$SCA_{1.2}=7.0-\frac{32.3+32.4}{4}+\frac{190.3}{5\times4}=7.0-16.175+9.515=0.34$$

$$SCA_{1.6}=8.1-\frac{32.3+31.8}{4}+\frac{190.3}{5\times4}=8.1-16.025+9.515=0.004$$

$$SCA_{6.5}=5.6-\frac{31.8+31.8}{4}+\frac{190.3}{5\times4}=5.6-15.9+9.515=-0.785$$

式中，1.2 表示 1×2。

由表 3-24 可知，产量的一般配合力以 OF83-4-1 最高，007-1 次之，再次为 T36-1 和 Ts24-3，以 $O_3$31 最低。但产量排前 3 位的 6×1、6×4 和 2×1，都是以 2 为父本，而普通配合力排第一的 OF83-4-1 所配的组合则只有一个排第三。因而可以肯定普通配合力高的亲本，杂交后代较易得到高产组合，但不一定普通配合力最高的亲本，就一定可配出产量最高的杂种一代。

表 3-24　6 个红菜薹自交系半轮配产量特殊配合力

亲　本	1 007-1	2 OF83-4-1	3 Os31	4 Ts15-1	5 T36-1	6 Ts24-3
1. 007-1						
2. OF83-4-1	+0.34					
3. Os31	0	+0.12				
4. Ts15-1	+1.52	−0.09	−0.09			
5. T36-1	−2.92	−0.24	−0.03	−0.13		
6. Ts24-3	+1.59	−0.14	+0.57	−1.23	−0.79	

6个红菜薹自交系半轮配产量的特殊配合力以Ts24-3×007-1最高，Ts15-1×007-1次之，007-1×Os31排第三，而Os31的普通配合力却是最低的，Ts15-1的普通配合力也很低。但它们都有很强的特殊配合力，所以才可配出高产组合。

（五）自交系间配组方式

经过配合力测验选得一批优良杂交组合及其亲本自交系后，还需要进一步确定各自交系的最优组合方式，以获得生产上最优良的杂种一代。配组方式大致可分为单交种、双交种和三交种。

用2个自交系（或自交不亲和系）所配成的杂种一代称为单交种。单交种是选育杂种一代新品种最基本的组合方式，也是使用最多的组合。

（1）配组模式。单交种配组模式见表3-25。

表3-25　单交种配组方式

母本	父本									
	1	2	3	4	5	6	7	8	9	10
A	A×1	A×2	A×3	A×4	A×5	A×6	A×7	A×8	A×9	A×10

（2）红菜薹测交结果。红菜薹株系单交种试验结果见表3-26。

表3-26　红菜薹株系单交种试验结果

组合编号	杂交亲本	始采薹（天）	前期产量（千克）	小区产量（千克）	均薹重（克）
8601	OF56-5-1-2×O1-5	78	0.50	0.60	37.5
8602	OF56-5-1-2×OF37-1-1-2	47	1.95	5.30	26.2
8603	OF56-5-1-2×OT9	66	1.3	7.10	28.0
8604	OF56-5-1-2×J4	48	0.65	4.25	19.3
8605	OF56-5-1-2×OF43-2-1	47	0.95	3.25	42.5
8609	B24×OF56-5-1-2	93	0	4.15	22.7
8614	OT9×OF37-7-1-2	50	0.25	2.75	26.7
8615	B29×wy	56	0.20	3.85	26.4
8616	B29×01-5	78	0.60	6.55	24.3
8619	B29×OF56-5-1-3	78	0.25	4.55	31.0
8622	B30×wy	82	0.10	5.30	27.7
8623	B30×01-5	87	0.45	3.20	47.8
8624	B30×OF37-7-1-2	48	0.60	3.60	21.6

（续）

组合编号	杂交亲本	始采薹（天）	前期产量（千克）	小区产量（千克）	均薹重（克）
8629	B30×y9	87	0.05	4.50	23.2
8636	B30×J4	60	1.35	10.05	25.6
8641	B30×OT	78	0.10	8.50	43.8
CK（十月红二号）		57	1.15	4.70	34.1

注：1. 表中OF系统为十月红与四九菜心杂交后选育的株系，多数为极早熟或早熟种，“O”为十月红一号、“OT”为十月红二号，系中早熟种。“J”为从日本引进的中熟菜薹，“B”为大股子，“y”为成都胭脂红，“wy”为武昌胭脂红，都是中晚熟品种。

2. 小区面积为3米^2，每小区2行18株。

测交的16个组合。自播种至开始采收天数均在47～93天，分别为早、中、晚熟类型F_1代，比对照十月红二号早的只有6个组合，前期产量超过对照的只有2个组合，总产量超过对照的也是6个组合。结果表明，并非所有杂种一代都有优势，只有通过大量组合筛选，才能得到优良的杂种一代。

表3-26中所列数据显示，用OF56-5-1-2作测定种，其F_1代多为极早熟或早熟种，只个别为中熟种，所以这个株系是筛选早熟种的优良测交种；而大股子几个株系测交的组合F_1代大多是中熟或中晚熟品种。所以，大股子选育的株系，适作选育中熟杂种的测交种；而十月红一号、十月红二号则宜作选育早熟或极早熟亲本，也可作中熟亲本，其熟性视他亲而定。

从丰产性分析，产量最高的组合为8636(B30×J4)，第二为8641(B30×OT)，第三为8603(OF56-5-1-2×OT9)，第四为8616(B29×01-5)，第五为8602(OF56-5-1-2×OF37-1-1-2)和8622(B30×wy)。这6个组合中，有4个都有大股子的B30或B29参加，因此大股子自交系是作高产测交种的首选。

红菜薹育种课题组当时的育种目标有2个筛选标准：一是无蜡粉，二是早熟。据此8636等组合被淘汰。而入选的是OF系和OT系的杂交种。父本为78天、母本为50天的不育系和45天的不育系，配成的红杂60号、红杂50号，其熟性为播后60和50天左右开始采收菜薹，其产量比对照十月红二号增产30%左右。

（3）单交种的用途。

① 可筛选优良组合。在测交多个单交种后，有可能得到优良单交种，如果发现产量和综合性状都超过对照的组合，即可扩大制种，在生产中进行较大面积推广。

② 作多交种的亲本。选育多亲杂交种时，就是用单交种与另一亲本或单交种杂交。如（A×B）×C，配成三交种；（A×B）×（C×D），配成双交种。

③ 作为筛选高配合力亲本的手段。育成一批自交系、自交不亲和系和雄性不育系后，如果不测定其配合力，是不能随便用来配制杂种一代的，只有高配合力的株系才是可放心使用的亲本。

④ 作为有性杂交育种的分离原始材料，优良亲本杂交后会分离出可供选择的优良单株，作为系统育种之用。

三、自交不亲和系的选育

（1）自交不亲和系。自交不亲和性是指花药和柱头都发育正常，但在开花时自交不能结子或结子率极低的特性。经多代自交选择后，其自交不亲和性能稳定遗传，而且同一株系后代株间相互授粉也不亲和，这样的系统称为自交不亲和系。

自交不亲和性广泛存在于十字花科蔬菜作物中，红菜薹、白菜薹和菜心也不例外。华红一号、华红二号就是育成自交不亲和系后配成的杂种一代。华中农业大学对8个品种的原始测定结果（图3-1～图3-3）。

图3-1　红菜薹自交不亲合株

图3-2　白菜薹自交不亲合株标记下没结荚果

图3-3　白菜薹自交亲合株摘去大花蕾标志下荚较多

（2）品种间自交不亲和性比较。表3-27中数据说明：

① 不同品种出现自交不亲和株的频率是不同的，而且差异很大。

② 8个品种中花期亲和指数，平均为1.84。除日本引进的菜薹外，全为1以下所占比例最高，达57.94%，其次为1～5区间，再次为5～10区间，10以

上者最少。

③ 8个品种的蕾期亲和指数平均为4.0。以指数在1～5区间最多，其次为1以下，再次为5～10区间，10以上最少。选择亲和指数10以上的概率平均为9.72%，选5～10的概率为22.71%，二者相加的概率为32.43%。

④ 蕾期自交亲和指数4.0比花期1.84高1倍，1以下的植株花期自交亲和指数为57.94%，比蕾期自交亲和指数26.9%，高1倍以上。

以上数据说明，发现花期自交不亲和株不难。难的是花期自交亲和指数在1以下，蕾期自交亲和指数在10以上，株间在2以下，综合性状还要比较好。

表3-27　红菜薹品种间自交不亲和指数的测定结果

（1984—1988年）

品种	测交株数	花期自交亲和指数	各区间所占比例（%）				蕾期自交亲和指数	各区间所占比例（%）			
			10以上	5～10	1～5	1以下		10以上	5～10	1～5	1以下
十月红一号	31	0.8	0.0	0.0	28.9	71.1	3.7	3.2	29.0	38.8	29.0
十月红二号	7	2.3	0.0	14.2	42.9	42.9	3.1	0.0	28.5	57.1	14.4
大股子	71	0.9	14.1	28.2	24.0	71.8	2.3	4.2	9.8	49.3	38.0
武昌胭脂红	8	1.4	0	0	37.5	62.5	1.3	0	0	37.5	62.5
成都胭脂红	19	3.6	21.0	5.3	5.3	68.4	4.3	26.3	31.6	36.8	5.3
日本菜薹	5	2.2	0	0	80.0	20.0	6.6	20.0	40.0	20.0	20.0
OF系统	132	2.6	3.8	13.6	34.8	47.8	2.4	3.0	6.0	51.0	40.0
84系统	19	0.9	0	10.5	10.5	79.0	4.2	21.1	36.8	36.8	5.3
$\bar{x}$		1.84	4.86	5.39	31.74	57.94	4.0	9.72	22.71	40.91	26.9

注：各区间所占比例是指所测定株的亲和指数在10以上、5～10、1～5和1以下测株占总株数的百分比。

（3）自亲不亲和系选育程序。一般选育自交不亲和系需按以下步骤进行。

① 选择品种。在选种圃中种植所有引进材料，记载主要植物学性状，然后根据育种目标的需要，选出3～5个品种，这几个品种应包含期望的杂种一代优良性状。每品种种植20～30株。

② S_0 代。种植入选株系各20～30株，并从中选择具代表性的植株自交。在3月上、中旬套袋自交效果较好，最好选将要开花或刚开花的枝条套袋，如有已开的花，需摘除干净。用30～35厘米长、10厘米宽的硫酸钠纸袋将花枝套于其中，每个袋可套2～3个枝条，袋内枝条开10～15朵花时取袋授粉。授粉前先将

已开花上部的大花蕾摘去2～3个，隔离已开花和上部花蕾，再将上面的花蕾剥开，令柱头露出，便于接受花粉。然后用毛笔取下面已开花的花粉，将已开的花和已剥开花药的花柱仔细授粉，使每个花柱柱头是都有足够的花粉。最后计数花数和蕾数，记于田间记录本上，在牌上写明编号和已授粉的花数和花蕾数。再在植株旁插入木棍或竹竿，将纸袋绑于竹木棍上。

③ S_1代。种植S_0代入选株种子，每份自交种子种植20～30株，选5～10株做花期、蕾期自交测定亲和指数，分别采种，计算亲和指数。每品种入选3～5个株系。

④ S_2代。种植S_1代入选株系，每个株系种植20～30株，选5～10株继续做花期、蕾期自交亲和指数测定，增加株间亲和指数测定，计算亲和指数后，每品种入选2～3个株系。在S_2代如发现较理想株系则可直接进入S_4代测试。

⑤ S_3代。种植S_2代入选株系，每株系种植20～30株，每株系选5～10株做花期、蕾期和株间测交。在去掉套袋后，如出现亲和指数较理想株系，可利用后期花蕾多做蕾期自交，以便采收更多种子，供后面试验之用。

⑥ S_4代。做配合力测定，先选用1个测交种，与所有株系杂交，选出4～5个较好株系。再做半轮配试验，根据半轮配结果，筛选组合。

一般3～5代可以育成自交不亲和系，同时筛选出优良杂种一代。

(4) 利用自交不亲和系的配种方法。

① 自交不亲和系×自亲不亲和系，正反交混合采种或分别采种。

② 自交不亲和系×自交系，只能用正交种。

③ 雄性不育系×自亲不亲和系，只能用雄性不育系上采收的种子。

(5) 选育自交不亲和系注意事项。

① 引进原始材料时，应将目前各地主栽品种都引进，并做初步观察，确定哪些是符合育种目标要求的品种，入选3～5个为重点对象。

② 做自交时，花期、蕾期自交，可以在同一枝条上进行，也可以一个枝条做花期，另一个做蕾期。但同一枝条上作操作较方便，花茎下面为花期，上面做蕾期。

③ 同一枝条上做自交时，宜于始花期一次套袋，并同时去掉已开的花。3～4天后去袋授粉，先将已开的花上部的已现黄的花蕾去掉2～3个，再将花蕾剥开，使其柱头外露，一般剥15朵左右，未剥的小蕾全部去掉，再用毛笔取下部花粉给已开的花和已剥的花柱头授粉。操作要仔细，授粉要充分，还要注意驱除昆虫，防止异源花粉污染柱头。

④ 自交2～3代后，衰退现象比较普遍，因此选留株系时，应向退化慢的株系倾斜。但要避免将生长特别强盛的杂株选上。

⑤ 测交花龄的选择。据马艳等（1998）测试，花期亲和指数与测交花龄有关。表 3-28 是 2 个株系不同花龄的测定结果。

表 3-28　不同花龄亲和指数测定结果

指数 \ 株号			1	2	3	4	5	6	7	8	9	10	$\bar{x}$
品种	SI07-10	当天	0.1	0.2	0.7	0.0	0.3	0.4	0.0	0.2	0.5	0.4	0.28
		3 天	0.2	0.2	0.7	0.0	0.3	0.5	0.0	0.2	0.5	0.3	0.29
		5 天	0.3	0.3	0.8	0.0	0.3	0.4	0.1	0.3	0.5	0.4	0.37
	SI24-3	当天	0.0	0.5	0.2	0.3	0.0	0.1	0.6	0.4	0.3	0.5	0.29
		3 天	0.0	0.5	0.3	1.0	0.5	0.1	1.2	0.4	1.3	0.5	0.58
		5 天	0.0	0.9	0.2	1.5	0.8	0.1	2.0	0.5	1.3	0.5	0.78

注：S 代表自交，下面数据代表自交代数，SI 表示自交不亲和系。

由表 3-28 中数据不难发现：①与开花当天测定结果比较，自交亲和指数以开花当天最低，开花 3 天者稍有提高，开花 5 天者提高稍多一点，但平均值未超过允许范围；②原始材料不同，其自交亲和指数提高的幅度有一定差异，SI07-10 比较稳定，SI24-3 变幅较大，其中有 3 株（4、7、9）甚至超出允许（1.0）范围。这个结果说明，开花当天至 5 天内测交结果，都是可行的。

（6）自交不亲和系快速选育方法。为了加快自交不亲和系育种进程，可以采用下面 3 种方法。

① 一年多代。如按照一年一代的速度，完成自交系选育和配合力测定，组合筛选，需 5～6 年。如果一年能完成 2～3 代，则育种进程可缩短为 2～3 年，详见第四章第五节有关论述。

② 利用仪器设备快速测定。在荧光显微镜下放大 10×20 倍，观察自交后的花粉形态，柱头上胼胝质和花柱中的花粉管数，重复 10 次；或在电子显微镜下观察花粉在柱头表面的发育状况，对确认自交不亲和的植株，再在田间做自交不亲和性测定，重复 3 个枝条，由操作熟练的人员操作。经过验证也不亲和的植株，只需一年便可筛选出自交不亲和株，下一代再测交观察有无分离，没有亲和性分离的株系，便可定为自亲不亲和系。

③ 在 S_0 代入选花期自交，根据十月红一号的测定结果（马艳等，1998），亲和指数在 0.5 以下的单株，在 S_1 代验证其亲和指数，其不亲和可靠性频率达 100%。所以，选择亲和指数在 0.5 以下的单株，便可快速育成自交不亲和系，指数越低可靠性越高（表 3-29）。

表 3-29　不亲和单株后代亲和指数统计

株号	亲和指数	后代指数	株号	亲和指数	后代指数
Os31-1	0.3	0.57	Os31-13	0.6	1.12
Os31-5	0.2	0.50	Os31-14	0.1	0.14
Os31-6	0.7	1.22	Os31-22	0.4	0.79
Os31-9	0.2	0.18	Os31-26	0.8	1.37

四、薹用白菜雄性不育系的选育和利用

（一）不育材料的探求

利用雄性不育系，可以配制杂交率100%而整齐度高的杂种，并且制种技术简单，是配制杂种的一种简单可行的方法。薹用白菜雄性不育系的选育起步较晚。

（1）从原始品种中寻找红菜薹雄性不育系的选育，于1985年才开始。晏儒来在6 845株十月红一号中，发现不育株98株，占总株数的1.43%；在410株十月红二号中，发现不育株5株，不育率1.22%。这些不育株至3月16日观察，有80株转变成可育株，属于温敏型不育，低温会诱导其不育。余下23株中，有13株为嵌合型不育，即同一株上的花，有的不育，有的可育，属于不稳定型不育材料，均不可取。另10株为全不育，用同品种可育株授粉，每株做3个枝条，分别用3个不同植株的花粉，共测交30个组合。秋季栽培观察，其不育率在0%～44.5%，取不育株率高的株系与其相应的父本株系花粉连续测交3代，最高不育率为48.5%，证明其属于核型雄性不育，不育率很难超过50%，用这种不育系作母本制种，要拔除其中50%以上的可育植株，制种产量低、成本高。如拔除可育株不及时，还会形成系内交的假杂种，因此其利用价值有限。

（2）雄性不育系转育。于1988年在付庭栋教授的指导下，开始转育其波里马油菜的雄性不育系，用大股子作转育载体，经4年6代，于1992年从240个测交种中获得3个不育率达100%的不育系，即0-1、0-2-2、0-8-9及其相应的保持系5-1-4、5-1-3和29-4-2。

原始不育系的育成，不等于马上可用来配制杂种一代的母本。还必须对熟性、品质、配合力、制种产量和抗病性等进行综合鉴定。已育成的3个不育系熟性都在80天以上，不抗黑斑病，且测交的几个F_1代优势都不够理想。

（3）雄性不育系再次转育。1995年，以抗病、早熟、耐热和菜薹无苦味为主要改良目标性状，选用了OF系（十月红二号×四九菜心）的一些早熟株系和十月红二号为转育亲本，选用不育系配的早熟杂种中（9405）的19个不育株作

母本杂交，在后代中坚持选不育率高的测交种继续用相应父本测交，经过 3 年 6 代的选择，于 1997 年育成不育率达 100%，且综合性状较好的不育系 9617A、9630A 和 9631A 及相应的保持系 9617B、9630B、9631B，经配合力测定，育成红杂 50 号、红杂 60 号、红杂 70 号 3 个杂种一代，见表 3-30。由于杂种一代产量高、商品性好、抗病性强和早熟，很快在生产中得以大面积推广，至今累积推广面积已超过 2 万公顷。不但开启了红菜薹雄性不育系选育的先例，同时为生产者创造了显著的经济效益。

表 3-30　几个杂种一代红菜薹品种比较试验结果

年份	品种	小区产量（千克）	每 667 米^2 产量（千克）	较对照增产（%）	从播种至采收天数
1998	十月红一号	10.64	1074.80	—	76
	红杂 50 号	22.87	2310.21	114.94	47
	红杂 60 号	24.63	2488.00	131.48	60
	红杂 70 号	14.68	1481.89	37.87	74
1999	十月红二号	11.23	1134.70	—	67
	红杂 50 号	12.80	1292.99	13.95	54
	红杂 60 号	15.80	1598.58	40.64	61
	红杂 70 号	13.22	1334.91	17.64	71

注：表中十月红一号系买来的种子，已不是标准的十月红一号。

（4）菜心雄性不育系的转育。晏儒来在深圳市农作物良种引进中心工作期间（1998—2003 年），在李健夫主任领导下，与王先琳、欧继喜、李永红和陈利丹等合作，将红菜薹细胞质雄性不育转育至广东菜心中，于 2001 年育成一批菜心雄性不育系，其过程如下：

① 测交。1998 年 11 月至 2000 年 3 月，用红菜薹不育系作母本，用 10 个不同类型品种菜心，即 45 天油青、特纯油青 49、香港特选 49、香港 50 天、中花黄 60 天、70 天特青、油菜 80 天、四九菜心、70 天特青和 80 天特青，作父本杂交。得 144 份杂交种子，每个枝为一组。

② 回交。2000 年，在内蒙古包头市农科所观察测交种。2001 年 4 月 2～13 日在大棚中播种，自交系晚播 10 天，成功 104 个组合。于 4 月 24 日定植至大田，5 月中、下旬开花，6 月下旬采种。

回交种生长旺盛，植株形态介于红菜薹和菜心之间，叶绿、菜薹和叶柄基部红，侧薹较多，不育率在 90%以上有 4 个，80%～90%有 7 个，60%～80%有 7 个，40%～60%有 31 个，20%～40%有 21 个，20%以下有 5 个，全可育的有 29 个。

回交一代的选择仍在包头市。2001 年下半年共种植 49 个株系 780 株，其中不育株 580 株，总不育率为 74.3%，从中筛选到全不育株系 12 个，形态逐渐接近菜心。自交系退化较明显，采用 3 株混合花粉授粉。

回交二代选择在深圳试验场进行。于 2001 年 10 月种植 41 个不育株系和对应的 41 份保持系，不育系共 721 株，其中不育株 608 株，总不育率为 84.3%，其中全不育株系 14 个，植株形态更接近菜心，菜心自交系用 3～5 株混合花粉授粉。

回交三代的选择。2002 年上半年在深圳试验场进行，共播不育株系 32 个，717 株，其中不育株 597 个，总不育率为 83.3%。全不育的株系 18 个，即 9901-3-6-1、9901-3-9-1、9901-5-1-5、9901-5-1-8、9902-12-2-5、9902-12-4-7、9903-8-6-4、9903-14-5-3、9903-14-4-5、9904-4-5-1、9904-14-8-4、9905-11-5-5、9905-11-5-7、9905-11-7-1、9905-3-5-2 等，及其相应的保持系 S02-12-2-5、S02-12-2-7，S04-4-5、S08-8-3-2、S03-3-5-1、S05-11-5-5、S03-14-5-5 等，至此雄性不育系的选育工作初步完成。

（二）配合力测定

配合力测定及组合筛选：选用 4 个较好的不育系即 smsms101、smsms102、smsms103、smsms104 及 Nmsms201、Nmsms202、Nmsms203、Nmsms204 等。每个不育系与 4 个自交系杂交，得 16 个杂种一代，编号为 021～036。杂种种子分为 2 套，一套在 2002 年 4 月 27 日播种在大棚中，6 月 1 日始收，6 月 19 日采收结束；另一套于 10 月 16 日播种，11 月 23 日始收，12 月 11 日收完，历时分别为 54 天和 56 天。2 次品比试验结果，在 16 个 F_1 代中 022、027 适于各个季节栽培，春夏表现较好的还有 024、025、029，秋冬栽培表现较好的有 036、034、028 等。不育系 smsms101、smsms103 已在菜心、白菜薹育种中广为应用。育成杂种一代有菜杂 1 号和白杂 2 号等，现正在推广之中。

根据以上育种实践总结归纳出薹用白菜雄性不育系选育的程序如下。

（1）雄性不育种质原始材料的引进。由于红菜薹、白菜薹和菜心同属于芸薹的白菜亚种，相互杂交授粉没有障碍，不育系的转育很容易，所以三者之间可以互相引用，其引进途径可以从以下 3 种途径入手。

① 向已育成不育系的单位购种。可用高价买少量不育系，最好是本变种内，如变种内无不育系，也可引进其他变种的不育系，再做自己的转育工作。

② 买雄性不育系配制的杂种一代。由于父本中普遍存在携带 Nmsms 保持雄性不育的基因，因此在不育系配的杂种中一定可以找到具有保持功能的植株，所以在 F_1 代中总有由这些植株授粉的植株，表现为雄性不育。现在市面销售的红

杂60号、红杂50号、红杂70号、华红五号、湘红九号、五彩红薹一号、鄂红一号和鄂红四号等，都带有不育基因，因此种植100～200株这些品种，就可从中找到不育株。但湘油一号中的不育性较好，不会因温度变化而变。

③ 其他途径还有很多。作为新品种选育的不育系，从以上2种途径引进不育原始材料足够，不必劳神费力用其他方法得到不育株。

（2）雄性不育系转育程序。

① 选择载体。即根据育种目标选择被转育品种，目标性状很多，要抓最主要的1～3个性状，如熟性、产量、品质和色泽等。最好选用3～5个品种或株系进行转育。

② S_0代杂交种的配交。将携带雄性不育基因的材料和被转育材料（父本）同时种在一块地里，待开花时，在3月10日前选择符合育种目标的不育株和父本株进行杂交，一般选用不育株10～20株（小规模）或30～40株（大规模）和4～5个父本，每个父本均与10～20株杂交，用不同的植株重复2～3次，得F_1代80～200个组合（40～100个×2＝80～200个组合），父本套袋自交采种。

③ F_1代的筛选。将F_1代种植于选种圃，每个杂种种植20～30株。开花期统计总植株数和不育株数，求出不育率，筛选不育率高的株系20～30个，用父本回交。注意每个父本品种的后代都有不育系，这样可保证不育系的多样性，为以后杂种一代的选配创造条件。

④ 回交及回交世代的选育。种植F_1代的回交种20～30个，每个不育株系种植20～30株和相应的父本。先统计不育率，选不育率高的株系，从中选择综合性状好的植株20～30个与相应父本回交。选不育株的时间武汉宜在3月10日前进行，因为3月10日以后易产生温敏型不育。杂交时间最好在盛花期进行。如此进行2～3代回交，在回交世代中都有可能出现高不育率（100%）的株系。如果有100%不育的株系，即可定为雄性不育系，其父本即保持系。

⑤ 雄性不育系的选择及扩繁。发现5～10个不育系后，即停止对不育系的筛选，而进入不育系的选纯和扩繁。选纯主要是选整齐一致的植株，此时每个不育株系均宜种在隔离区或有蜜蜂等授粉昆虫的网棚内，植株要在100株以上。保证入选株在50株以上，群体太小易退化。此时父本退化比不育系要严重，所以要特别注意选择生长强健的植株50株以上，扩繁即将不育系先繁殖到100克以上，待配合力测定以后，选配合力强的或出现优良杂种一代的不育系，再扩繁到配制杂种3～5年需要的种子量，其数量视杂种一代的规模而定，一般需3～4千克，而父本有1千克即足够。

（三）优良组合筛选

当薹用白菜选定雄性不育系以后，便可做配合力测定和筛选优良杂种一代，即异源自交系或准备作父本的品种3～5个，与所有不育系进行人工杂交，可得杂种一代30～50个，下一代进行观察和产量统计。根据杂种一代的表现入选4～5个不育系于下一代再做半轮配杂交，方法如下：

即：A×B、C、D、E

B×C、D、E

C×D、E

D×E

其组合数可用$\frac{1}{2}P(P-1)$求出。

5个亲本半轮配组合数为$\frac{1}{2}\times5\times(5-1)=10$

6个亲本半轮配组合数为$\frac{1}{2}\times6\times(6-1)=15$

在田间做品比试验时，10个以内比较好安排，超过10个则比较麻烦。不育系测交作父本时也可用异源保持系。

半轮配测定结果，不仅筛选出配合力高的不育系和父本，同时也找到杂种优势最强的组合，即育种者理想的杂种一代。

（四）用雄性不育系的配组方法

雄性不育系由于雄性不育，它在配组时只能作母本，其配组方法有以下4种组合方式：

（1）雄性不育系作母本与自交不亲和系作父本配制杂种一代。这种组合可将父本种子产量降到最低，当父本为非生产品种时，这样配制杂种一代是最优的组合方式，其效益是最高的，因为父本种子是要报废的。

（2）用雄性不育系作母本与自交系配组，生产杂种一代。这种组合适用于父本可作商品种子销售的组合，种子总产量可能较高，但杂种种子比前者低。

（3）用雄性不育系作母本，用常规品种作父本配制杂种一代种子。这种组合，种子总产量是最高的，但由于父本生长势很强，在田间所占空间太大，影响不育系生长，所以不育系种子所占比例最低。

（4）用不育系作母本，用异源保持系作父本配制杂种一代。其F_1代也可能是雄性不育的。

到底采用哪种方法制种，需根据育种者手中所具备的亲本而异，掌握的材料越多，则配组的自由度更大。

五、加快育种的途径

按照常规程序，不管哪种方法从育种开始至新品种问世，一般都需6～8年的时间，而充分利用各种有利条件，则有可能在 3～4 年就出品种，其方法有以下 6 种：

（1）一年多代。红菜薹、菜心和早熟白菜薹在长期进化、变异和人为选择的育种过程中，其冬性渐渐削弱，易抽薹开花性得到加强，菜心几乎不需要低温影响均可抽薹开花，在 90～120 天就可完成一个世代，红菜薹、白菜薹的早熟品种也是如此，晚熟品种需要的时间稍长。这是加快育种的有利条件。

（2）利用不同纬度加代。菜心雄性不育系的转育就充分利用了这个条件，当 S_0 代种子获得后，在包头市农科所于 2001 年 4～9 月完成了 2 代的选育，在深圳、广州和海南 1～3 月可完成 1 代，10～11 月也可完成 1 代，这样一年可完成 4 代的选育工作。自交不亲和系的选育 3 代即可稳定，雄性不育系的转育 4 代即可完成，自交系的选育 2～3 代即可完成，有性杂交育种 5～6 代可以完成。因此，利用纬度差异 2～3 年可完成一个轮回的育种工作。

（3）利用不同海拔高度加代。在我国无论南方、北方都有高山和平原河谷地带。海拔差异是每升高 100 米，温度下降 0.6 ℃。以湖北省为例，当武汉（海拔 22.8 米），6～8 月，气温在 26～29℃，十字花科蔬菜不能正常生长。而在海拔 1 000 米的利川，气温却在 20～23 ℃，较适于十字花科蔬菜生长。海拔 1 800 米的气温在 15.7～18.4 ℃，最适于十字花科蔬菜生长。因此，在湖北省一年也可完成 3 代选育工作，2～4 月在武汉或江汉平原完成 1 代，5～8 月在高山完成 1 代，9～12 月再在平原地区完成 1 代。

（4）提早采种。由于育种早期世代所需种子不多，所以每代种子只采收基部种子即可，而且早采种子基本没休眠期，种子变硬即可采收播种，这样可缩短 10～15 天左右。

（5）种子处理。经发芽试验 2～3 天不发芽出苗后，可用 0.05～0.1 微升/升赤霉素浸发芽床，发芽率可提高至 80％。

（6）小孢子培养成苗。就是利用花粉粒，在特定技术条件下培养出幼苗，这样可减少分离世代，使杂种后代快速稳定。

第四章 薹用白菜种子生产

第一节　品种权及品种审定

良种繁育是迅速扩大新品种种子的数量和提高种子质量，以满足生产需要的全过程。它是决定一个新育成品种或新引进的优良品种，能否尽快地得以推广应用的关键。良种繁育的目的，是向生产者提供足够数量和高质量的种子，同时也要防止品种混杂退化和保持优良种性为主要内容。第四章就是讨论薹用白菜良种及良种繁育的基本原理和方法以及现行的良种繁育体系和制度等问题。

一、概述

美国是世界上在知识产权方面，给予植物新品种实际保护的首创国家。1930年5月23日，美国的植物专利法出台，将无性繁殖的植物品种（块茎植物除外）纳入了专利保护范畴，于1931年8月18日授予了第一个植物专利。法国、德国、荷兰、英国和比利时等，也相继在探索保护育种者权利的问题，并于1961年在法国巴黎签署了保护植物新品种的“日内瓦公约”，并组成了植物新品种保护联盟（UPOV），公约经英国、荷兰和德国批准于1968年8月10日正式生效。植物新品种保护联盟作为政府间的国际组织，主要是协调和促进成员国之间在行政和技术领域的合作，特别在制订基本的法律和技术准则、交流信息、促进国际合作等方面发挥着重大作用。

我国于1985年开始实施《中华人民共和国专利法》，但至1997年10月1日才发布实施《中华人民共和国植物新品种保护条例》（简称为《新品种保护条例》）。我国于1999年4月加入国际植物新品种保护联盟，成为该联盟的第39个成员国。于1999年4月23日起受理国内外植物新品种申请，并已经对符合条件的申请授予了植物新品种权。

对植物新品种权的司法保护，在农业上是一个崭新的领域，做好这项工作不仅有利于建立我国自己的植物新品种优势，也将为农业、林业的快速发展提供有力的司法保障。

二、植物新品种权和品种权的归属

（一）植物新品种权的概念

植物新品种，是指经过人工培育的或者对发现的野生植物加以开发，具备新颖性、特异性、一致性和稳定性并有适当命名的植物品种。植物新品种权是指完成育种的单位或个人，对其授权品种享有排他的独占权。未经品种权人的许可，任何人不得以商业为目的生产和销售授权品种，不得为商业目的将授权品种的繁殖材料，重复使用于生产另一品种的繁殖材料。

申请品种权的单位或者个人，统称品种权申请人；获得品种权的单位和个人统称品种权人。

（二）植物新品种权的归属

（1）职务育种品种权的归属。执行本单位的任务，或者主要是利用本单位的物质条件所完成的职务育种，植物新品种的申请权属于该单位。

执行本单位的任务所完成的职务育种是指：①在本职工作中所完成的育种；②履行本单位交付的本职工作之外的任务所完成的育种；③退职、退休或者调动工作后，3年内完成的与其在原单位承担的工作或者原单位分配的任务有关的育种。

本单位的物质条件是指本单位的资金、仪器设备、试验场地以及单位所有或者持有尚未允许公开的育种材料和技术资料。

（2）非职务育种品种权的归属。“非职务育种，植物新品种的申请归属于完成育种的个人。申请批准后，品种权属于申请人”。非职务育种是指单位的职工完成的育种不属于本职工作范围，不是单位交付的任务，也不是利用单位的物质条件完成的。

（3）委托育种或者合作育种品种权的归属。委托育种或者合作育种，品种权的归属由当事人在合同中约定；没有合同约定的，品种权属于受委托完成或者共同完成育种的单位或者个人。

（4）植物新品种的申请和品种权的转让。一个植物新品种只能授予一项品种权。2个以上的申请人分别就同一个品种申请品种权的，品种权授予最先申请的人；同时申请的，品种权授予最先完成该植物新品种育种的人。在品种权期限内，除法律另有规定外，任何人未经品种权人许可，不得使用授权的品种，品种权的保护期限，自授权之日起，藤本植物、林木、果树和观赏树木为20年，其他植物为15年。品种权宣布终止后，任何人均可自由使用该品种。植物新品种权可以转让。

从上述内容可知，一个新品种在繁殖之前，首先应取得品种权人的许可，才可实施繁种任务。在未取得品种权人许可，繁殖、经销别人的品种是违犯种子法的行为，会受到法律制裁。

三、品种审定时报审品种条件

（1）报审品种必须经过连续2～3年区域试验和1～2年生产试验，并在试验中表现性状稳定，综合性状优良。

（2）报审品种的产量，要求高于当地同类型的主要推广品种原种的10%以上，或经统计分析增产显著者。或产量虽与当地同类推广品种相近，但品质、成熟期和抗逆性等一项乃至多项性状明显优于对照品种。

（3）为保证品种试验的准确性，报审品种选育单位或个人应能一次性提供足够数量的原种，一般为2公顷以上播种量的原种种子，并不带检疫性病虫害。

报审品种还需有品种来源、选育经过、区域试验和生产试验的完整材料，品种特征特性、纯度检验证明、品质分析鉴定材料、栽培技术要点以及主持试验和生产试验单位的意见，还要有品种植株、产品器官的照片或实物标本。

第二节　薹用白菜种子生产研究进展

近20多年来，随着薹用白菜种子用量的增加，种子研究工作者对其产量也就倍加注意，研究发表的论文也日益增多，本部分简要介绍这些研究论文的主要内容，供种子生产者参考。在本节中，薹用白菜常用菜薹代替，特此说明。

一、播期对种子产量的影响

华中农业大学晏儒来、陈禅友在1982—1983年对武汉红菜薹采种进行了分期播种。试验证明，播期不同对种株的抽薹、现蕾、开花和种子成熟期都有较大差异。但与播期的差异相比，却不一致，表现为生育前期差异大，抽薹至成熟阶段差距渐小，见表4-1。

表4-1　十月红一号不同播期的物候期和种子产量

播种期	出苗期	抽薹期	现蕾期	始花期	盛花期	末花期	成熟期	采收期	种子产量（千克/667米^2）
9月22日	9月27日	12月4日	12月5日	12月30日	2月14日	4月3日	4月20日	4月26日	55.65
10月7日	10月10日	12月30日	12月31日	2月2日	2月26日	4月5日	4月24日	4月27日	55.55

（续）

播种期	出苗期	抽薹期	现蕾期	始花期	盛花期	末花期	成熟期	采收期	种子产量（千克/667米^2）
10月22日	10月28日	2月2日	2月10日	2月18日	3月6日	4月6日	4月26日	5月7日	34.36
11月6日	11月12日	2月24日	2月25日	2月26日	3月14日	4月14日	5月8日	5月9日	19.34
11月22日	12月3日	2月26日	2月27日	3月1日	3月27日	4月14日	5月10日	5月12日	6.94

注：12月6日还播了一期，由于越冬时幼苗大部分被冻死，故未列入。

由表4-1中第一播期出苗期与第五播期出苗期相差65天，抽薹期相差82天，现蕾期相差63天，盛花期相差41天，成熟期却只相差20天。据此可以认为，十月红一号在武汉采种，不管什么时候播种，种子都在4月底至5月上旬成熟。

从表4-1的产量可知，第一播期（9月22日）种子产量每667米^{2}达55.65千克，第二播期（10月7日）为55.55千克/667米^2，二者近于一致。因此，生产中栽培条件较好时宜选10月上旬播种，栽培条件较差时宜选9月下旬。第三播期种子产量下降明显，为34.36千克/667米^2，第四播期为19.34千克/667米^2，第五播期为6.94千克/667米^2。这个结果是在固定一致的密度下得出的，如果改变种植密度，则后面播期的产量会有所提高，这在相关的报道中已得到证明。

二、播期、密度和施肥水平对种子产量的影响

晏儒来和郭青于1983—1984年做了这个试验，用的是正交设计试验，3因素3水平，即播期（10月1日、10月20日和11月3日），施肥量（底肥、底肥＋追肥1和底肥＋追肥1、2），栽植密度（每667米^{2}栽3 333株、6 667株和10 000株）。所施底肥为粪水3 000千克＋盖种堆肥2 500千克。选用Lg（3^4）正交表，重复2次，所得产量结果列于表4-2中。

表4-2 红菜薹种子产量直观分析表

表头设计	A	B	C	D	产量			
处理号＼列号	1	2	3	4	Ⅰ（g）	Ⅱ（g）	Tt（g）	折合每667米^{2}平均产量（千克）
1＝$A_1B_1C_1$	1	1	1	1	428.5	312.5	741.0	61.78
2＝$A_1B_2C_2$	1	2	2	2	446.0	456.5	902.5	75.25

（续）

表头设计	A	B	C	D	产量			
列号/处理号	1	2	3	4	Ⅰ (g)	Ⅱ (g)	Tt (g)	折合每667米^{2}平均产量（千克）
$3=A_1B_3C_3$	1	3	3	3	582.0	468.5	1 050.5	87.59
$4=A_2B_2C_3$	2	1	2	3	311.5	258.5	570.0	47.52
$5=A_2B_2C_3$	2	2	3	1	327.5	415.5	743.0	61.94
$6=A_2B_3C_1$	2	3	1	2	316.5	80.0	396.5	33.06
$7=A_3B_1C_3$	3	1	3	2	256.5	86.0	342.5	28.56
$8=A_3B_2C_1$	3	2	1	3	68.0	84.0	152.0	12.67
$9=A_3B_3C_2$	3	3	2	1	59.5	86.5	146.0	12.17
T_1	224.62	137.86	123.4					
T_2	142.52	149.86	134.94					
T_3	54.40	132.82	178.09					
t_1	74.87	45.95	41.13					
t_2	47.50	49.95	44.98					
t_3	17.80	44.27	59.36					
R	57.07	5.68	18.23					

从表4－2中所列产量可求出3个播期的极差为57.07千克，3个施肥水平的极差为5.68千克，3个种植密度的极差为18.23千克。由此可知，不同播期对产量的影响最大，以10月1日播种产量最高；播种密度对产量影响次之，以每667米^{2}栽10 000株产量最高；施肥水平对产量的影响较小，以底肥＋追肥Ⅰ产量稍高。3因素最优处理组合为$A_1B_2C_3$，试验结果是$A_1B_3C_3$，每667米^{2}达87.59千克。

1986—1987年，于10月11日播种，设每667米^{2}栽0.6万株、1万～2万株和1.8万株，结果种子产量分别为18.87千克、22.1千克和27.21千克。由于播种稍晚，管理一般，所以种子产量较低。

1992年，李锡香和鲁德武又对杂交红菜薹种子生产做了播期试验，分9月16日、9月26日和10月6日做了制种试验，结果以第一播期种子产量最高，9月26日播种者次之，最后一个播期产量最低。

晏儒来和周建元于1986年11月11日播种，行距40厘米，窝距16.67厘米，每小区6.6米^{2}5行60窝直播，分每窝1株（每667米^{2}为1万株）、2株（每667米^{2}为2万株）、3株（每667米^{2}为3万株），3次重复。结果显示，3万株者小区产量最高，为272.1克；2万株者次之，为221.0克；1万株者最低，为178.7克。

三、种子产量与构成性状的关系

陈禅友于1983年用9月22日播种的大株和11月6日播种的小株的种子产量与其构成性状进行了回归估计，其结果列于表4-3和表4-4。

表4-3 十月红种子产量及其构成性状数据统计（大株）

性状	各株号的统计值						种子产量与各性状间的回归方程	F值
	1	2	3	4	5	6		
一级分枝数	7	9	8	12	9	13	$\hat{y}=4.860x-18.51$	3.28
二级分枝数	35	31	24	46	38	72	$\hat{y}=0.910x-8.53$	17.30*
一级枝花数	534	633	323	550	465	812	$\hat{y}=0.654x-331.0$	3.62
二级枝花数	1 788	1 354	557	1 436	1 416	2 406	$\hat{y}=0.025x-8.54$	14.83*
一级枝果数	404	316	198	478	372	649	$\hat{y}=0.058x-9.32$	0.79
二级枝果数	1 284	682	350	1 240	1 125	1 696	$\hat{y}=0.0352x-8.63$	150.89**
一级枝座果率（%）	75.6	49.9	61.3	86.9	80.0	79.5	$\hat{y}=0.996x-43.42$	7.68
二级枝座果率（%）	71.8	50.3	62.8	86.3	79.4	70.5	$\hat{y}=7.66x-508.79$	2.62
全株总花数	3 536	3 136	1 071	2 817	2 775	4 200	$\hat{y}=0.013x-9.21$	6.23
全株总果数	2 432	1 496	660	2 243	1 916	2 815	$\hat{y}=0.021x-12.18$	32.97**
全株座果率（%）	68.8	47.7	61.6	79.6	69.0	67.0	$\hat{y}=1.013x-37.69$	2.59
种子产量（克）	33.0	12.0	6.2	37.0	32.0	52.5		

注：种植密度为每667米^{2}栽3 368株。

表4-4 十月红种子产量及其构成性状数据统计（小株）

性状	各株号的统计值						种子产量与各性状间的回归方程	F值
	1	2	3	4	5	6		
一级分枝数	2	3	3	3	5	5	$\hat{y}=2.10x-1.90$	4.15
二级分枝数	4	6	8	6	6	13	$\hat{y}=0.884x-0.86$	8.88*
一级枝花数	50	80	87	113	150	179	$\hat{y}=6.79-0.012x$	11.88*
二级枝花数	75	98	130	140	82	261	$\hat{y}=0.044x-0.31$	9.95*
一级枝果数	37	61	57	89	125	149	$\hat{y}=0.073x-0.87$	13.76*
二级枝果数	52	60	81	102	60	192	$\hat{y}=0.061x-0.092$	15.04*
一级枝座果率（%）	74.0	76.2	65.5	78.7	83.3	83.2	$\hat{y}=0.41x-26.22$	5.70
二级枝座果率（%）	69.3	61.2	62.3	72.8	73.1	73.6	$\hat{y}=0.42x-23.41$	3.08
全株总花数	173	178	300	366	232	566	$\hat{y}=0.107x-26.97$	11.22*

（续）

性状	各株号的统计值						种子产量与各性状间的回归方程	F值
	1	2	3	4	5	6		
全株总果数	97	121	172	244	185	417	$\hat{y}=0.029x-0.56$	27.63**
全株座果率（%）	56.1	68.0	57.3	66.7	79.7	73.7	$\hat{y}=0.26x-11.95$	3.05
种子产量（克）	2.3	4.2	2.0	7.0	5.5	11.7		

注：种植密度为每667米^{2}栽3 368株。

表4－3和表4－4的统计数据说明，十月红一号的大株种子生产、种子产量与二级枝分枝数、二级枝花数、二级枝果数、一级枝的花数、一级枝果数及全株总花数、全株总果数等都显著关系。小株单株产量为2.3克、4.2克、2.0克、7.0克、5.5克、11.7克，平均为5.45克。

按照表4－3和表4－4所提供的回归方程，可以根据期望产量$\hat{y}$求出x，也可根据自变量x求出$\hat{y}$。以大株二级分枝数为例，其回归方程为$\hat{y}=0.910x-8.53$。假如二级分枝数为50，则$\hat{y}=0.910\times50-8.53=45.5-8.53=36.97$克。即单株二级分枝数为50个时，其种子产量（$\hat{y}$）可能接近株产36.97克。那么，希望株产50克时，则方程$50=0.910x-8.53$，换算成$x=\frac{50+8.53}{0.91}=64.3$个二级分枝。就是说，应通过栽培措施保证单株二级分枝数平均达到64.3个分枝。经过栽培技术的研究，分枝数是可以控制的，至于后面的开花、结果则很难控制。所以，虽说全株总果数与产量的关系达极显著水平，实际操作中却无法应用。

至于那些与产量的关系不显著的性状，则不宜作为估算值来应用，因为用其估算出来的结果可信度较低。

四、摘心处理对种株生长和产量的影响

1986—1987年，晏儒来和蒋双静做了掐薹对种子产量的影响试验，设不掐薹、掐主薹和掐二次薹3个处理，小区面积5.28米^2，每小区栽4行，每行10株，重复3次。掐薹方法，掐主薹为主薹抽出后留3～5个侧枝掐头，掐二次薹者在侧薹上留3～5节掐头。测产结果为不掐薹者产量最高，为397.1克；掐主薹者次之，为333.9克；掐二次薹者产量最低，为252.0克。试验中掐薹处理降低产量，可能与掐薹时间和方法不当有关。而徐新生（2003）在主薹刚出2～3厘米时摘心，可促进侧薹早抽，且生长整齐一致，种子产量较不摘心者增加25.2%以上。

五、红菜薹种株采收适期

华中农业大学叶志彪等（1994）研究认为，种株不同采收期对种子产量和种

子质量都有重要影响。结果显示，红菜薹十月红一号品种在种株最老熟荚果内籽粒变色后13天为最佳采收期。

种子采收期设4个处理：每处理小区16米^2，3次重复。处理1：以种株最老荚果内籽粒为橙红色时采收。处理2：籽粒变色后6天采收。处理3：籽粒变色后13天采收。处理4：籽粒变色后20天采收。

结果显示，处理1种子产量为776.5克，处理2为935.2克，处理3为956.0克，处理4为826.7克，以处理3产量最高。种子千粒重4个处理分别为1.47克，1.61克，1.92克，2.01克，随采收期推迟千粒重递增；发芽率分别为86.0%、62.3%、64.7%、65.3%，以处理1采收芽率最高。发芽率普遍偏低，可能与休眠物质有关，第一次采收时种荚较嫩、休眠物质形成较少，所以芽率较高。

六、种子大小和种皮色泽对种子质量及后代薹产量的影响

李锡香和胡淼（1995）就红菜薹种子大小和种皮颜色对种子的发芽势、发芽率以及红菜薹植株的熟性、株平均薹数、单株薹重、单位面积薹产量的影响进行了研究。结果表明：

（1）大粒种子的简化活力指数、株平均薹重、薹数及单位面积的薹产量均显著或极显著高于小粒种子；而且大粒种子植株现蕾比小粒种子植株早4～5天。但种子大小对发芽势、发芽率无影响。

（2）深褐色种子的发芽势、发芽率、简化活力指数均显著或极显著高于深红色和灰褐色种子，但种皮颜色对植株熟性、株平均薹数、薹重、单位面积薹产量没有影响。

（3）各处理中，大粒深褐色种子的发芽率和活力最高，而植株熟性及薹产量主要决定于种子大小。

七、种株大小及繁种地点的选择

（一）种株大小与采种的关系

在武汉自1984年开始，每年都有选种采种任务，24年从没有失败的，至于种子产量存在高低之分是正常的。成功的关键技术是：

（1）用残株采种时，于大田播种选株后，挖大蔸移栽至大棚中，移栽前挖20～25厘米深的坑，坑内撒复合肥，将种蔸置于坑内后盖土、浇水，即可成活，且生长很好，主要用于选原种和原原种或杂种一代亲本。产量低。

（2）大株采种。大株采种的关键技术是播种期的确定，最适播期是9月底至10月初。条件差的于9月下旬播种，条件好的在10月上旬播种，在一定的栽培条件下都可长成大株。经过2008年2月的冰冻灾害都可顺利采种，且抽薹开花

很好。产量在40～50千克/667米²。

(3) 小株采种。武汉地区小株采种应在10月底至11月上中旬播种，每667米² 种1万～2万株，可确保成功，种子产量高低与肥水条件等因素有关。一般在25～40千克/667米²。

（二）采种地点对采种的影响

于1990年和2004年先后2次在海南繁种都失败了。1990年为软腐病所毁灭，2004年为斜纹夜蛾所毁灭，每周打一次药也没治住，最后吃得只剩老茎秆。

1999年在深圳也做了红菜薹采种试验，于8月26日播种，9月18日定植，12月上旬采收。但由于定植后经受3次台风侵袭，死苗缺株严重，产量很低。如果安排在10月播种，翌年3～4月采收，则效果会较好。

在山东繁种多采用春播夏收，都采用大株、中株采种。农民繁大白菜种多，很有经验，栽培管理精细，每667米² 有12克母本、6克父本即可。一般鲁中地区于1月下旬播种，3月上中旬定植，6月中、下旬采收。种子产量较武汉增产50%～100%，而且种子质量比武汉高。

在甘肃兰州地区采种比山东采种产量还高15%～20%，每667米² 可产籽120～150千克。种子质量也很好，也是春播夏收，但比山东晚采收10～20天。

（三）南方菜心北方制种技术

据辽宁省锦州市良种繁育中心（2012）研究，在当地制种主要注意：

(1) 隔离距离：注意与白菜类几个变种间采种田间距离需保证500～1 000米。

(2) 种株播种期：锦州地区为3月下旬至4月初，6月下旬至7月初采收。

(3) 种植密度：种株按行距20厘米，株距5～9厘米，每667米² 保苗8 000～10 000株。

(4) 种株栽培管理：主要是中耕、除草、施肥、灌溉和防治病虫，需根据当地情况及时跟上。

(5) 采收方法：选晴天，在早晨夜露未干时收割，刀刃要锋利，收割的种株不要带根，以免混进土块。也可拔起来后，用菜刀剁掉带土的根。种株后熟后，晒1～2天即可加工调制、晒干和贮藏。

中山大学生物组（1959）认为留种菜心栽培，适于在11～12月播种，现蕾后进行选择，翌年2～3月采种，母株选择的标准为：

(1) 薹圆而结实，菜薹的上、下部横径大小一致，不呈鼠尾状。茎色青绿，柔润而光滑，皮薄而质爽脆，肉质饱满而纤维少。薹高一致，花期一致，具本品种的特征特性。

（2）早熟种宜选密节，叶子狭长，叶端较尖，叶色淡绿的植株。中熟、晚熟品种留种，宜选疏节（基节宜密）、叶色浓绿的植株。

（3）选花球、花蕾多和籽粒大的植株。

（4）选无病虫为害的植株。

第三节　薹用白菜品种的混杂退化与复优

优良品种在多代繁殖过程中，由于种种原因会逐渐丧失其优良性状，失去原品种的典型性、一致性，这种现象通常称为品种退化。

品种退化的具体表现有产量降低、品质变劣、熟性改变、生活力降低、抗逆性减弱、性状极不整齐，甚至完全丧失品种的典型性。例如，十月红二号其熟性是播种后 65 天开始采收，可现在有的种子店卖的十月红二号 80 多天才开始采收；还有的将十月红一号（有蜡粉）和十月红二号（无蜡粉）搞混了，统称为十月红，结果田里的植株菜薹上有的有蜡粉，有的无蜡粉。同种异名、异种同名现象比比皆是，因牵涉到一些种子店的利益，这里不便一一列举。

一、薹用白菜品种混杂退化的原因

薹用白菜品种混杂退化原因比较复杂，人为造成的混杂是主要的，其次才是由昆虫串花引起的生物学混杂以及环境的压力造成某些遗传基因的突变或漂移。本来人为因素是可以控制的，然而由于国家对蔬菜种子的管理不及主要农作物那么严格，所以一些种子经销商可以拿任何种子、任意命名包装经销。本部分将讨论薹用白菜品种混杂退化的具体原因。

（一）人为造成的混杂退化

（1）制造品种的混乱。乍听起来，有点不合情理，可又确有其事，那些同种异名的种子是怎么来的，都是经销商叫出来的。如十月红二号推广到沙市后，就随意命名为九月鲜，在武汉市郊还有人将其当作 8902 卖，而 8902 又叫华红一号是华中农业大学育成的 50 多天采收而且有蜡粉的杂种一代品种，竟然有人用一个无蜡粉的常规品种去冒充。红杂 60 号才出来时，大东门有 6 家商店卖红杂 60 号，其中只有 2 家是特约经销商，其余 4 家不知用的什么品种冒名顶替。也有人去汉川、天门等地种植红杂 60 号的菜农家收购杂种一代种子当红杂 60 号的种子卖，杂种二代虽然种出来还是红菜薹，但性状会发生严重分离，田间的植株就是一个混杂的群体。制造品种混乱的人们，有的是明知故犯，因为他们知道上述情况是错误的，这部分人应该努力提高道德素质；另一些人由于业务知识懂得少，还以为杂种一代的种子也可作种，希望他们可以多学习一些蔬菜种子生产知识，以避免出更大问题。

（2）原种或亲本不纯。一般而言新品种育成时，其主要性状都是较整齐一致，若是杂种一代其亲本也是很纯的，然而当一个品种推广三五年，其原种和亲本使用多代没做严格选择时，肯定会发生许多变异。这些变异中有好的变异，也有对人们不利的变异，但不管是好的还是不好的变异都与原品种不一致，应该及时淘汰，如果得不到及时清除，逐代累积起来，原来优良的品种或亲本就会退化成一个混杂的群体，失去原品种的优良特性。这就是为什么现在市面上有的种子店销售的十月一号（有蜡粉）和十月红二号（无蜡粉）统称十月红，肯定是所销售的种子中这 2 个品种混了，商家又不想或没能力将这 2 个品种分清楚，只好称之为十月红。

为什么 20 年前 65 天左右采收的十月红一号、十月红二号现在都变成 80 多天采收了，就是因为缺了原种生产这个严格选择的过程。在红菜薹群体中，晚熟一些的植株抽薹多、产量较高，种子产量也高一些，如果让不懂技术或不知道品种特征特性的人去选种，就会将这些已经变异了的植株选来留种，逐渐累积原品种的早熟性便不存在了。一般而言，一个品种或亲本、重复繁殖使用 3～5 次后，就应及时进行提纯复优。

（3）选留种的方法不对。一个品种对其他品种所显示的性状的特异性称为品种特性。相对武汉地区红菜薹老品种大股子、胭脂红、一窝丝而言，十月红一号、十月红二号最突出的特性就是早熟性，比老品种提早 20 多天开始采收，而由于许多种子经销商们恰恰是对这个性状没注意选择，而使经过多年改良了的新品种又退化成原来的熟性。菜心品种中许多早熟品种都来自四九菜心，如不注意，新品种的特性就会丢失而返回四九菜心。

正确的选留种方法应该是将该品种的主要优良性状选准，并根据这些性状的重要性排列，重要的排在前面先选，再选次重要的性状，依次选下去。需要考虑的性状有熟性迟早、蜡粉有无、初生莲座叶数、次生莲座叶形、主薹长相、子薹（侧薹）数、孙薹数、薹叶数、薹叶形、薹叶长短、薹长、薹粗、薹上有无分枝。这里分别做简要说明。

① 熟性。是指从播种至 50％植株采收主薹的天数，如红杂 60 号就是播种后的 60 天左右开始采收。一般而言，薹用白菜的熟性应在最适宜的栽培季节进行栽培鉴定。在红菜薹良种提纯复优选种时，熟性应排在前面进行选择，因为此性状最易发生变化，种植季节不同、种植地区不同、肥水条件不同等都会影响熟性。观察熟性应在生产季节进行，武汉地区应在 8 月 20 日左右播种，早播者不宜到 8 月 10 日以前，晚播的不宜晚至 9 月 10 日以后。过早或过迟所观察的熟性天数可能都会出现偏差。从 8 月中、下旬往后分期播种时，植株会逐步变小，产量也会逐渐降低。8 月下旬至 9 月上旬播种者都可形成大株，10 月上、中旬播种

者只能长成中等大小的植株，而11月至翌年开春播种者只能长成小株。所谓大株，即达品种正常生产时的大小；中株的植株莲座叶、子薹都比大株少，植株也相对小一些；小株则未形成莲座叶就抽薹，基部没有或很少有子薹抽出，主薹至一定高度才抽生分枝。原种生产过程中对熟性的选择的前2～3代，应在大株期选择，以后的选择可在中株期进行。

不管植株有多大，选择都是以主薹始花为采收的标准，而且以主薹开第一朵花为标准。假如提纯复优的品种生育期为65天左右的十月红一号、十月红二号，播种期为8月20日，在保证其生长发育良好的前提下，应该在10月25日这天选株。由于各种因素的影响，不可能在这一天所有植株都抽薹开第一朵花，可以按要求的严格程度确定一个时间跨度如5天、7天或9天，在规定日期内抽薹开第一朵花的，都可入初选株。要求严格者在5天内选株，5天以外的都淘汰；稍宽松一点的可用7天或9天，就是以65天为准，向前、向后提早或推迟3～4天内选。提早播种发病率提高，推迟播种熟性发生变化，对选种不利。

从本质上讲，品种特性取决于该品种所具有的遗传结构，但其在不同环境下的表现型是会有变化的。因为由基因支配的性状，其表现能力或多或少受到环境的影响，所以要根据特性来比较所选材料的优劣，就必须在最有利于表现该特性的环境下进行鉴定。

不同地理位置，如纬度、海拔不同的地区引种栽培后，对其熟性肯定有大小不同的影响，凡有利于春化通过的生态环境，都有促进早熟的作用。如在宜昌地区的长阳文家坪（海拔1 670米）栽培红菜薹肯定比宜昌市郊早熟，在北方栽培也应比南方早熟，不过北方还与播种期有关。根据生产实践证明，同一品种在同一地点种植，其熟性也有差异，这就是因为不同年份气候条件的差异所致，也是前面为什么强调要用大株选2～3年的原因。

② 蜡粉。为叶柄和菜薹上被覆的一层薄薄的白粉。有的品种有，有的没有。在有粉品种中，粉有的较厚，有的较薄。据观察，有粉品种在散射光下生育比在有阳光直射条件下差，而无蜡粉品种在阳光直射下和散射光下生长发育无明显差异。有些老农认为有蜡粉品种比无蜡粉品种耐寒性稍强。

③ 莲座叶数。主要是指初生莲座叶的数目，即主薹基部的肥大叶片数，是品种的重要特征，一般有5～10片，早熟品种少，晚熟品种多。这些叶片是影响前期产量的功能叶，其生活力强弱直接影响主薹和子薹的产量。叶形一般大而圆，当其形态渐尖时，则预示主薹将抽出。初生莲座叶叶柄的长短直接影响植株的开展度，叶柄长则植株大，反之则植株较小。选择时均应以原品种为标准。

④ 主薹。每株有主薹1根，前面已经讲过，主薹有3种生长状况，一是正常态，二是半退化态，三是退化态。退化的主薹生长势弱，且易硬化常形成纤细薹，食用价值差。形成退化薹的主要原因是薹叶太少，因此在品种提纯复优时注

意选薹叶 4～5 片，主薹较粗的作种株繁种，便可逐步改良这一性状。

⑤ 次生莲座叶。即侧薹（子薹）基部短缩茎上簇生的叶片，采收子薹时留下的叶片，先于子薹抽出，子薹采收后仍留在薹座上，与初生莲座叶一起形成一个庞大的叶群，其叶腋间抽生再生莲座叶和孙薹。当孙薹抽出和采收时，初生莲座叶逐渐衰老，此时次生莲座叶便成为植株的主要功能叶。依品种不同，每侧薹基部有次生莲座叶 3～7 片，宜选 3～4 片者为好。这种叶太多，孙薹抽生慢，而且薹较纤细，品质不佳。次生莲座叶的叶形一般有圆形、长圆形、尖心脏形、宽三角形和窄条形等，可根据品种特征进行选择，次生莲座叶叶形比初生莲座叶小得多。但次生莲座叶数量多，而且寿命长，呈密集丛生状。

⑥ 子薹。从初生莲座叶腋中抽出的薹，是主要的产品器官。不管什么品种，子薹都长得粗壮、柔嫩。每个植株上能抽出的子薹常与初生莲座叶叶数相等，但当植株功能叶很好，营养充足时，初生莲座叶下面的叶腋也可能抽出 1～2 根子薹，反之，如果植株生长不强，叶的功能较差时，初生莲座叶叶腋中的叶芽也可能有 1～2 个芽抽不出来，或抽出来后形成不了正常的产品器官，无商品价值。在选株时，子薹应选薹色鲜艳、薹叶 4～5 片、薹叶小、叶柄短的为佳。特别要注意淘汰那些薹叶柄长的植株，一是因为叶柄品质差，二是影响菜薹的卖相。

⑦ 再生莲座叶。从薹座上子薹残桩上叶腋中长出的叶片即再生莲座叶，一般 1～3 片不等。多数比孙薹先形成，也有与孙薹近于同时抽出者，视品种而异其数不少，但叶形较小，虽也为功能叶，但其作用比次生莲座叶小得多，有时在孙薹采收时，被采收掉。选种按品种特征要求选择。

⑧ 孙薹。从再生莲座叶叶腋中抽出的薹，其数目比子薹多，但薹形较小，也是主要的产品器官。在选种时宜选那些薹较长、较粗，薹数在 10～20 根的单株。薹叶要求与子薹相同。

⑨ 薹长。品种间差异大，受栽培环境影响也大。不管哪一级薹，红菜薹以 25～35 厘米，白菜薹以 20～35 厘米，菜心以 15～25 厘米左右始花采收较好。太长品质下降，太短产量低。当种植较密、植株长得好和莲座叶很高时，菜薹也长得较长。十月红二号有的可达 50 厘米，而一般栽培条件下，其薹长在 30～35 厘米。所以，选种田应用中等栽培条件进行管理。

⑩ 薹粗。薹粗以 1.5～2 厘米较好，细了产量低，粗了炒食时要切开，不方便。测量已采子薹基部。薹粗也和薹长一样，受栽培条件影响很大。

⑪薹上分枝。采收的薹上有分枝会影响商品性状，从这个角度考虑，还是分枝少为好，但薹上分枝少者形成鼠尾状薹，也影响菜薹的商品性和食用品质。而薹上有 4～5 片小叶者，薹上下较均匀，关键是薹叶要小，尤其是叶柄不能长，其叶柄一长，采收后叶片高于薹顶，多个叶柄将菜薹盖住，菜薹采收扎成小把后，只见叶不见薹，影响销售。

⑫拔除可育株。在雄性不育系繁殖时，很难避免将保持系个别种子混入不育系种子中，因此在繁殖过程中，不育系中常有个别可育株，必须彻底拔除，以确保不育系种子全部不育，才能保证不育系作母本生产的杂种一代种子全部为杂种种子。同时，要拔除的还有保持系中的不育株，也是机械混入的不育系种子长出的植株。要拔除干净，才能保证保持系的一致性。

以上这些性状就是在品种提纯复优时，要注意选择的项目，在此过程中必须严格选择。因此，在选种工作开始之前，首先要对该品种的特征特性搞清楚，否则就不要去动手，容易出错。杂种一代品种亲本选择要更加严格。

（4）机械混杂。这也是人为造成的，在种子生产的全过程中，都有可能由于操作不慎造成异品种种子的混入。在育苗、定植、采收、脱粒、晒种、种子包装和运输过程中，一不注意就有可能混入其他品种的种子。在种子仓库中由于标签不明，包错种子的事件也时有发生。

（5）繁（制）种田未去杂或去杂不彻底。尽管已经非常小心地防止种子混杂，但在种子生产田中还是经常会有混杂株，这就要求技术人员把好最后一道关——去杂。去杂工作需由对品种非常熟悉的人操作，熟悉的人距离很远就可发现杂株。去杂一般进行2～3次，苗期拔去绿株或明显的异株，抽薹期拔去薹叶色不一致的植株，主薹、侧薹始花时拔除花色、株形有异的植株。

（6）种株群体太小。原种生产或亲本繁殖时种株群体太小，造成许多遗传基因的漂移、丢失，后代也会发生变异。根据理论上推测，种株在100株以上比较可靠。

（二）媒介昆虫造成的生物学混杂

媒介昆虫造成的生物学混杂株，如图4-1所示。以异花授粉为主的薹用白菜，其传粉媒介主要是各种昆虫，主要媒介昆虫有：

图4-1　红菜薹中生物混杂株

（1）蜜蜂。蜜蜂是媒介昆虫的代表。利用蜜蜂传粉，主要在野外进行。蜜蜂成群地过着群体生活，单个蜜蜂无法生存，也不适宜长期在网室和温室等隔离条件下生活。同时，蜜蜂对花的颜色、形状、芳香味和味觉等都有很强的识别能力，因此有专选同种花朵采蜜授粉的习惯。所以，人类利用蜜蜂作媒介昆虫是非常适宜的。但它也是造成品种混杂的能手。在安排种子生产地块时，必须考虑蜜蜂的活动规律。

蜜蜂在一个活动日内，一天工作时间为7～8小时，其采蜜授粉活动和当天的开花状态（是否开药和分泌花蜜与否）、天气、气温、风以及药剂喷洒与否等有很大关系。晴天无风，气温在15℃以上，如蜂巢附近的植物开花，分泌花蜜等条件均适宜，则有利采蜜授粉。采蜜次数以近巢者为高，若开花良好，直线无障碍可飞3 000～4 000米远的地方采蜜。每次出巢采蜜的平均时间约为10分钟，在此时间内最多能采1 000～2 000朵花，每分钟内能传粉的花7～8朵。据多年观察，蜜蜂采蜜时很勤奋，在较大面积的采种田开花盛期，蜜蜂都是连续不断地采完一朵花又到另一朵花，极少采完一朵花后飞很远再采第二朵的，只在一些零星植株上才飞得较远采第二朵。因此，一个品种的采种面积较大时，蜜蜂每次出巢活动往往完全在这一品种范围内。由此可见，一个品种的采种面积越大植株越多，则品种间的杂交率就越低。据日本藤井（1949）研究，2块面积较大的相邻采种圃的杂交率也不过20%～30%，而且是边缘杂交率高于中央。他还指出，如果采种面积达到300～600米^2，2个品种的采种圃相距60～120米以上，则一般杂交率都在1%～2%以下。敏特浩特（1950）经过4年试验后指出，采种区大于30米^2，距离超过125米时，就不致被同一批蜜蜂访问。但为安全起见，相距应在200米以上。为了防止蜜蜂在一次出巢期内从一个采种圃转移到另一个采种圃，对于采种圃间的零星开花株必须彻底拔除干净，而且不能丢在田间，以避免继续开花传粉，引诱蜜蜂转移。综合各方面的试验报道，一般认为原种在顺风无障碍地上的安全隔离应为2 000米，至少也要1 000米；一般繁殖用种可相应缩小为1 000米和500米；生产用种可相应缩减为500米和200米。在2个采种圃间有障碍物时，隔离距离可稍小一些，但原则上是距离越远越安全。

采种时容易被昆虫串花的不但有红菜薹的不同品种，更危险的还有大白菜、小白菜、白菜型油菜、乌塌菜、白菜薹、菜心和芜菁等。红菜薹与这些种类和变种不仅极易杂交，而且杂交后会失去红菜薹特性。因为绿色与红色杂交，绿色为不完全显性，即表现为绿叶绿薹，只在菜薹基部有红色表现。因此，采种田设置时，更应注意与这些蔬菜的隔离。芥菜、芜菁、甘蓝、根芥菜、雪里蕻、甘蓝型油菜、甘蓝等与红菜薹的杂交率较低，但原种生产时最好不要相邻种植采种。

（2）熊蜂。熊蜂是非常大型的蜂类，有时也会蜇人。熊蜂在春季晴朗的好天气里，常聚集在泡桐、刺槐等树上。也有在十字花科蔬菜植株上活动的，在开花期田间经常可见到。

（3）豆小蜂。豆小蜂也是一种优良的媒介昆虫，其活动半径可达200～300米。

（4）筒花蜂。现可人工饲养而引起人们的重视。

（5）缟花虻。其采蜜授粉效率高，花粉的附着量多，没有归巢习性，常单独生活。在较低温度下（野外在 11 ℃）也能活动，对人类无害。

（6）蝇。蝇的生活力旺盛，繁殖快，容易饲养，是较有利用价值的媒介昆虫。

以上这些媒介昆虫都具有两面性，一方面对于造成种子混杂这一点来讲，我们应合理安排不同采种圃的隔离空间距离；另一方面则是对人类有益的，有利用价值的一面。在采种圃内放蜂，可明显提高种子产量，特别是在利用雄性不育系生产杂种一代的种子田中，如无传粉媒介就收不到种子；在网室温室中可代替人工杂交生产不育系或杂种一代种子。

（三）环境胁迫产生突变

一个品种的遗传性是相对稳定的，但这种稳定性只是在栽培条件与育种时的栽培条件相一致时才较稳定。当栽培条件发生了变化，那么品种在新的环境胁迫下，在某些方面也会或多或少地发生相应的变化。红菜薹是湖北武汉地区的特产蔬菜，华中农业大学是全国开展红菜薹育种和栽培研究最早的单位。因此，现有栽培的主要品种也都是由华中农业大学在武汉地区气候条件下育成的。现在，这些品种已推广到长江流域、珠江流域 10 多个省市，许多高山地区用作越夏栽培，于 8～10 月供应低海拔地区的城市，其栽培环境、季节发生了很大变化，所以产生一些变异是自然规律。这些变异多数为不良变异，也有好的变异，不良变异如得不到及时淘汰，多年积累、扩散，便可使原品种变得面目全非；而优良变异如能及时选出，通过系统选择，也可育成新的对当地适应性更强的品种。问题是要有人做这方面的工作。

二、品种保纯和防止退化的方法

为了红菜薹品种保纯和防止退化，必须采取避免混杂、退化的有力措施。

（一）严格执行种子生产的技术操作规程

（1）种子收获时，不同品种要分别堆放。如用同一运输工具，在更换品种时，必须彻底清除前一品种残留的种株、种荚和种子。

（2）在种株后熟、脱粒、清选、晾晒、消毒、贮藏以及种子处理和播种等操作中，事先都应对场所和用具进行清洁，认真检查清除以前残留的种子。晒种子时，不同品种间要保持较大距离，以防风吹和人畜践踏而引起品种的混杂。

（3）在包装、贮藏和种子处理时，容器内外都应附上标签。除注明品种的名称外，还应说明种子等级、数量和纯度。

(4) 留种地品种的田间布置要适当。应尽可能与不同类品种进行轮作。

(二) 坚持隔离采种

红菜薹为典型的异花授粉作物，采种时必须与不同品种、变种和亚种等易杂交的种子田实行合理而严格的隔离采种。

(1) 空间隔离。空间隔离是大量种子繁育中经常采用的。只要将容易发生天然杂交的品种、变种、亚种和类型之间隔开适当的距离进行留种即可。究竟要隔离多远才恰当，主要考虑影响天然杂交的因素以及杂交发生后对产品经济价值影响的大小等来确定。

① 薹用白菜不同品种间的隔离距离：分为 2 种情况，一是无蜡粉品种间或有蜡粉品种间，采种面积在 30 米^2 以上者，无障碍时，隔离 200 米即可；二是无蜡粉品种与有蜡粉品种间需隔离 500 米。不同品种间杂交后，仍然是红菜薹，对产品的商品性没太大影响。而红菜薹与菜心杂交后变成白菜薹，使品种整齐度降低，应予重视。

② 红菜薹与小白菜、大白菜、白菜型油菜、菜心和芜菁等作物极易杂交，而且杂交后使红菜薹变性，失去原来的特征特性。因此，它们间的隔离距离应保证在 1 500～2 000 米。红菜薹与欧洲油菜、芥菜、榨菜、芜菁甘蓝和根用芥菜等作物间杂交后，也会使红菜薹变性，但由于它们与红菜薹的杂交率极低，所以隔离距离有 500 米即可。

③ 原种生产时，原原种的隔离距离应在 2 000 米以上，原种应在 1 000～1 500米以上，因为原种要求纯度高。最好加大原种的繁种面积，繁一次用几年，避免年年繁原种。不同品种不要集中在一年繁，因为原原种、原种生产毕竟是要求较严格的工作。

(2) 机械隔离。机械隔离主要应用于繁殖少量的原原种和原种或原始材料的保存。其方法是在开花期采取花序套袋，或设置网罩、温室隔离留种等。网罩可用聚乙烯塑料网纱，经济耐用，市面有售。在隔离留种时，必须解决人工辅助授粉问题。纸袋隔离只能进行人工辅助授粉，而网罩隔离或温室、大棚隔离除可用人工辅助授粉外，还可以采用释放蜜蜂、饲养苍蝇、筒花蜂和缟花虻等，帮助人们进行辅助授粉。

(3) 花期隔离。主要采取分期播种、春化处理等措施，使不同品种的开花期错开，以避免自然杂交。利用春、秋两季栽培采种可以繁殖少量材料，大面积采种只能安排在春季。早熟品种比较好安排，但那些冬性强的品种，如大股子、胭脂红等，进行秋繁时必须进行春化处理，才可提早抽薹开花，收到一些种子。但产量很低，因为中后期开花结的果不能完全成熟。若播种太早，前期气温太高，加上暴雨和病虫为害严重，死株多。

（三）严格选种和留种

（1）原种生产。一个品种发生混杂退化以后，必须按原种生产技术操作规程，生产出原原种，原种，然后逐级扩繁出生产种，供应市场。

原种生产选株时，必须按红菜薹品种的特征特性，抓住熟性早晚、蜡粉有无、初生莲座叶数、次生莲座叶数、主薹形态、侧（子）薹、孙薹数及薹长、薹粗、薹重、薹叶数、薹上有无分枝等标准性状，由熟悉品种特征的技术人员具体实施。

每轮提纯复优后，必须置于低温下长期保存原原种和够用3～5年的原种，以原种繁殖生产种。这样才能使品种的典型性得以长期保持，而不至于退化。

（2）适时选择。在红菜薹品种特性表现最充分时，分阶段对留种植株进行多次的选择和淘汰，以保证每个特征特性都符合品种的典型性。

① 株型、株高和株幅：在主薹抽出时选择。

② 初生莲座叶数及叶的大小：在主薹抽出至采收时选择。

③ 蜡粉有无：在主薹、侧（子）薹、孙薹抽出、采收时选择。

④ 主薹形态、薹叶数、薹长、薹粗：在主薹采收期记载、选择。

⑤ 次生莲座叶数、叶形、叶柄长、叶片长、叶片宽等：在侧薹采收中期进行记载、选择。

⑥ 侧（子）薹数、薹长、薹粗、薹重、薹叶数等：薹长、薹粗、薹重、叶数在采收前期记载，侧薹数宜在侧薹采收后期进行记载。

⑦ 孙薹数、薹长、薹粗、薹重、叶数等：在孙薹采收初期记载薹长、薹粗、薹重、叶数，在孙薹采收后期记载，选择孙薹数。

（3）繁种田的去杂去劣。

① 彻底拔除绿色株。绿色株即薹、叶柄和叶主脉全为绿色的植株，这种植株可能是与大白菜、小白菜或油菜、乌塌菜、菜心等生物学混杂的植株，一般表现长势强，容易识别，而下一代则分离严重，容易在生产中出问题。

② 仔细拔除过强、过弱株。田间生长势太强和太弱的植株，尽管受局部土壤因素影响很大，但多数还是受遗传因素制约，是造成混杂的“危险分子”，如大株、中株采种田里的独薹株，过于矮小的植株和站在田埂、地边都可看清的高大植株，还有薹特别粗和特别细的植株。一般要进行3～4次的选择淘汰。

第一次在定植时进行，去掉过于瘦小的幼苗。第二次在初生莲座叶形成，主薹开始采收时进行，拔去莲座叶太少的和太多的。如果是主薹正常的品种，则应拔去主薹退化的植株，反之主薹退化品种则应拔除主薹粗大的植株。第三次在子薹全部抽薹开花时进行，拔去子薹数太少的和过多的晚熟植株。第四次在种荚成熟期，淘汰种荚形状、色泽不一致的植株。在每次选择时，如发现病毒病、软腐病、白绢病、根肿病等病害的植株，必须拔除干净。

③ 小株采种必须采用高纯度原种作播种材料。小株繁殖的种子只能作生产用种。

④ 原种繁殖时选留的植株不能太少。一般不能少于 50～100 株，并避免来自同一亲系。以免品种群体内基因丢失、贫乏，从而导致品种的生活力降低和适应性减弱，也会失去原品种的特征特性。

（四）在适宜薹用白菜栽培的环境条件下进行选择和原种生产

薹用白菜主要分布在长江流域和珠江三角洲地区，因此湖北、湖南、四川、江西、安徽、广东、广西和海南等省、自治区，其低海拔平原地区均可进行原种生产的各代选择。应注意的是需用大株选择，这就要求其播种期在 8 月下旬至 9 月下旬，种植技术好的，可以在 10 月初播种，给予中上等的栽培条件。10 月中旬以后播种的，播得越晚植株越小，直至翌年 1 月。所以，红菜薹的典型性状表现不出来，不能作选种用，只能作生产种的繁种用。

菜心在广东、广西和海南等省、自治区宜安排在旱季繁种，9 月上旬开始至翌年 2 月均可播种，即旱季、台风暴雨较少时开始，在雨季到来之前一定要采收，以避免风险。但 1～2 月播种时植株较小，抽薹较快，所以种植密度需要加大。

第四节　薹用白菜常规品种的种子生产

所谓常规品种就是在一个普通品种群体或杂交种的分离世代群体中，直接选株经多代系统选择育成的品种。其种子生产可直接用纯度很高的原种扩繁即可。

一、种株的生长发育阶段

红菜薹种株的生长发育大致可分为幼苗期、莲座期、抽薹开花期和种子成熟期 4 个阶段。

（一）幼苗期

所谓幼苗期是指播种出苗至长成 5～7 片真叶这个阶段。

采种株的育苗与采收菜薹的育苗没什么区别，只不过播种季节不同。一般而言，种子生产的播种期比菜薹的商品生产要晚一些。但是，由于品种和播种期的不同，使幼苗期的长短有较大差异。

现有红菜薹栽培品种熟性差异很大，最早的菜心播种后 20 多天就可以采收，而晚熟的红菜薹需 100 多天才可采收。由于其生长发育快慢不同，所以能在苗床滞留的时间长短也不同。20 多天的菜心，苗床只能滞留 15 天左右，40 多天的品种只能在苗床中滞留 20 天，50 天的红杂 50 号只能滞留 23 天左右，60 天的红杂

60 号苗期为 25 天左右，而红杂 70 号、迟心 2 号、迟心 29 号菜心苗期长可达 30 天，其余中晚熟品种也可达 30 天以上，即过去菜农所说的栽满月苗。早熟品种如果在苗床中超过了上述苗龄，则可能会在苗床中抽出纤细薹，形成老苗，这种在苗床中抽了薹的苗，栽至大田后不能形成正常大小的植株，所以定植时必须淘汰。而那些中晚熟品种在苗床中滞留一个月以上也不会抽薹，除非有杂株或苗床管理太差。

播种季节和时间对苗期影响也很大。播种越早，温度较高，幼苗生长快，苗期较短；11～12 月播种者，温度较低，幼苗生长缓慢，所以幼苗期就长。定植后 10 天左右仍为幼苗期。

（二）莲座期

幼苗定植后叶片开始肥大至初生莲座叶、次生莲座叶和再生莲座叶的形成为止，整个植株的功能叶都丛生于薹座上，称为莲座期。初生莲座段是单独长叶、至次生、再生莲座叶段，则叶薹同时生长。花也相继开放，形成茂盛的强壮植株，品种的特征得以充分的显现，所以此期是选种、鉴定的最佳阶段。应抓紧时间进行各个目标性状的选择或淘汰。在开花初期拔去各种有混杂、退化嫌疑的植株，以免花后昆虫串花传粉，等开了很多花再拔则已开的花已造成串花混杂。

（三）抽薹开花期

自主薹抽出至子薹、孙薹的相继抽出、开花至开花基本结束，即抽薹开花期。此期与莲座期有些重叠。这段时间持续很长，因为中间要经历低温越冬。从时间跨度上，可能是 11 月至翌年 2 月底或 3 月上旬，历时 100 多天。

抽薹开花期是红菜薹对低温反应最为敏感的时期，5～10 ℃虽莲座叶可以较缓慢地生长，但抽薹比莲座叶的生长更为缓慢，种株现蕾，20 天后薹长不到 5 厘米。虽能开花，但很难着果。叶、薹虽能耐一般的霜冻，但一遇地面冰冻，则菜薹茎秆也会结冰，严重时种株会被冻死。如果遇上大雪冰冻，则植株被毁，采种失败。鉴于以上情况，可见大株采种宜安排在温室或大棚中种植，才可确保成功。还有一个办法就是选择越冬时无零下温度的地区采种，如广东、广西生产原种。

（四）种子成熟期

红菜薹开花结束至角果有 50％转黄变色为止，即种子成熟期，历时 30～40 天。

种子成熟的快慢与温度有关。温度高时，种子成熟快，但千粒重较小，种子产量较低；温度较低时，种子成熟慢，千粒重较大，种子产量也较高。但是，温度过低时，种子难于成熟，这就是武汉地区秋季繁种难以成功的要害。

二、采种地区的选择

先后在湖北武汉、十堰市郊，湖南临湘，广东深圳，海南三亚，山东淄博，内蒙古包头，甘肃张掖等多个地区进行过红菜薹的种子生产或原种选择采种试验。现将情况归纳于下，供红菜薹或白菜薹、菜心种子生产者参考。

（1）海南三亚。1990 年 8 月底，在荔枝沟干休所试验地上种植十月红二号，结果植株发软腐病全死，没采到种子；2004 年 9 月，在师部农场播种一个早熟株系采种，结果被斜纹夜蛾吃光，打药控制不住，也没收到种子。菜心是完全可以的，但要有传粉昆虫才行。

（2）广东深圳坑梓。1999 年 10 月 8 日播种在大棚中，9 月 18 日定植于露地，由于受 2 次台风暴雨袭击，死了不少。但活着的于 10 月 6 日始花，10 月 16 日至 11 月 30 日进入盛花期，12 月 3～20 日分期采收，种子比较饱满，但 100 米^2 只收到了 3 千克种子。菜心种子产量比红菜薹的高。

（3）湖北武汉。自 1984 年开始至今，每年在华中农业大学校园内外都有亲本选育和种子生产大株或小株的越冬栽培采种，有时是大株，有时是小株。在武汉 10 月下旬至 11 月播种，以幼苗期越冬的，采种均获成功；而以大株越冬的，多数年份也是成功的，但 6～8 年中可能有一年植株严重受冻，虽说不一定植株被冻死，但采种也是失败的。正常年份，种株栽培管理好的每 667 米^2 可采种 60 千克左右，管理差的只 35～40 千克，总的来讲，超过 50 千克的年份很少。大棚采种不会受冻致死，但大棚栽培种株菌核病相当严重，要做好预防工作。另外，利用大棚采种需放养传粉昆虫，蜜蜂、苍蝇等均可，没有传粉媒介，也可人工授粉，但种子很少。

（4）山东中部地区。据徐新生、刘红光（2002、2003）报道，在当地都采用春播种，一般于 1～2 月在大棚或小拱棚中育苗，3 月定植，4～5 月抽薹开花，6 月下旬收获，收得早的正好赶上长江流域销售，收得晚的则销售有点偏晚。山东繁种每 667 米^2 产籽在 100～130 千克，比武汉地区产量高一倍，而且种子质量好。

（5）甘肃张掖地区。一般为春播采种，2～3 月播种，4 月中旬定植，5 月开花，6 月底至 7 月上中旬采收。种子饱满，千粒重大，田间栽培管理好的，每 667 米^2 产籽 120～150 千克。其问题是种子采收较晚，7 月中、下旬才可到达薹用白菜种子销售市场。菜心种子采收比红菜薹、白菜薹早、刚好可赶上当年销售。

综上所述，红菜薹种子生产宜在湖北、湖南、四川和江西等地生产原原种和原种，在山东、山西、陕西和甘肃等地繁殖生产种，既可防止种性退化，又可获得种子高产，还可保证种子质量较好。

三、采种方法

红菜薹、白菜薹采种大致可分为大株采种、中株采种和小株采种等方法。菜心则只分大株和小株采种即可。

（一）大株采种

利用与主要生产季节的植株长得一样大小的植株进行种子生产，即大株采种。

1. 大株采种的应用

（1）用于大株一级繁育制采种。

（2）用于大株二级繁育制采种。

（3）用于原种生产的选种和后代鉴定。

（4）用于杂种一代亲本的选种和繁种。

2. 大株的培育

（1）用纯度较高的种子播种，一般采用育苗移栽。

（2）播种期：中晚熟品种可与生产田同时播种，也可在 9 月底播种，但早熟品种只可在 9 月底至 10 月初播种，根据当地气候条件，以能形成大株为原则，播早了植株年前抽薹开花太多，消耗养料，待到低温越冬时，植株抗性差，易于受冻。但菜心生产原种宜在广东、广西和海南沿海地区，于 9 月底 10 月初播种较好，以能避开台风、暴雨为原则。

（3）栽培管理：与大田生产没有太大区别，但应注意适当种密一些，增施磷肥、钾肥，少施氮肥。在缺硼的田块，每 667 米^2 增施硼肥 2～2.5 千克。遇冰冻天气时，要保温防冻。

（二）中株采种

所谓中株就是种株比大株小、比小株大的植株进行种子生产。如十月红一号、十月红二号大株都有 6～8 片初生莲座叶，抽 7 个左右侧薹，中株则只有3～5 个初生莲座叶和侧薹。

（1）中株采种的应用。中株主要用于生产种的繁殖，在山东、内蒙古和甘肃等地的红菜薹繁种，基本上都是用中株。由于北方繁种都是春播，植株已长出几片初生莲座叶，也抽出几根侧薹，但没有时间长出所有莲座叶和抽出所有的侧薹，就已大量开花。中等大小的种株也提供了不少遗传信息，可供选择，因此，中株采的种比小株采的种质量会更好一些。

（2）中株采种的种株培育。在武汉地区中等种株采种一般在 10 月中、下旬播种，11 月定植，春节后抽薹开花，4 月底采收种株。山东、甘肃和内蒙古于2～3月在大棚中播种育苗，3～4 月定植，株行距 30 厘米×50 厘米，4～5 月抽薹开花，6～7 月采种（图 4-2、图 4-3）。

图 4-2　早熟种中株越冬植株长相

图 4-3　晚熟种中株越冬植株长相

（三）小株采种

（1）小株采种只能繁殖生产种。

（2）种株培育：武汉地区一般于11月播种，定植成活后越冬。也可于12月或翌年 1 月在大棚中播种育苗，2 月定植，3～4 月抽薹开花，5 月采收种株。由于小株采种没有或很少有侧薹，植株开展度小，宜密植，可按行距 30～40 厘米、株距 20～25 厘米定植，每 667 $米^2$ 栽 8 000～10 000 株（图 4-4）。

图 4-4　红菜薹小株越冬采种种株

以上 3 种不同大小植株采种，各有优缺点，种子生产中应根据不同的生产目的，合理选用采种方法。要求纯度高时，应采用大株采种，便于选优去劣，作为生产种则宜用中株或小株采种。

四、种子繁殖模式

红菜薹目前繁种大多为一级繁种，即在种子生产田中选株混合采种，用作第二年繁种用的种子，种子只有一个等级。而从生产发展对种子高质量的要求分析，这是达不到要求的。如果我们做不好这项工作，若干年后红菜薹种子又将为国外优质种子所取代。现提出以下 3 种繁育制度供参考。

（一）大株一级繁育制

这是现在缺乏原种生产条件的种子公司常用的繁种方法。即每年从大面积生产田里选择较好的地块，从中选优或去杂去劣后，用以栽植下一年春季的采种圃，采种园内收获的种子，供秋季生产田播种之用。其操作模式如图 4-5 所示。

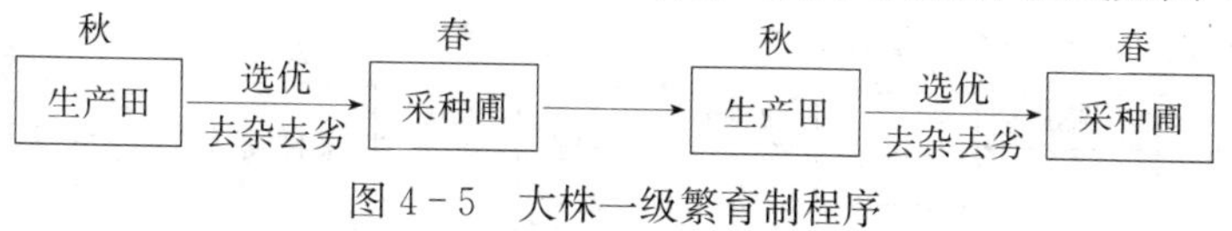

图 4-5　大株一级繁育制程序

这种繁育制度比较简便省事，如果能从较大面积选择较多优良单株，不仅能保持原品种的优良性状，而且有利于改良种性。但是，如果只选择少数几株采种，隔离条件又不太好，或者大面积去杂去劣工作做得较差，则往往会造成混杂、退化，失去原有品种的优良性状。

（二）大株二级繁育制

这种繁育制每年专设一个大株培育圃，从中选择一些优良植株，栽植到具有严格隔离条件的春季采种圃里，繁殖当年秋大株培育圃的用种。并对秋大株培育圃余下的植株进行多次去杂去劣后，繁殖生产用种（图 4-6）。

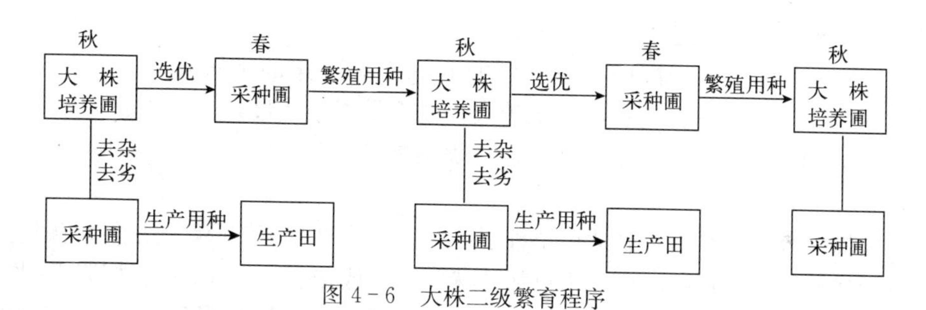

图 4-6　大株二级繁育程序

这种繁育制与一级繁育制相比，更不容易混杂退化。因为每年都从大株培育圃选择优良单株，又在严格的隔离条件下采种，能够较好地保持品种的优良种性。在繁殖生产用种的采种圃里，即使有些混杂，也只影响一代，并不影响繁殖用种的种性。其缺点是比一级繁育制稍麻烦，需 2 个隔离区。

（三）大、中、小株三级繁育制

大、中、小株三级繁育制，即用大株繁殖原种，用中株或小株繁殖生产用种。前 2 种方法是用大株培育圃繁殖生产种，很显然繁殖的种子量非常有限，这就需要一种扩大繁种规模的繁种制（图 4-7）。利用大株和中株（或小株）结合繁种的空间隔离 2 000 米以上，繁殖原种的隔离 1 500 米以上，而繁殖生产种的隔离在 500 米以上，但 2 个红菜薹的品种间隔离 200 米即可。

大株选优后留下的植株采收的种子要作繁种用，因此隔离要严格，去杂去劣要彻底，严格防止机械混杂。扩繁圃即大面积种子生产田，用中株或小株均可。

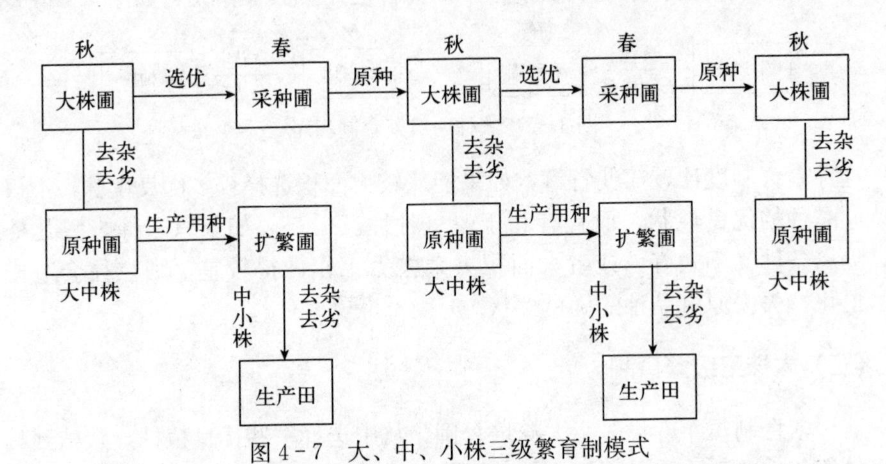

图 4-7　大、中、小株三级繁育制模式

如果在北方繁种，大多为中株。如果在南方 10 月播种者可能长成中株，11 月播种年内定植或 12 月至翌年 1 月大棚播种 2 月定植者，都只能长成小株，所以种植密度要跟上，种得过稀产量会很低。

三级繁种制中大株圃面积应不少于 100 米^2，入选的优株应不少于 200 株，种植 50 米^2 以上，种株越多，面积越大，越不易混杂。最好是一年繁原种 10～20 千克，可直接用原种繁生产种，种子密封贮存在 0 ℃以下的冰箱中可用 5～10 年。

大株一级、二级繁育制适用小种子店，找一块隔离条件较好的地，用头年选的种子播种，按时选种即可，不过初选株要比次选株多 1～2 倍，以防后期死株。种植大株的面积视种子销售量而定。三级繁种制适宜较大的种子公司大面积繁种的要求。

五、薹用白菜良种繁育程序

为了保证种子有较高的质量，种子必须按照一定的程序繁殖。目前，在实际工作中存在着 2 种不同的繁育程序，一种是许多发达国家采用的“重复繁殖”，另一种是我国沿用多年的“循环选择”或称“提纯复壮”，即采用“三圃”制提纯更新。

（一）原种重复繁殖

利用原原种重复繁殖原种，其繁育过程简示如图 4-8 所示。

重复繁殖是由育种者提供原原种，由专门的种子繁殖基地生产原种和生产用种。由种子公司统一供种，生产用种在生产上只用一次，下一轮又从育种者提供的原种开始，重复相同的繁殖过程，如此重复不断地繁殖生产用

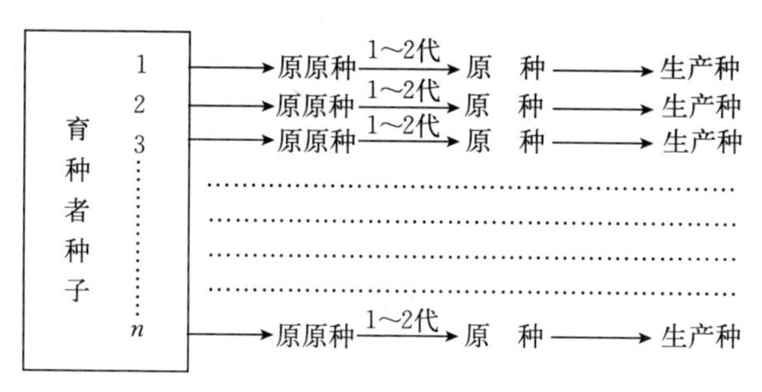

图 4-8 重复繁殖良种示意图

种。原原种数量不够时，可繁殖 1～2 代后作原种，数量够时可直接繁殖原种，再繁生产种。

重复繁殖生产原种，每一轮种子生产都由育种者提供原原种，种子质量高，可确保种子纯度，使品种的优良性状可以长期保持。但在品种已经退化的情况下，还只能用“三圃”制提纯生产原种，再繁殖生产用种。

（二）“三圃”制提纯更新

“三圃”即株行圃、株系圃和原种圃，当一个常规品种混杂退化以后就可利用“三圃”制来提纯复壮该品种。其作法是培育大株圃，从其中选择典型的单株，单独采种，下一代进行株行比较，淘汰较差株行，入选株行去杂后混合采种成株系，再下一代进行株系比较，再淘汰一些较差株系，入选几个株系混合采种，即为原种。最好新品种一开始推广就建立“三圃”保纯。“三圃”提纯和繁殖生产种的操作过程如图 4-9 所示。

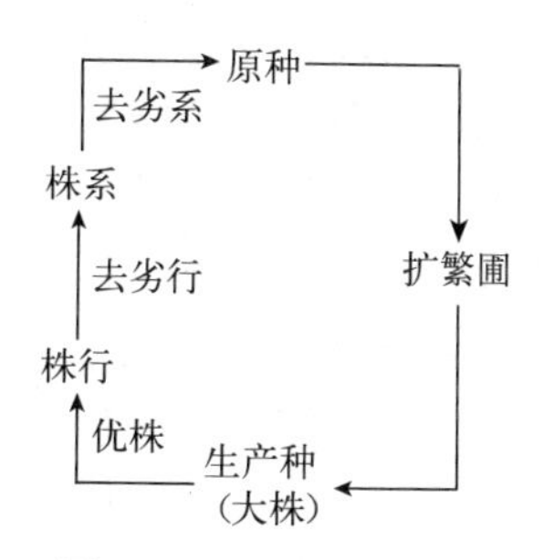

图 4-9 “三圃”制提纯和繁殖生产种的操作过程

“三圃”制提纯，在选择方法上采用单株选择、分系比较和混系繁殖，有利于鉴别分离和变异，也有利于防止遗传基础的贫乏，所以能够有效提高种子的纯度，保持品种的优良性状。但由于原种生产时间较长，操作起来较麻烦，而且易于造成混杂和变异，在红菜薹种子生产中，应用者不多。所以，现在红菜薹用种多、乱、杂的局面不易改变。

繁育程序分为原原种、原种和生产种的繁殖，要求不尽一致。

（1）原原种的生产和繁殖。凡经审定或认定合格，确有推广价值的新育成品种的原始种子，称为原原种。它由育种者直接生产和提供，具有较好的典型性，很高的纯度，但种子数量较少，必须加速繁殖，生产大量的原种种子。为便于去杂去劣，原原种繁殖原种时，需用大株繁殖，以便于去杂。

(2) 原种的生产和繁殖。利用原原种繁殖，或原有品种经“三圃”提纯的种子，称为原种。原种的质量很高，但数量不足，需繁殖 1～2 代，获得大量的优质种子，才能尽快地应用于生产。

(3) 生产种的繁殖。用原种扩大繁殖，选择种子产量高、质量好的地区繁种，繁殖面积依据种子销售量来确定，按每 667 米^2 产籽 120 千克计算。选用排灌方便地段，给予优良的栽培条件，提高繁殖系数和经济效益。同时，注意去杂去劣，防止混杂，保证种子质量。

六、种株培育和去杂

(一) 种株培育

1. 繁种地点的选择

(1) 选种地段的种株（大株）培育。应在菜心、白菜薹和红菜薹商品生产基地栽培，这样选出的材料能更好地适应当地的栽培条件，不易发生变异，红菜薹、白菜薹以长江流域为好，菜心则应在两广地区。

(2) 繁殖生产种的种株（中株或小株）。宜在种子生产基地栽培，以获得种子产量最高，种子质量最好的地区为种子生产基地，以西北地区最好，东北、华北地区次之。

2. 栽培季节

(1) 长江流域红菜薹、白菜薹大株选种以 8 月底至 9 月播种较好，9 月中下旬至 10 月定植，10～11 月大种株形成便可选种，11 月始花，至 3 月均为开花期，种子于 4 月下旬成熟采收。

(2) 华北地区以山东为例作为种子生产基地，一般于 2 月在保护地播种，3 月定植，4～5 月抽薹开花，6 月中、下旬采种；而西北地区则在 3 月播种，利用小拱棚覆盖，于 4 月定植，5 月抽薹开花，6 月底至 7 月上、中旬采种。菜心品种，特别是早熟品种，生育期短，在全国各地选择适宜季节，均可繁种，但种子产量还是以内蒙古、宁夏和甘肃等地更高一些，每 667 米^2 可产种子 150 千克左右。

3. 种株栽培技术要点

(1) 整地施底肥。选近 2～3 年未种过白菜类蔬菜的地块作采种地，耕耙 2 次，土不宜整得过细，最好经 7～10 天炕地后栽苗。每 667 米^2 施腐熟有机肥 3 000千克以上，三元复合肥 50 千克，过磷酸钙 30 千克，硼肥 2.5～3.0 千克，均匀撒于耙好的地表，再开沟作垄，用沟土将肥覆盖。按 1∶20 面积准备苗床地，即667米^{2}苗床育的苗可栽13 340米^{2}的大田面积。

（2）育苗。选肥力较好、土质疏松、排水良好的地块育苗，每667米^{2}施腐熟好的厩肥5 000千克以上，复合肥100千克、尿素10千克作底肥，均匀撒于地表，拌匀、耙平即可播种。为便于操作，苗床宜做成1.2～1.3米的窄厢，沟土盖于厢面上，与肥和匀，沿边稍高，按30米^{2}播种70克左右，准备苗床。种子均匀撒在苗床表面，再盖土，上面再盖冷凉纱（夏秋）或薄膜（早春），盖薄膜者宜先浇水后盖膜。种子开始出苗时揭去覆盖物。

（3）定植。苗龄20～30天定植，早熟品种20～23天即可定植，晚熟品种25～30天定植。大株选种者，每667米^{2}种4 000～5 000株。中株采种者每667米^{2}栽5 000～6 000株，小株采种者每667米^{2}栽8 000～10 000株，早熟种还可密一些。定植前苗床先浇足水，待水均匀渗入土中后方可取苗，便于带土保护根系。栽苗后即时浇水，全田定植完后，宜灌一次水，确保幼苗成活。

（4）田间管理。第一是保证水分供给，促进幼苗成活，注意及早补缺苗，保全苗，以后天旱则浇水。第二便是促进幼苗生长，定植成活后每667米^{2}追施尿素10千克，封行前在行间开沟追施复合肥，每667米^{2}施复合肥30千克和尿素10千克、过磷酸钙10千克、氯化钾10千克。供主薹、侧薹抽生和开花之用。开春后，用磷酸二氢钾根外追肥1～2次。春季菌核病、菜青虫等为害较重，应及时喷药防治。如田间有草也应拔除干净，以免混入种子中。

4. 种株采收、脱粒、种子干燥和贮藏

（1）种株采收。当种株上种荚大部分变黄，顶部种子着色时，种株应即时采收。多雨地区应防止雨水淋湿种株，以免影响种子色泽。

（2）种株脱粒。种株采收后熟3～5天后，摊开晾晒至角果干枯，便可选晴天打籽。由于种荚开花着果的时间有先后，第一次脱粒大部分种子都可脱粒，但晚开花的可能需再晒残留种株后，再打一次，才能脱粒彻底。脱粒后的种子晒1～2天，除去杂物便可包装。最好按一定规格密封包装，便于搬运和销售。而原原种和原种则按公司每年繁种的用种量用密封袋双层小包装。

（3）种子贮藏。对于生产用种，当年能销售完的种子，置于普通仓库中贮藏，当年销售不完的种子应置于冷库中堆藏，销售时再取出。而原种、原原种则可贮藏于冷库中，也可贮藏在冰柜或冰箱中，0℃的温度下存放5～10年，发芽率可保持在90%左右。

（二）种株去杂

（1）在菜薹采收始期进行熟性选择，去杂。

（2）在采收期进行蜡粉有无选择，去杂。

（3）在初生莲座期进行叶形选择，于侧薹采收时进行薹叶选择，去杂。

（4）于侧薹采收时进行薹的选择，去杂。

（5）于种株采收前进行果实、种子的选择，去杂。

第五节　杂种一代种子的生产

薹用白菜杂种一代种子生产比常规种子生产的各个环节要复杂得多，技术要求特别严格。本章将重点介绍利用自交系、自交不亲和系和雄性不育系生产杂种一代的方法。

一、利用自交系生产杂种一代

（一）自交系的繁殖与保纯

自交系是指从某品种的一个单株连续套袋自交多代，结合选择育成的性状整齐一致，遗传性相对稳定的自交后代系统。用2个或多个优良自交系可配成杂种一代，繁殖种子便可用于生产。

1. 优良自交系应具备的条件

（1）性状较整齐一致。这是检验自交系纯度的主要内容。

（2）配合力高。这是检验自交系利用价值的重要标志之一。

（3）生长势较强。一般自交系在选育过程中，经多代自交后，植株生长势较弱，影响制种的种子产量。

（4）抗性较强。特别是抗病性要强，耐寒、耐热和耐旱性都应较强。

（5）多数优良性状可以遗传。

2. 自交系的繁殖

种子繁殖量的确定：一个自交系一次繁多少种子，需依据用种量确定，一般数量都不会很大。因为生产种的繁殖一般每667米^{2}的用种量约25克即可。如果每年繁10 000米^2，则需自交系种子500克，按繁一次用5～10年的量计算，有300米^{2}足够了。在武汉地区气候条件下，300米^{2}可产自交系种子15～20千克。这里讲的是2个亲本之和，操作时按种植比例确定量。

3. 自交系繁殖时应注意的问题

（1）隔离。要求与白菜型油菜和蔬菜（大白菜、小白菜、菜心、白菜薹及其不同品种）的空间距离1 500～2 000米。

（2）繁一年用多年。目的是减少亲本繁殖代数，因为每繁殖一代，都有混杂退化的可能。一般新品种育成时，自交系的纯度均较高，所以一旦确定了推广的品种，马上安排扩繁亲本。

(3) 自交系繁殖一律用大株采种，以便于去杂。

(4) 用网棚隔离繁种者，必须在棚内放养蜜蜂等传粉昆虫。

(5) 在山区繁种时，要注意避免野兽危害。

(6) 加强肥水管理。因为自交系生长势一般较弱，只有在较高的肥水条件下营养生长才充分，较大的营养体才有理想的种子产量。

4. 自交系种植方法，可参照有关部分进行。

(二) 自交系的配组方法

(1) 单交种。是指用2个自交系进行相互间杂交（A×B），配成杂种一代的方法。

(2) 双交种。是由4个自交系配制成2个单交种（A×B、C×D），再由2个单交种杂交配成双交种［(A×B)×(C×D)］。

(3) 三交种。是指由单交种和自交系杂交［(A×B)×C］配制而成的一代杂交种。

利用自交系配组的优点是自交系比较容易选育，一般经3～6代的自交选育，便可育成一批自交系。有5～10个自交系，便可从中筛选出较好的自交系和杂种组合，可较快地用于生产。缺点是自交系间配成的杂交种中，假杂交种较多，影响杂种优势，也影响菜薹的商品性。但如果母本带标志性状，则在苗床中严格去杂后，再定植于大田，也可能使生产田的植株杂种率达100%。

二、利用自交不亲和系生产杂种一代

利用自交不亲和系配制一代杂种已为十字花科蔬菜育种广为利用，红菜薹的华红一号、华红二号品种就是利用自交不亲和系配成的一代杂种。

利用自交不亲和系配制杂种一代，是将不同的自交不亲和系相邻种植生产一代杂种种子。

(一) 自交不亲和系的几个指数

自交不亲和性是指花朵的雌、雄配子都有正常的受精能力，但花期自交不能结籽或结籽极少的特性。自交不亲和的好坏除性状整齐一致外，常用几个亲和指数来衡量。

(1) 花期自交不亲和指数。一般定在1以下，以保证杂交率高。

(2) 蕾期自交亲和指数。一般应在5以上，便于亲本繁殖，提高种子量。

(3) 系内株间亲和指数。一般以小于2为准，以减少系内株间杂交的假杂种。

（二）自交不亲和系的繁殖与保纯

自交不亲和系的保纯除性状的一致外，还要保持上述 3 个亲和指数在标准范围以内或以上。保纯主要通过繁种措施来实现。其繁殖方法主要有：

（1）剥蕾自交。所谓自交不亲和系都是指花期自交不亲和，但蕾期自交都是亲和的，所以在花蕾期剥开花蕾，将本株的花粉授在柱头上就可较好的结籽，以得到亲本种子。因为蕾期的柱头对花粉缺乏识别能力，所以能接受自身花粉。一个熟练女工一天可做 3 000～5 000 朵花，若每花结 10 粒种，则可收到 30 000～50 000 粒种，以千粒重 2 克计算，可得种子 60～100 克。

（2）隔离区采种。和繁殖其他原种一样，采取隔离区采种。假如每 667 米^2 栽 5 000 株，每株开 2 000 朵花，其亲和指数为 0.1，则所得种子数应为 0.1×2 000×5 000＝1 000 000 粒，按千粒重 2 克换算，则 1 000 000×2/1 000＝2 000 克。产量随亲和指数大小而变。

现在已有许多提高种子产量的措施可供参考，较为行之有效的是在花期喷 5%的盐水，2～3 天喷一次，就可大大提高亲和指数，以提高种子产量。其他方法都受条件限制，难以实施。

（三）利用自交不亲和系配组

用自交不亲和系配组，只可配成单交种。其配组方法有 2 种：

（1）不亲和系×不亲和系，可以正反交混合采种。

（2）不亲和系×自交系，从不亲和系上采的种好，而从自交系上采的种杂种率稍低，所以需分别采种。

利用自交不亲和系配组的优点是正反交种子都可利用，而且杂种率高，种子产量也高。缺点是亲本繁殖比较困难，产量低。

三、利用雄性不育系生产杂种一代

雄性不育系已经应用于薹用白菜杂种一代种子的生产，如早优 1 号、早优 2 号、中花菜心、柳杂一号、柳杂二号、红杂 60 号、红杂 50 号、红杂 40 号、红杂 70 号和白杂一号、白杂二号、白杂三号白菜薹都是用雄性不育系作母本配成的杂种一代。

（一）雄性不育的类型及利用价值

经近 20 年的红菜薹、菜心和白菜薹育种实践发现，薹用白菜的雄性不育有许多类型，现简要介绍如下。

从表现型的角度考虑，雄性不育可分为闭锁不育型（花冠闭锁不开花，大量死蕾）、败雄不育型（花蕾中雄蕊、花瓣均退化消失）、功能不育型（花药迟熟不开裂）、部位不育型（雌蕊特长，雄蕊短缩连成一体，紧抱在雌蕊基部）、败药不育型（花药萎缩退化，白色或浅色，但开花正常）。在这5种类型中，只有败药型有利用价值，这就是我们一般说的雄性不育，它开花正常，雌蕊正常而雄蕊败育，是选育雄性不育系的好材料。其余几种都是在选种、繁种中应予淘汰的。

败药不育型从遗传的角度考虑，它又分为核不育（50%不育）和质不育（100%不育）2类，从体形上无法识别，其共同特点是：

（1）花冠：不育的花冠比正常的花冠小，黄色较浅，花瓣也较短小。

（2）雌蕊：较正常花的雌蕊稍小，但功能正常。

（3）雄蕊：有不同程度的退化。花药的颜色从浅黄—白，花药的大小从正常稍瘦小—丝状，花药长短从比正常稍短—紧贴花柱基部。显然，花药白色丝状短小为退化最彻底，是最佳入选标准。

从整个植株而言，还常见到一种嵌合型不育，即植株上有不同比例的不育花和可育花。这种类型的不育性不够稳定。

按雄性不育与环境条件的关系还可分为低温不育、中高温不育和稳定型不育3种类型。在常规品种的生产田中，冬季至早春常可见到雄蕊退化的不育株，经多年观察，这类不育株多数在温度较高时转为可育，在温度较高时仍不育的后代经多年观察、测交结果，不育率很难超过50%，可能属于核不育类型。中高温不育型表现为冬季和早春可育，至3月中、下旬以后转为不育，而且表现为100%不育。这类不育在一般情况下，不同植株对温度高低的敏感性不尽相同，只有充分掌握其变化规律后才可确定其有无利用价值。稳定型不育，即不管在什么温度条件下，自始至终花药退化无花粉，而且所有的花都是如此，这类不育才是我们所期望的不育类型，用这种雄性不育系配成的杂种一代种子，其杂种率可达100%。

介绍以上这些情况是为繁殖亲本时去杂提供方便。利用雄性不育系作母本，用优良自交系作父本，便可配成杂种一代种子，其种子用于生产时表现明显的杂种优势，生长势强，抗病性强，产量高。

（二）利用雄性不育系的配组方法

（1）单交种。雄性不育系×自交系［（3～4）∶1］；或雄性不育系×异型保持系［（3～4）∶1）］F_1 代也表现为不育。雄性不育系×自交不亲和系［（3～4）∶1］

（2）三交种。（雄性不育系×异型保持系）×自交系

（3）双交种。（雄性不育系×异型保持系）×（雄性不育系×自交不亲和系）

（雄性不育系×异型保持系）×（自交不亲和系×自交系）

虽说利用雄性不育系配制杂种一代有很多配组方法，但通常使用的还是以单交种为多，因为单交种较简单易行，且 F_1 代性状更为整齐。

（三）雄性不育系的繁殖与保存

（1）繁殖。雄性不育系育成的同时也育成了其保持系，繁殖不育系时就是用保持系与不育系按 1∶2 种植，不育系上收获的种子仍为不育系，保持系上收获的种子仍为保持系。在繁殖过程中应保证隔离条件。应该注意的是保持系往往生长较弱，所以在不育系繁殖过程中，应关照其水肥管理从优处理。

（2）保存。不育系和保持系种子大多是繁一年用几年，必须将种子晒干装袋、密封以后置于－20 ℃～0 ℃的条件下保存，5～10 年可保持发芽率在 90%以上。

（四）利用雄性不育系配种的优缺点

利用雄性不育系配制杂种一代的最大优点是母本上采的种子杂种率高，如果去杂彻底，杂种率可达 100%，而且稳定可靠。第二个优点是亲本繁殖较简单。最大的缺点是父本为常规种，往往要占全田种子的 1/3～2/5，这部分种子有的可作商品种销售，有的却不行而报废。

四、制种方法的综合利用及评价

（1）自交系虽说在作母本配制杂种一代时不够理想，但作父本却神通广大用处多：不管什么系作母本，自交系都可作父本。如果你手中有 10～20 个优良的不同类型的自交系，就可大大提高商品种子的应变能力，当然不育系、自交不亲和系多更好，但不育系和自交不亲和系选育起来要比选育自交系困难得多；而且，自交系可以跟着新品种的出现随时取样选育跟进，综合性状优良的自交系还可直接扩繁种子作常规品种销售。

（2）自交不亲和系配制杂种一代时，如果双亲都是自交不亲和系是最理想的配种组合，因为其种植模式可按 1∶1 栽培，而且可混合采种，其制种成本是最低的。自交不亲和系应用也比较广泛，既可作母本也可作父本，如果用作雄性不育系的父本，还可减少父本种子产量，降低生产成本。但自交不亲和系繁殖成本较高，每千克繁种费需 600～1 000 元。另外，自交不亲和性容易变异，所以保纯比较困难。

（3）雄性不育系在配制杂种一代时只能用作母本，而且以单交种母本为主，虽也用异型保持系与不育系配组繁殖不育系，但毕竟选育起来比较麻烦，必须育成多个不同类型不育系和保持系才有可能。

归纳起来，自交系、自交不亲和系都可自成一体，配成杂种一代，而雄性不育系却只能作为母本，必须另配自交系或自交不亲和系作父本。

由于红菜薹、菜心和白菜薹是同属于芸薹属的几个不同变种，相互间杂交没有生理障碍。因此，在杂种一代种子生产时，可跨越变种范围选择亲本。用红菜薹不育系、菜心不育系与白菜薹、小白菜、大白菜配的杂种一代，都表现出很强的杂种优势，已批量生产种子应用于生产。正因如此，不难看出这3种以薹供食的优质蔬菜，杂种优势利用有广阔的发展空间，尤其是白菜薹。3～5年后，人们会发现有大批白菜薹新品种问世，这些品种将会具有极强的生命力。

第五章

薹用白菜病虫害及其防治

第一节　薹用白菜病害及其防治

一、软腐病

（一）症状

幼嫩组织开始受害时，呈浸润半透明状，椭圆形病斑后变褐色，随即变为黏滑软腐状，最后患部水分蒸发，组织干缩。红菜薹莲座叶生长期开始发病，采收期病情逐渐加重。病株叶柄基部和根颈处心髓，组织完全腐烂，由心叶逐渐向外腐烂发展，充满灰黄色黏稠物，臭气四溢，植株腐烂，用手一拔即起。

（二）病原及传播

软腐病的发生与气候条件、寄主生育期和栽培管理有密切关系。软腐病原物为细菌［*Erwinin arcideae*（*towsend*）Holland］，菌体为短杆状，在4～36 ℃之间都能生长发育，但最适温度为27～30 ℃，不耐干燥和日光。病菌主要在病株和病残体组织中越冬。田间发病的植株，春天带病的种株、土壤中以及堆肥里的病残体上都有大量病菌，是重要的侵染源。通过昆虫、雨水和灌溉水传播，从伤口侵入寄主。由于寄主范围广泛，所以能从春到秋，在田间各种蔬菜上传染繁殖，不断为害，再传到菜薹上。由于菜薹是长时间、多次采收，所以伤口多，易于感染，特别是当蚜虫为害严重时，发病更重。播种越早，发病越重。

（三）防治技术

防治软腐病应以加强田间栽培管理，防治害虫，利用抗病品种为主。再结合药剂防治，才能收到较好效果。

（1）注意轮作。选多年没种过十字花科蔬菜的田块种植，不要在低洼地种植。

(2) 提早耕翻整地。使土壤经受夏季高温炕晒，减少病菌。

(3) 采用垄作或高畦栽培。有利于排水，发病轻。

(4) 适期播种。长江流域以处暑前后播种为宜，其他地区可适当调整播期。

(5) 及时清除病株残叶，并在病株穴内撒消石灰杀灭病菌，以防蔓延。注意防虫，减少伤口。

(6) 药剂防治。发病初期及时用药防治。可用72%农用链霉素3 000～4 000倍液、77%可杀得500倍液或47%加瑞农可湿性粉剂750倍液、50%代森铵1 000倍液、新植霉素3 000～4 000倍液、20%龙克菌悬浮剂500倍液、3%中生菌素可湿性粉剂800倍液、47%春·王铜可湿性粉剂800倍液、20%噻菌酮可湿性粉剂1 000倍液、25%噻枯唑可湿性粉剂800倍液。每隔7天喷1次，连续3～4次。重点喷洒病株基部和近地表外，则效果更好，还可视具体情况做灌根处理。

二、霜霉病

(一) 症状

薹用白菜霜霉病从苗期到采收期和种株均可发病，为害子叶、真叶、花及种荚。苗期发病致子叶或嫩茎变黄后枯死。真叶发病多始于下部叶背，初生水浸状淡黄色周缘不明显的斑，后病部在湿度大或有露水时长出白霉，或形成多角形病斑。一般品种先在叶面出现淡绿色斑点，逐渐扩大为黄褐色，枯死后变为褐色，病斑受叶脉限制呈不规则或多角形，病斑多时相互连接，使病叶局部或整叶枯死。直径5～12毫米不等。采种株的茎顶及花梗染病，多肥肿畸形，种荚染病长出白色稀疏霉层，结实不良。

(二) 病原及传播

病原学名 *Peronospora parasitica*（Pers）Fr，称寄生霜霉或芸薹霜霉，均属鞭毛菌亚门真菌。菌丝体无隔，无色，生长蔓延于寄主间隙，产生吸器，伸入寄主细胞内吸取营养。以7～13 ℃为最适繁殖温度，侵入菜薹植株的最适温度为16 ℃。霜霉病主要发生在春、秋两季，病菌主要以卵孢子在病残体和土壤中越冬。田间病害的蔓延主要是孢子囊重复侵染的结果，环境合适时，潜育期只有3～4天，主要靠气流传播。

(三) 防治技术

(1) 选用抗病品种。

(2) 种子消毒。播前种子用50%福美双可湿性粉剂或75%百菌清可湿性粉剂拌种，用药量为种子重的0.4%。

(3) 合理轮作。注意与非十字花科蔬菜轮作。

(4) 采用深沟高垄栽培。收获后注意清洁田园。

(5) 药剂防治。发病初期或轻发生年份，每隔7～10天防治1次，连续3～4次；发生较重时，每隔5～7天1次，连续4～6次。防治时注意药剂交替使用，其药剂可选用80%大生可湿性粉剂600倍液，或40%乙磷铝可湿性粉剂300倍液、69%安克锰锌可湿性粉剂1 000倍液、72%g露可湿性粉剂1 000倍液、25%甲霜灵可湿性粉剂600倍液、52.5%抑快净水分散性粉剂2 500倍液、77%可杀得可湿性粉剂600倍液、47%加瑞农可湿性粉剂800倍液、50%敌菌灵可湿性粉剂500倍液、64%杀毒矾500倍液、10%科佳2 000倍液、58%金雷多米尔600倍液、50%瑞毒霉锰锌500～600倍液、70%锰锌乙铝可湿性粉剂500倍液、58%甲霜锰锌可湿性粉剂500倍液、72%锰锌霜脲可湿性粉剂600～700倍液、60%氟吗锰锌可湿性粉剂700～800倍液、50%克菌丹可湿性粉剂500倍液喷雾防治。喷药要均匀，尤其应注意喷好病叶背面。

三、病毒病

(一) 症状

苗期发病心叶呈明脉或叶脉失绿，后产生浓淡不均的绿色斑驳或花叶。成株期发病早的，叶片严重皱缩，质硬而脆，常生许多褐色小斑点，叶背主脉上生褐色稍凹陷坏死，植株明显矮化畸形，抽薹少、小、晚。感染晚的症状不十分明显。种株染病的，花蕾发育不良或花瓣畸形，不结荚或果荚瘦小。籽粒不饱满，发芽率降低。

(二) 病原及其传播

薹用白菜病毒病毒源主要为TuMV（芜菁花叶病毒）、TMV和CMV（烟草花叶病毒和黄瓜花叶病毒）复合侵染，TuMV、CMV和TMV（芜菁花叶病毒、黄瓜花叶病毒和烟草花叶病毒）复合侵染较多。

芜菁花叶病毒（Turnip mosaic virus，简称TuMV），粒体线状，通过蚜虫和汁液接触传播。黄瓜花叶病毒（Cucumber mosaic virus，简称CMV），颗粒球状，种子不带毒，主要由蚜虫传播，发病适温20 ℃，气温高于25 ℃多表现隐症。烟草花叶病毒（Tobacco mosaic virus，简称TMV），粒体杆状，种子带毒成为初侵染源，枝叶残体在田间带病越冬，都可成为初侵染源。田间通过汁液接触传染。

（三）防治技术

（1）选用抗病品种。红杂60号、十月红一号、十月红二号红菜薹田间很少发病。

（2）适当晚播。长江流域以8月下旬播种较好，越提前则发病越重。

（3）拔除病株。植株生长前期注意拔除病株，消灭毒源。

（4）注意防蚜。蚜虫是病毒的主要传播媒介，全生育期都要治蚜，特别是苗期和前期。

（5）药剂防治。发病初期开始喷20%病毒A可湿性粉剂500倍液或3%菌毒清300倍液，或1.5%植病灵乳剂1 000倍液、1.5%植病灵Ⅱ号乳剂1 000倍液、5%菌毒清水剂400～500倍液、40%病毒必克可湿性粉剂500倍液。每隔7～10天1次，连续3～4次。

四、黑腐病

（一）症状

黑腐病各地都有发生，为害多种十字花科蔬菜，分布很广，有的地区或个别地块也能造成严重损失。它是一种细菌引起的维管束病害。症状特征是引起维管坏死变黑。幼苗被害，子叶呈现水浸状，逐渐枯死或蔓延至真叶，使真叶的叶脉上出现小黑点斑或细条斑。成株发病多从叶缘和虫伤处开始，出现“V”字形的黄褐色病斑，该部叶脉坏死变黑。病菌能经叶脉、叶柄发展，蔓延到茎部和根部，使茎部和根部的维管束变黑，植株叶片枯死。

（二）病原

黑腐病为黄单胞杆菌属细菌［学名为*Xanthomonas compestris*（Pammal）Doueon］侵染所致，菌体杆状。生长发育的适温为25～30 ℃，能耐干燥，致死温度为51 ℃。病菌在种子内和病残体上越冬。播种带病的种子，病菌能从幼苗子叶叶缘侵入，引起发病。成株叶片染病，病原细菌在薄壁细胞内繁殖，迅速进入维管束，引起叶片发病，再从叶片维管束蔓延至茎部维管束，引致系统侵染。采种株染病，细菌由果柄处维管束进入，沿维管束进入种子皮层，或经荚皮的维管束进入种脐，致种子内带菌。也可随病残体碎片混入或附着在种子上，致种外带菌。病菌在种子上可存活28个月，成为远距离传播的主要途径。高温多雨天气及高温条件，叶面结露，叶缘吐水，利于病菌侵入而发病。

（三）防治技术

（1）种植抗病品种。

（2）与非十字花科蔬菜进行2～3年轮作。

（3）种子消毒。用45%代森铵水剂300倍液浸种15～20分钟，冲洗后晾干播种。

（4）药剂防治。发病初期喷洒72%农用硫酸链霉素可溶性粉剂或新植霉素4 000倍液或3%中生霉素水剂800倍液、14%络氨铜水剂350倍液、77%可杀得可湿性粉剂500倍液、47%加瑞农可湿性粉剂800倍液、30%百菌通（DTM2）可湿性粉剂600倍液、20%龙克菌500倍液，交替使用。每隔5～7天1次，连续2～3次。

五、菌核病

（一）症状

十字花科蔬菜菌核病在长江流域和南方各省发生普遍，为害严重。主要发生在采种株上，多发生在终花期后，为害叶、茎及荚，但以茎部受害最重。一般多从植株近地面的衰老叶片边缘或叶柄开始发病，初呈水浸状浅褐色病斑，在多雨、高湿条件下，病斑上可长出白色绵毛状的菌丝，并从叶柄向茎部蔓延，引起茎部发病。茎部病斑亦先呈水浸状，后微凹陷，由浅褐色转变为白色。高湿条件下，茎部也长出白色绵毛状菌丝，最后茎秆组织腐朽呈纤维状，茎内中空，生有黑色鼠粪状的菌核。种荚受侵染，病斑也呈白色，荚内有黑色小粒状菌核，结实不良或不能结实。

（二）病原及传播

本病由核盘菌［*Sclerotinia sclerotiorum*（Lib.）de Bary］侵染所致。病原属子囊菌亚门核盘菌属真菌。菌核表面黑色，内部白色，鼠粪状。菌丝不耐干燥，只有在带病残体的湿土上才能生长，要求85%以上的相对湿度。对温度要求不严，0～30 ℃都能生长，但以20 ℃为最适。菌核形成后，不需休眠，遇适当的环境条件即可萌发，连续降雨对萌发有利。在干燥土壤中，菌核不易萌发，能存活3年以上，在潮湿的土壤中只存活一年左右，在渍水土壤中一个月菌核即腐烂死亡。病菌主要以菌核遗留在土壤中或混杂在种子中越冬、越夏。混杂在种子中的菌核，在播种时，随种子带入田间。田间的重复侵染，主要是通过病健植株或组织接触，由患部长出的白色绵毛状菌丝体传染的。

（三）防治技术

（1）选用无病种子。从无病株上采种，如种子带菌则用10%的盐水选种，汰除上浮的菌核和杂质。

（2）实行轮作与深耕。可减轻菌核病为害。

(3) 彻底清除植株下部的黄叶。可在初花和终花期各进行一次。

(4) 药剂防治。发病初期及时喷药防治，可用50%托布津可湿性粉剂1 000倍液或50%多菌灵可湿性粉剂500倍液、40%菌核净可湿性粉剂1 000倍液、50%农利灵可湿性粉剂1 000倍液、50%甲霉灵可湿性粉剂800倍液。每隔7～10天喷1次，连续2～3次。在收获前7～10天停止用药。

六、黑斑病

(一) 症状

黑斑病是十字花科蔬菜常见的一种病害，分布很广。一般年份为害不重，但个别地区流行年，可造成严重减产，茎叶味变苦，品质低劣。本病能为害植株的叶片、叶柄、花梗和种荚。叶片发病多从莲座叶开始，病斑圆形，灰褐色或褐色，有或无明显的同心轮纹，病斑上生有黑色霉状物，潮湿环境下更为明显。病斑周围有时有黄色晕环。叶上病斑发生很多时，很易变黄早枯。

(二) 病原及传播

病原［*Alternaria brassica*(Berk)Sacc］称芸薹链格孢，属半知菌亚门真菌。白菜黑斑病病菌的分生孢子萌发适温为17～20℃，菌丝生长的温度范围为1～35℃，适温为17℃。病菌主要以菌丝体及分生孢子，在病残体上、土壤中、采种株上以及种子表面越冬，成为田间发病的侵染源。分子孢子借风传播病菌。萌发产生芽管，从寄主气孔或表皮直接侵入。环境条件合适时，病斑能产生大量分生孢子，重复侵染，扩大蔓延为害。

(三) 防治技术

(1) 选择抗病品种。红杂50号、红杂60号高抗黑斑病，田间很少发病。

(2) 种子消毒。种子如果带菌可用50℃温水浸种25分钟，或用种子重量0.4%的50%福美双可湿性粉剂拌种，或用种子重量0.2%～0.3%的50%扑海因拌种。

(3) 轮作。与非十字花科蔬菜轮作2～3年。增施有机肥，深耕晒垡，清除病残体。

(4) 药剂防治。发现病株及时喷洒75%百菌清可湿性粉剂500～600倍液，或40%克菌丹可湿性粉剂400倍液、64%杀毒矾可湿性粉剂500倍液、50%多菌灵1 000倍液、50%扑海因可湿性粉剂1 500倍液，或40%乙·扑可湿性粉剂800倍液。在黑斑病与霜霉病混发时，可选用70%乙膦·锰锌可湿性粉剂500倍液，或58%甲霜灵·锰锌可湿性粉剂500倍液。每667米^{2}用药液60～70千克，隔7天左右1次，连续防治3～4次。

七、根肿病

（一）症状

十字花科根肿病指十字花科植物根部被芸薹根肿菌（*Plasmodiophora brassicae* Woron）侵染后，引起的主根或侧根薄壁组织膨大症。发病初期地上部症状不明显，以后生长逐渐迟缓，且叶色逐步褪黄，严重的可引起全株死亡。

根肿病发生于根部，根系受病菌刺激，细胞加速分裂，部分细胞膨大，以致形成根瘤。肿瘤一般成纺锤形、手指形和不规则畸形，大的如鸡蛋、小的如粟粒。在主根上发病时，肿瘤个大而数少，在侧根上发病时个小数多。肿瘤初期表面光滑，后期常发生龟裂，且粗糙。其他杂菌侵入后可造成腐烂，由于根部发生肿瘤，严重影响对水分和养分的吸收，所以地上部出现萎蔫。但在后期感病的植株，地上部症状不明显。

（二）传播途径及发病条件

病原真菌在土壤或种子上越冬，可在土壤中存活6年以上，主要靠雨水、灌水、害虫及农事操作等传播。病菌在9～23℃均可发育，适温23℃，适宜相对湿度70%～98%。一般低洼偏酸性及钙不足的地块发病严重。

（三）防治技术

（1）轮作。轮作可使病情显著减轻，水旱轮作效果更好，或与抗根肿病作物轮作。

（2）选择无病土壤育苗。禁止移植病区的带病幼苗。

（3）施用石灰。在偏酸性土壤中施用消石灰，提高土壤酸碱度为7～7.2为宜，每667米^{2}用石灰100～150千克。

（4）及时拔除病株。带至田外烧毁，注意排除田间积水。

（5）药剂防治。用15%恶霉灵水剂500倍液、53%金甲霜灵锰锌可湿性粉剂500倍液、75%五氯硝基苯可湿性粉剂700～1 000倍液或70%甲基托布津可湿性粉剂600倍液浇根。每7天1次，连灌3～4次。收获前10天停止用药。

八、根结线虫病

（一）症状

根结线虫病指作物根部感染根结线虫后，受到根结线虫释放的吲哚乙酸等生长激素的影响，细胞恶性分裂，形成根瘤或根结。主要发生在须根和侧根上，病部产生肥肿畸形瘤状结。剖开根肿结，内部有许多细小的乳白色线虫。根结上还可产生细弱的新根，再度侵染则形成根结状肿瘤。病株地上部症状不明显，重病株植株矮小，叶片萎蔫，渐黄枯，严重时全株枯死。

（二）传染途径及发病条件

根结线虫以卵及幼虫随植株病残体在土壤中越冬，可通过种子、苗木、土壤、流水和包装材料远距离传播。土壤疏松、地势高燥和盐分低的地块，适宜根结线虫活动，发病严重。

（三）防治技术

（1）轮作。与抗耐病的蔬菜如大葱、韭菜和大蒜等轮作，水旱轮作效果更好。可将重病田块用水淹 10～15 天。

（2）选择无病土育苗。将苗床消毒后再育苗，或用草炭、塘泥和稻田土等无病土育苗，禁止移植病区的带病幼苗。

（3）该虫在 55 ℃的温度条件下，经 8～10 分钟即可致死。利用这一特性，可在暑季换茬时采用在大棚中闷棚则效果更好。

（4）药剂防治。①每 667 米^2 用 10%粒满库 5 千克或 3%米乐尔、5%辛硫磷或 5%益舒宝等颗料剂 3 千克左右沟施或穴施，整地后 3～5 天再定植；②发病初期用 1.8%阿维菌素乳油 2 000 倍液、50%辛硫磷乳油 1 800 倍液、90%敌百虫结晶 800 倍液或 80%敌敌畏乳油 1 500 倍液灌根，每株灌药液 0.2～0.3 千克，在植株生长季节也可用 1%海正灭虫灵乳油 80 倍液进行土表喷雾防治。

九、白斑病

（一）症状

本病主要为害叶片，菜薹上时有发生，但不十分严重。叶片上初生灰褐色近圆形小斑，后扩大为直径 6～18 毫米不等的浅灰色至白色不定形病斑，外围有浅绿色晕围或斑边缘呈湿润状，潮湿时斑面呈灰色霉状物，即分生孢子梗和分生孢子，病组织变薄稍近透明，有的破裂成穿孔，严重时病斑连合成斑块，终致整叶干枯。

（二）病原及传播

病原 *Cercosporella albo-maculans*(Ell. et Ev)Sacc. 称白斑小尾孢，属半知菌亚门真菌。主要以分生孢子梗基部的菌丝或菌丝块着生在地表的病叶上生存，或以分生孢子黏附在种子上越冬，翌年借雨水飞溅传播到叶片上，孢子发芽后从气孔侵入，引致初侵染。此病对温度要求不太严格，5～28 ℃均可发病，适温11～23 ℃。长江中下游及湖泊附近菜区，春秋两季均可发病，尤以多雨的秋季发病严重。

（三）防治技术

（1）选择抗病品种。华中农业大学育成的一批品种抗性都比较强，如红杂50号、红杂60号、十月红一号和十月红二号等。

（2）实行轮作。一般要求2～3年以上轮作。

（3）施足基肥。配合施用磷肥、钾肥、锌肥，可促进植株健壮生长，提高植株抗病能力。

（4）药剂防治。发病初期喷洒25%多菌灵可湿性粉剂400～500倍液，或40%多硫悬浮剂、50%甲基硫菌灵可湿性粉剂500倍液、50%混杀硫悬浮剂600倍液、65%甲霉灵可湿性粉剂800倍液。每667米^{2}喷药50～60千克，间隔15天1次，共防2～3次。

十、炭疽病

（一）症状

炭疽病主要为害叶片、花梗及种荚。叶片染病，初生苍白色或褪绿水浸状小斑点，扩大后为圆形或近圆形灰褐色斑，中央略下陷，呈薄纸状，边缘褐色，微隆起，直径1～3毫米；发病后期，病斑灰白色，半透明，易穿孔；在叶背多为害叶脉，形成长短不一，略向下凹陷的条状褐斑。叶柄、花梗及种荚染病，形成长圆或纺锤形至菱形凹陷褐色至灰褐色斑，湿度大时，病斑上常有朱红色粘状物。

（二）病原及传播

病原 *Colletotrichum higginsianum* Sacc. 科希金斯刺盘孢，属半知菌亚门真菌。以菌丝随病残体遗落土中或附在种子上越冬，翌年分生孢子长出芽管侵染，借风或雨水飞溅传播，病部产出分生孢子后，进行再侵染，地势低洼，通风透光差的田块发病较重。每年发生期主要受温度影响，而发病程度则受适温期降雨量及降雨次数多少的影响，属高温高湿型病害。

（三）防治技术

（1）选用抗病品种。

（2）种子消毒。播前用50 ℃温水浸种10分钟，或用种子重量0.4%的多菌灵可湿性粉剂拌种。

（3）注意田园清洁。与非十字花科蔬菜隔年轮作。

（4）选择地势较高、排水良好的地块栽种。及时排除田间积水，增施磷钾肥。

（5）药剂防治。发病初期开始喷40%多·硫悬浮剂700倍液，或70%甲基硫菌灵可湿性粉剂500～600倍液，或70%甲基硫菌灵可湿性粉剂1 000倍液加75%百菌清可湿性粉剂1 000倍液，或80%炭疽福美可湿性粉剂800倍液。隔7～10天1次，连续防治2～3次。

第二节　薹用白菜主要虫害及其防治

一、菜粉蝶

菜粉蝶（*Artogeia rapae* L.）别名菜白蝶、白粉蝶，幼虫称菜青虫、青条子。属鳞翅目、粉蝶科。为世界性害虫，国内广泛分布。

（一）形态特征

成虫体长15～19毫米，翅展35～55毫米。体灰黑色，翅白色，顶角灰黑色，雌蝶前翅有2个显著的黑色圆斑，雄蝶仅有1个显著的黑斑。卵瓶状，高约1毫米，宽约0.4毫米，表面具纵脊与横格，初产乳白色，后变橙黄色；幼虫体青绿色，背线淡黄色，腹面绿白色，体表密布细小黑色毛瘤，沿气门线有黄斑，共5龄；蛹长18～21毫米，纺锤形，中间膨大而有棱角状突起，体绿色或棕褐色。

（二）为害特点及生活习性

（1）为害特点。幼虫食叶。2龄前只能啃食叶肉，留下一层透明的表皮；3龄后可蚕食整叶片，轻则虫口累累，重则仅剩叶脉，影响植株生长发育，造成减产。虫粪污染叶及产品器官，降低商品价值。虫口还能导致软腐病的发生。

（2）生活习性。各地发生代数，历年不同，长江中下游5～8代。各地均以蛹越冬，大多在菜地附近的墙壁、屋檐下或篱笆、树干、杂草残株等处，一般选在背阳的一面。翌春4月初开始陆续羽化，边吸食花蜜、边产卵，以晴朗的中午活动最盛。卵散产，多产于叶背。卵在7℃以上开始发育，历时5～16天；幼虫在6℃以上即可发育，历时11～22天；成虫寿命5天左右。菜青虫发育最适温度20～25℃，相对湿度76%左右。其发育有春、秋2个高峰，即4～6月和9～11月。

（三）防治技术

（1）生物学防治。用苏云金杆菌系列的Bt乳剂、青虫菌6号液、苏云金杆菌可湿性粉 500～1 000 倍液喷雾效果好。

(2) 药剂防治。应在幼龄期用药，连续 2～3 次。可选用 1.8%阿维菌素乳油 2 000～3 000 倍液、25%除虫脲可湿性粉剂 2 000～3 000 倍液、1.7%阿维·高氯氟氰可溶性液剂 2 000～3 000 倍液、15%阿维·毒乳油 1 000～2 000 倍液、2%阿维·苏云菌可湿性粉剂 2 000～3 000 倍液、5%来福灵乳油 1500 倍液、20%戊氰菊酯 3 000 倍液、25%快杀灵 2 000 倍液、4.5%高效氯氰菊酯乳油 2 000倍液、10%歼灭乳油 6 000～8 000 倍液。

二、菜蛾

菜蛾（*Plutella xylostella* L.）别名小菜蛾，幼虫称吊丝虫、两头尖。属鳞翅目、菜蛾科。我国南方较北方重。

（一）形态特征

成虫为小型蛾子，体长 6～7 毫米，翅展 12～15 毫米，体翅灰褐色。前后翅狭长，缘毛很长，前翅后缘有三度弯曲波状淡黄色带。停息时，两翅折叠成屋状，绿毛翘起如鸡尾，黄白色部分则合并成 3 个相连的斜方块。卵椭圆形，长约 0.5 毫米，宽 0.3 毫米，淡黄绿色；老熟幼虫体长 10 毫米左右，头黄褐色，胸腹部淡绿色，体节明显，前胸背板上有淡褐色小点组成 2 个“V”字形纹；蛹长约 5～8 毫米，初为淡绿色，渐呈淡黄绿色，羽化前为灰褐色，外被纺锤形网状薄丝茧。

（二）为害特点及生活习性

(1) 为害特点。初孵幼虫钻入上、下表皮间，取食叶肉，形成小隧道。2 龄后退出隧道，3～4 龄在叶背、心叶取食成孔洞、缺刻，严重时仅剩叶脉。幼虫一遇惊扰就急骤扭动后退，吐丝下垂。

(2) 生活习性。长江流域一年发生 9～14 代，在北方以蛹越冬，南方无越冬、越夏现象，终年可见虫态。在长江以南地区 3～6 月、8～11 月有 2 个为害高峰，秋峰大于春峰。成虫昼伏夜出，有趋光性。卵散产，多产于叶背近叶脉凹陷处。幼虫 4 龄，老熟后在叶背、枯叶上作茧化蛹。发育最适温度 20～30 ℃。暴雨冲刷对卵和幼虫不利，初孵幼虫和刚出隧道幼虫对水滴非常敏感，故夏季多雨年份虫口明显降低。

（三）防治技术

(1) 农业防治。菜蛾为寡食性害虫，实行轮作便可断其食物来源，可有效控制虫口。

（2）灯光诱杀。5～11 月开灯，利用小菜蛾的趋光性，成虫发生期每 1 000 米² 左右菜园设置一盏黑光粉诱杀成虫，效控制虫口基数，缓解后期防治压力。

（3）利用性引诱剂杀虫。用窗纱等制成 3 厘米×3 厘米×12 厘米小纱笼，悬挂于水盆上，用三脚架在田间，每 667 米² 设 6～8 个，用小菜蛾性诱剂可诱杀大量雄蛾。

（4）生物防治。微生物农药使用同菜粉蝶，菜蛾颗粒体病毒防效亦好。

（5）药剂防治。菜蛾一年发生代数多，世代重叠严重，故应抓紧防治。喷药要求细微周到，以叶背、心叶为主，药量要足。5%氟虫腈（锐劲特）乳油悬浮剂1 500倍液、10%溴虫腈（除尽）悬浮剂 1 000 倍液喷雾，其他使用药剂同菜粉蝶。

三、斜纹夜蛾

斜纹夜蛾（*Prodenia litura* Fabricius）别名莲纹夜蛾、莲纹夜盗蛾。属鳞翅目，夜蛾科。世界性害虫，国内广泛分布。

（一）形态特征

成虫为中型夜蛾，体长 14～20 毫米，翅展 35～40 毫米，体深褐色。前翅灰褐色，斑纹复杂，在环形纹和肾形纹之间，由翅前缘向后缘外方有白色斜纹，雄蛾斜纹较粗，雌蛾为 3 条细斜纹。卵扁球形，直径约 0.4～0.5 毫米，卵呈块状，由 3～4 层卵叠成，外敷疏松灰黄色绒毛，卵块约黄豆粒大小。幼虫体长 35～47 毫米，头部黑褐色，胸部颜色变化大，常为土黄色、青黄色、灰褐色或暗绿色。从中胸至腹部第九节的亚背线各节内侧有近三角形的黑斑一对，其中第一、第七、第八腹节的最明显。蛹长约 15～20 毫米，红色。

（二）为害特点及生活习性

（1）为害特点。斜纹夜蛾是食性很杂的间歇性猖狂发生的害虫。在蔬菜中主要为害十字花科蔬菜、水生蔬菜及茄科蔬菜。初孵幼虫群聚叶背取食，2 龄后分散，4 龄后进入暴食期，食叶成孔洞缺刻，也食害花蕾、花和果实，严重时能将叶吃成光秆。

（2）生活习性。在长江流域一年发生 5～6 代，在 7～8 月大发生。成虫夜间活动，飞翔力强，一次可飞数十米远，高达 10 米以上，有趋光性，并对糖醋酒液及发酵的胡萝卜、麦芽、豆饼和牛粪等有趋性。成虫需补充营养，取食糖蜜的平均产卵 577.4 粒，未取食的只能产数粒。卵多产于高大、茂密和浓绿的边际作物上，以植株叶片背面叶脉处最多。幼虫 6 龄，为喜温性害虫，发育适温为29～30 ℃。成虫出现早则当年虫情严重。

（三）防治技术

（1）诱杀成虫。①黑光灯诱杀；②糖醋酒液诱杀，糖6份、醋3份、酒1份、水10份、90％敌百虫1份调匀，置于瓦盆中，用三脚架支于田间；或用甘薯、胡萝卜等煮水发酵制糖醋酒液加敌百虫亦可。还可用杨树枝把诱蛾。

（2）人工采集卵块和带幼虫叶。

（3）药剂防治。应在幼虫3龄前进行，若3龄前未治，则施药应在傍晚进行。防治药剂可选用5％抑太保乳油1 500倍液，或5％卡死克乳油1 500倍液、20％米满悬浮剂1 500倍液、15％安打悬浮剂3 500倍液、10％除尽乳油1 000倍液、52.5％农地乐乳油1 000～1 500倍液、10％氯氰菊酯乳油1 000倍液、55％农蛙（毒·绿）乳油1 000倍液、15％菜虫净乳油1 500倍液、1.8％阿维菌素乳油2 000～3 000倍液、3％甲维盐微乳剂（绿卡）3 000倍液等喷雾。抑太保和卡死克必须在卵孵高峰期用药，其他药剂在幼虫3龄前喷雾。注意药剂交替使用。

四、菜螟

菜螟（*Hellula undalis* Fabricius）别名菜心野螟、萝卜螟、甘蓝螟、白菜螟和钻心虫等。属鳞翅目，螟蛾科。主要为害十字花科蔬菜。

（一）形态特征

成虫体长7毫米，翅展15毫米，灰褐色，前翅具3条白色横波纹，中部有一深褐色肾形斑，镶有白边，后翅灰白色。卵长约0.3毫米，椭圆形，扁平，表面有不规则网纹，初产淡黄色，以后渐现红色斑点，孵化前橙黄色。老熟幼虫体长12～14毫米，头部黑色，胴部淡黄色，前胸背板黄褐色，全背有灰褐色纵纹，各节生有毛瘤，中、后胸各6对，腹部各节前排8个，后排2个。蛹长约7毫米，黄褐色，翅芽长达第四腹节后缘，腹部背面5条纵浅隐约可见，腹部末端生长刺2对，中央1对略短，末端略弯曲。

（二）为害特点及生活习性

（1）为害特点。幼虫是钻蛀性害虫，为害蔬菜幼苗期心叶及叶片，受害苗因生长点被破坏而停止生长或萎蔫死亡，造成缺苗断垄，并能传播软腐病，导致减产。

（2）生活习性。菜螟在长江流域一年6～7代，以老熟幼虫在地面吐丝缀合土粒，枯叶做成丝囊越冬。翌春越冬幼虫入土6～10厘米深做茧为化蛹，成虫趋光性不强，飞翔力弱。卵多散产于菜苗嫩叶上，每雌可产200粒卵。卵发育历期2～5天。初孵幼虫潜叶为害，隧道宽短，2龄后穿出叶面，3龄吐丝缀合心叶，在内取食，使心叶枯死并且不能再抽出心叶，4～5龄可由心叶或叶柄蛀入茎髓或根部。每虫可为害4～5株，此虫喜高温低湿环境，气温24℃左右，相对湿度约67%时，为害最盛。

（三）防治技术

（1）农业防治。一是深翻土地，可消灭一部分在表土或枯叶残株内的越冬幼虫。二是适当灌水，增大田间湿度，有抑制害虫作用。

（2）药剂防治。可用灭杀毙（21%增效氰·马乳油）或40%氰戊菊酯6 000倍液、2.5%功夫乳油4 000倍液、20%灭扫利乳油、2.5%天王星乳油3 000倍液、20%菊·杀乳油2 000～3 000倍液、10%菊·马乳油1 500～2 000倍液、5%卡死克乳油3 000倍液、5%抑太保乳油3 000倍液、2.5%敌杀死乳油3 000倍液、5%抑太保乳剂3 000倍液、净叶宝1号1 500倍液、5%锐劲特悬浮液2 500倍液、24%万灵水剂1 000倍液，重点喷心叶，效果都较好。最好将不同药剂交替使用，以免长期使用同一种农药，致虫子产生抗药性。

五、菜蚜类

俗称腻虫、蜜虫。为害十字花科蔬菜的蚜虫主要有3种，即萝卜蚜、桃蚜和甘蓝蚜，均属同翅目蚜科。因3种蚜虫的形态特征、繁殖方式、生活习性和防治方法近似，故以萝卜蚜为代表进行较详细说明。

萝卜蚜（*Lipaphis erysini* Kaltenbaeh）在国内外广泛分布，以十字花科蔬菜为主要寄主植物的寡食性害虫。主要为害叶片多毛、少蜡质的白菜、萝卜和油菜等十字花科蔬菜。

（一）形态特征

无翅孤雌蚜体长2.3毫米，宽1.3毫米，体绿色或黑绿色，胸腹部淡色无斑纹，表皮粗糙有菱形网纹。中额明显突出，额瘤微隆、外倾。腹管长圆筒形，顶端收缩。尾部有长毛4～6根。有翅孤雌蚜，体长1.6～1.8毫米，头、胸部黑色，腹部淡黑色。

（二）为害特点及生活习性

（1）为害特点。蚜虫密集在寄主植物的叶背面、嫩梢、幼果上吸食汁液，造成叶片失绿、变黄、皱缩、萎蔫；嫩梢、嫩茎扭曲变形；幼苗生长停滞，甚至整株萎蔫枯死。蚜虫还是多种病毒病的传毒者，其传播为害通常大于其吸食为害。

（2）生活习性。每年发生15～46代不等。长江流域一年发生30代左右，菜地终年可见。温暖地区以无翅孤雌蚜在蔬菜心叶等隐蔽处越冬，寒冷地区则以卵在叶上越冬。每年5～6月、9～10月为害严重。其发育适温为15～26℃，适宜的相对湿度为75.8%以下。

（三）防治技术

防治蚜虫宜尽早用药，将其控制在点片发生阶段。

（1）农业防治。蔬菜收获后及时清理田间残株败叶，铲除杂草。

（2）物理防治。利用蚜虫对黄色有较强趋性的原理，在田间设置黄板，上涂机油或其他黏性剂诱杀蚜虫。还可利用蚜虫对银灰色有负趋性的原理。在田间悬挂或覆盖银灰膜，每667米^{2}用膜5千克，可驱避蚜虫，也可用银灰遮阳网、防虫网防治蚜虫。

（3）药剂防治。目前的主要防治方法。主要药剂有10%金大地可湿性粉剂1 500倍液、5%大功臣1 200倍液、3%啶虫脒乳油4 000倍液、10%四季红可湿性粉剂1 500倍液、10%高效灭百可乳油1 000倍液、50%避蚜雾2 000～3 000倍液、10%吡虫啉可湿性粉剂2 000倍液、20%灭扫地乳油2 000倍液、40%氰戊菊酯6 000倍液、20%氯氰菊酯3 000倍液等喷雾。

六、黄曲条菜跳甲

黄曲条菜跳甲（*Phylltreta striolata* Fabrieius）别名黄曲条跳甲、黄条跳甲、跳格蚤、黄跳蚤和土跳蚤等。属鞘翅目、叶甲科。在国内广泛分布，主要为害十字花科蔬菜。我国为害十字花科蔬菜的黄条菜跳甲有4种，即黄曲条菜跳甲、黄宽条菜跳甲、黄直条菜跳甲和黄狭条菜跳甲。因它们为害特点、生活习性和防治方法相似，故此处仅以黄曲条菜跳甲为代表，进行介绍。

（一）形态特征

成虫体长约2毫米，鞘翅上的黄色条纹略呈弓形，外侧中间向内凹曲颇深。卵长约0.3毫米，椭圆形，淡黄色，半透明。老熟幼虫体长约4毫米，长圆筒形，黄白色，胸腹各节有不显著的肉瘤。蛹长约2毫米，椭圆形，乳白色，腹末有一对叉状突起，叉端褐色。

（二）为害特点及生活习性

（1）为害特点。黄曲条菜跳甲的成虫和幼虫均可为害。十字花科蔬菜为害较重，亦可为害茄果类、瓜类和豆类。成虫咬食叶片成小孔，喜食幼嫩部分，幼芽受害后，不能继续生长，故幼苗常受害重，还可为害花蕾和籽荚。幼虫生活于土中，为害根部，啃食根皮、蛀成环状虫道，使地上部分由外向内逐渐变黄，萎蔫而死。萝卜受害时，地下部分被咬食成凹斑，称“麻萝卜”，其味苦。

（2）生活习性。在长江流域一年发生5～7代，以成虫在落叶、杂草中潜伏越冬。翌年春季气温10℃以上开始活动，20℃时食量大增，春、秋两季大发生。成虫产卵于植株周围湿润土隙中或细根上，卵孵化要求高温，相对湿度不到100%，许多卵不能孵化。幼虫3龄，发育最适温度24～28℃，湿度高的地块，为害重于湿度低的地块。

（三）防治技术

（1）农业防治。一是清除菜地残株落叶，铲除杂草，消灭其越冬场所和食物；二是播种前深耕晒土，造成幼虫不利的生活环境，还可消灭部分蛹；三是铺设地膜，避免成虫把卵产在根上。

（2）药剂防治。在成虫发生期，可用10%啶虫脒微乳剂+15%哒螨灵乳油、48%乐斯本1 000倍液、2.5%功夫3 000倍液、50%辛硫磷乳油1 000倍液、5%锐劲特悬浮剂2 000倍液、52%农地乐乳油1 500倍液、10%氯氰菊酯乳油2 500倍液、40%毒死蜱乳油1 000倍液，于中午喷药防治成虫和幼虫；还可用50%辛硫磷800倍液、90%敌百虫600倍液进行灌根；或用5%辛硫磷颗粒剂2～3千克/667米^{2}撒施。

七、大猿叶虫

大猿叶虫（*Colaphellus bowoingi* Boly）属鞘翅目，叶甲科。别名白菜掌叶甲、乌壳虫、黑壳虫，幼虫俗称癞虫、弯腰虫。我国各地都有发生，主要为害十字花科蔬菜。

（一）形态特征

成虫体长4.7～5.2毫米，宽2～5毫米，长椭圆形，蓝黑色，略有金属光泽，背面密布不规则的大刻点，小盾片三角形。鞘翅基部宽于前胸背板，并且形成隆起的“肩部”，后翅发达，能飞翔。卵长椭圆形，1.5毫米×0.6毫米，鲜黄色，表面光滑。末龄幼虫体长约7.5毫米，头部黑色有光泽，体灰黑色稍带黄色，各节有大小不等的肉瘤，以气门下线及基线上的肉瘤最明显。蛹长约6.5毫米，略呈半球形，黄褐色。腹部各节两侧各有一丛黑色短小的刚毛；腹部末端有一对叉状突起，叉端紫黑色。

（二）为害特点及生活习性

（1）为害特点。成虫和幼虫均食菜叶，并且群聚为害，致使叶片千疮百孔，严重时吃成网状，仅留叶脉。

（2）生活习性。在我国北方每年发生 2 代，长江流域 2～3 代，广西 5～6 代，以成虫在表土 5 厘米层越冬，少数在枯叶、土缝和石块下越冬，翌春开始活动。卵成堆产于根际地表、土缝或植株心叶，每堆 20 粒左右。每雌可产 200～300 粒。成虫、幼虫都有假死习性，受惊即缩足落地。成虫和幼虫皆日夜取食。成虫平均寿命达 3 个月。春季发生的成虫，当夏初气温达 26.3 ℃以上，即潜入土中或草丛阴凉处越夏，夏眠期达 3 个月左右，至 8～9 月气温降到 27 ℃左右，又陆续出土为害。卵发育历期 3～6 天，幼虫约 20 天，共 4 龄，蛹期约 11 天。每年4～5 月和 9～10 月为 2 次为害高峰，以秋季在白菜上的为害更严重一些。

（三）防治技术

（1）农业防治。秋冬结合施肥，清除菜田残株败叶，铲除杂草，可消灭部分越冬虫源及减少早春害虫的食料。

（2）药剂防治。防治成虫可喷洒 50%辛硫磷乳油 1 000 倍液或 90%敌百虫晶体 1 000 倍液、5%锐劲特悬浮剂 2 000 倍液、灭杀毙（21%增效氯、马乳油）3 000倍液、20%菊·马乳油 3 000 倍液等药剂。还可以用 50%辛硫磷 800 倍液、90%敌百虫 600 倍液进行灌根防治幼虫。

八、大青叶蝉

大青叶蝉（*Tettigella viridis* Linne）俗称大浮尘子、青头虫。属同翅目、叶蝉科。国内广泛分布。可为害十字花科、豆科等植物。

（一）形态特征

成虫体长 7.2～10.1 毫米，体青绿色，头黄绿色，头顶后缘有一对不规则多边形黑斑，前翅绿色带青蓝色，尖端透明。胸部、腹部和腹面橙黄色。若虫似成虫，初孵时灰白色，后变为淡黄色，胸、腹背面有 4 条褐色纵带。

（二）为害特点及生活习性

一年发生 3 次。以卵在植物表皮下越冬。翌年 4 月孵化。春、秋两季在十字花科等多种蔬菜上为害。其成虫、若虫以刺吸式口器吸食寄主植物汁液，造成失绿，严重时造成植株枯萎。菜地常见，但为害较轻。

（三）防治技术

（1）灯光诱杀成虫。

（2）药剂防治。应抓紧若虫期防治，可用25%仲丁威乳剂每667米^{2}为25～37.5克（有效成分）、25%叶飞散乳油25～30克、20%异丙威乳剂30～40克、4%速灭威粉剂40～50克喷粉，10%在功臣可湿性粉剂3 000倍液、20%叶蝉散（灭扑威）乳油800倍液、10%吡虫啉可湿性粉剂2 000倍液、5%抗蚜威超微可湿性粉剂3 000倍液喷雾。

为害蔬菜的叶蝉还有棉叶蝉、白翅叶蝉、小绿叶蝉、黑尾叶蝉和二等叶蝉等，防治方法均同大青叶蝉。

附 录

附录1　薹用白菜性状记载标准探讨[①]

晏儒来

1　物候期

1.1　播种期　播种的日期。

1.2　定植期　移栽到大田的日期。

1.3　初生莲座叶形成期　即现蕾期。

1.4　抽薹期　菜薹快速抽出的时期。

1.5　初收期　20%植株开始采收的日期。

1.6　盛收期　80%以上植株已开始采收的日期。

1.7　侧薹始收期　20%植株开始采收侧薹。

1.8　侧薹盛收期　80%植株已采收侧薹。

1.9　采收末期　最后一次采收的日期。

2　植物学性状

2.1　叶　在主薹、侧薹、孙薹采收时分别记载叶的形态。

2.1.1　初生莲座叶形态　可分为圆形、长圆形、心形和三角形。次生莲座叶形态　可分为三角形、披针形、长圆形和圆形等。再生莲座叶形态　可分为三角形、披针形、长圆形和圆形等。

2.1.2　叶色　可分为黄、黄绿、亮绿、绿、深绿、暗绿和紫绿等色。

2.1.3　叶脉色　分为白、绿、红和紫红等色，分别记载叶柄、叶主脉和侧脉等部位。

2.1.4　叶柄长　分别记载初生莲座叶、次生莲座叶、再生莲座叶和薹叶的

---

① 此文曾发表于《长江蔬菜》1990年第3期，经过近20年来同行们的参考使用和本人对菜薹研究的深入，感到原文有些地方不够全面。现稍修改，纳入本书中，供参考。

叶柄长。

2.1.5　叶数　各级叶数。

2.2　薹

2.2.1　薹长　于采收时测量，用厘米表示，测20薹取平均值。

2.2.2　薹粗　于采收时用卡尺测量，也可用直尺测量切口，测20薹取平均值。

2.2.3　薹重　于采收时计薹数、称重，取平均值，以克表示。

2.2.4　薹色　分淡红、鲜红、紫红、粉红或下红上绿等色。白菜薹和菜心薹色分白、黄绿、油绿、绿、深绿和粉绿等。

2.2.5　蜡粉　有或无，厚或薄。

2.2.6　薹数　各级薹数，指有商品价值的薹数，短小、纤细的薹不算。

3　产量

菜薹的单株产量主要由薹数和薹重构成。薹数受品种、栽培季节和栽培条件的影响；而薹重则由薹重和薹叶重组成，薹重受薹的长度和粗细制约，薹叶重也受叶长和叶宽所制约。因此，薹数、薹重、薹长、薹粗、薹叶长和薹叶宽都是应记载的产量构成因素。

3.1　薹数　记载主薹、侧薹和孙薹数即可，无商品价值的薹不计入。

3.1.1　主薹　每株1根。现有品种主薹就其生长状况，大致可分为正常型，半退化型和退化型3类。薹叶在5片以上者大多属于正常型，3～4片者为半退化型，1～2片者为退化型。退化型主薹很小，对产量没多大价值，且品质差，宜早掐去。正常型者，发育正常，比侧薹粗大或与侧薹相当。半退化型者介于退化与正常之间，可据其发育状况确定取舍。于主薹采收时记载。

3.1.2　侧薹数　即子薹，或一级分枝，每株5～11根。由初生莲座叶叶腋中抽出，是红菜薹产量的主要构成因素，其产量占总产量的6～7成。侧薹的多少与初生莲座叶的叶数成正相关。早熟品种侧薹较少，晚熟品种较多。于孙薹采收中期记载。

3.1.3　孙薹数　又叫二级分枝，每株5～30根不等。从次生莲座叶叶腋中抽出，其多少受品种和栽培条件影响大，也与种植季节、侧薹多少有关。于采收结束前记载。

3.2　薹重　即单薹的重量，以克表示。根据人们的食用习惯和烹调的要求，主薹、侧薹平均薹重50～60克，孙薹平均重30～40克较好。于采收时称重记载。

3.2.1　薹长　薹的长度，于正常采收期测量，以厘米表示，取20根平均值。

3.2.2　薹粗　薹的粗度，于正常采收期测量横切面，以厘米表示，取20根平均值。

3.3　薹叶重　即附在薹上的叶子重量，于正常采收期测量。取20根薹的最大薹叶测量，取平均值，以克表示。

3.3.1　薹叶长　取20根薹每薹测量一片最大薹叶的长度，取平均值，以厘米表示。

3.3.2　薹叶宽　测量方法同3.3.1。

3.4　菜薹整齐度　以薹长短、粗细整齐一致为好。用整齐、较整齐和不整齐表示。

3.5　薹上叶芽萌发力　是指菜薹在采收前由薹上腋芽抽出分枝的能力。分枝性的强弱虽对产量影响不大，但对市场销售的商品性“卖相”有一定影响。商品菜薹上最好没有分枝。在菜薹采收时记载，可分为多、少和无3类。

4　熟性

熟性是指自播种至开始采收时间的长短，以天数表示。根据原有农家品种和近20年来各地新育成品种的始收期天数，将其分为极早熟、早熟、早中熟、中熟、中晚熟、晚熟和极晚熟7类。菜心熟性较集中，也可分为早熟、早中熟、中熟、中晚熟和晚熟5类。

4.1　熟性分类

4.1.1　极早熟品种　播种后50天以内开始采收。菜心为30天以内。

4.1.2　早熟品种　播种后51～60天开始采收。菜心为35天以内。

4.1.3　早中熟品种　播种后61～70天开始采收。菜心为36～45天。

4.1.4　中熟品种　播种后71～80天开始采收。菜心为46～55天。

4.1.5　中晚熟品种　播种后81～90天开始采收。菜心为56～65天。

4.1.6　晚熟品种　播种后91～100天开始采收。菜心为65天以上。

4.1.7　极晚熟品种　播种后100天以上才开始采收。

4.2　熟性构成性状

4.2.1　真叶出现的快慢　子叶展开至第一片真叶展开所需的天数。

4.2.2　现蕾的快慢　自播种至植株现蕾所需天数。天数越少，则熟性越早。

4.2.3　植株抽薹的快慢　播种至开始采收的天数。天数少为早熟，多则为晚熟，详见熟性分类。

4.2.4　开花迟早　一般品种开第一朵花即表示菜薹要采收了，但也有一些较晚熟的品种，菜薹未抽出来就开始开花。这种品种不能以始花作为采收标准。

4.2.5　菜薹生长速度　菜薹自现蕾至采收所需天数。主薹、侧薹、孙薹分别记载。其生长快慢与品种（或株系）熟性、外界温度和栽培条件有关。

5　品质

品质包括感观特性和食用品质2个方面。

5.1　感观特性　又包括外观、质地和风味等内容。

5.1.1　外观　即商品性，又包括菜薹的长短、粗细、颜色、形状、光泽和有无缺陷等。

5.1.1.1　薹长　用尺测量，品种间差异很大。一般红菜薹以30～35厘米较好，白菜薹25～35厘米较好，菜心以15～25厘米较好，特殊用途的品种例外。太长则薹食用品质下降，太短则产量欠佳。35厘米以上为特长，测20根取平均值。

5.1.1.2　薹粗　用卡尺测量或用直尺测横切面，以1～2厘米为中粗，横切面较受欢迎，2厘米以上为特粗，1厘米以下为细。测20根取平均值。

5.1.1.3　薹重　用克表示，取20根正常薹称重，取平均值。

5.1.1.4　薹色　记载色泽是否鲜艳，上下是否均匀一致。是否有光泽和有蜡粉。

5.1.1.5　薹形　记载上下粗细是否较均匀、是否有棱、是否纤细，主薹是否退化。

5.1.1.6　薹叶　商品薹上的叶子大小、形态。大小以长×宽记载，形态可分为三角形、披针形和长圆形等。

5.1.2　质地　主要指成熟薹的紧实度，脆嫩性或软绵、韧性，用新鲜菜薹炒熟后，请3～5人口评。

5.1.3　风味　指薹食味是否有甜、酸、苦、辣、涩味和特殊的芳香味、怪味等。可在田间口评或炒熟后口评，由3～5人评定。

5.1.4　易炒熟性　指是否容易炒熟、易软。

5.2　营养价值　指主要营养成分的含量，可测定碳水化合物、蛋白质、脂肪、维生素和矿物质等。

5.2.1　干物质　用化学分析法测定。

5.2.2　蛋白质　用化学分析法测定。

5.2.3　含糖量　用化学分析或测糖仪测定。

5.2.4　维生素C　用化学分析法测定。

6　抗逆性

6.1　抗病性　指对霜霉病、软腐病、病毒病、黑斑病及根肿病的抗性，一般可分为免疫、高抗、中抗和不抗4个等级。

6.2　抗虫性　主要记载对蚜虫的抗性。

6.3　抗热性　于6～9月连续大晴日开始发生萎蔫时比较各品种或株系的萎蔫程度。可分为严重（所有叶片萎蔫）、一般（部分叶萎蔫）、轻微（个别叶）和零萎蔫4个等级。

6.4　耐旱性　于连续多日干旱时注意观察植株萎蔫的程度，也可分为4级。

6.5　耐寒性　在产生冻害的年份观察各品种或株系的耐寒性，统计受冻菜薹和叶片受冻轻重程度。

6.6　耐渍性　遇短期水淹不死苗。

7　品种纯度观察

7.1　植株形态一致，生长整齐。

7.2　不同植株莲座叶形态、叶数和叶色一致。薹叶形态大小叶数较一致。

7.3　不同植株主薹、侧薹抽出和开始采收的时间较一致。

7.4　不同植株主薹、侧薹长短、粗细较一致。

7.5　自交不亲和指标　花期自交亲和指数小于1，系内株间亲和指数小于2，蕾期自交亲和指数大于5。

7.6　雄性不育系不育率　核不育率50%，质核不育率100%。

附录2　菜心种子扩大繁殖生产技术规程

陈汉才　李桂花　曹健　李明珠　宋钊[①]

（广东省农科院蔬菜研究所，广东广州　510640）

摘要：详细描述了菜心种子扩大繁殖的生产技术规程，包括原种生产基地的选择、隔离措施，原种生产的方法，原种单株、株行圃、株系圃、原种圃选择标准和选择方法，以及对收获后种子的质量、检测规则等要求，为菜心种子生产扩大繁殖提供依据，确保生产出来的菜心种子达到国家一级标准。

关键词：菜心种子　引种　良种　一级标准

中图分类号：S634.5　文献标识码：B　文章编号：1004～874X(2009)12～0054～02

菜心（Flowering Chinese cabbage）又称菜薹、菜花和油菜，是十字花科芸薹属蔬菜，为华南地区的特产蔬菜品种。菜心质优味佳，被称为“蔬菜之王”，在广东省种植面积最大、总产量最高、市场最畅销。其远销于东南亚和欧美等发达国家，是广东省出口创汇的主要蔬菜种类，仅广州市菜心每年栽培面积就达1.1万多公顷。然而，由于菜心种子扩大繁殖时种植不规范，隔离措施没有达到要求，菜心种子纯度达不到国家标准，导致各大菜场或农户种子商索赔事件时有发生，因此非常有必要对菜心种子生产制定一套技术规程，为菜心种子生产提供依据。

1　原种生产基地的选择及隔离

1.1　基地选择

菜心种子生产要安排在适宜菜心生长、开花结实的地区和季节种植，开花期温度在17～26 ℃为宜。选择通风透光、水源充足无污染、排水良好、富含有机质、保水保肥能力强、pH6.0～6.5、前期为非十字花科作物的水稻土或菜园土建原种生产基地。

1.2　隔离措施

菜心种子生产基地与能和菜心发生自然杂交的异种、异品种十字花科作物的

---

①　收稿日期：2009－08－05。

基金项目：国家科技支撑计划项目（2007BAD68B03）；热带亚热带优势农作物品种繁育技术研究与示范项目（2007BAD68 B03）；广州市招标项目（2008—2009年）。

作者简介：陈汉才（1962—），男，研究员，E-mail：chen6206@21cn.com。

花粉来源的隔离距离不少于2 000米。若隔离距离小于2 000米时，必须用小于1毫米的防虫纱网进行人工隔离，在防虫纱网内可采用人工辅助授粉或防虫纱网内放养蜜蜂等昆虫辅助授粉。

2 原种生产

2.1 生产方法

原种繁殖可采用单株选择、分系比较和混系繁殖的方法，即株行圃、株系圃和原种圃，或采用株行圃和原种圃的二圃制。生产原种要配制整个生育期的田间观察记录本，历年记载本要妥善保存，建立系统档案，以备查考。播种时要根据上一年的种子做好田间设计。绘好田间种植图，按图播种，做好记载。

2.2 单株选择

2.2.1 种子来源 单株选择是原种生产的基础，入选单株要在株行圃内当选株行、株系圃内当选株系、纯度高的原种圃中选取；建立新的原种圃应从其他原种场引进原种，或在纯度高的大田中单株选择建立原种圃。

2.2.2 选择标准 当选单株的性状必须符合原品种的特征特性，具备该品种的特异性、一致性、丰产性和抗逆性。从单株的株型、整齐度、叶型、薹型、叶数、叶色、叶柄色、薹色、花蕾和蜡粉等性状均必须符合原品种的特征，生育期要与原品种相同。

2.2.3 选择方法 原种的选择必须在南方进行，选择分3个时期进行。母种选育，早中熟种分2批播种，第一批保留优良株系，约3月初采收种子，若获得的种子数量太少，可在北方安排3月底至4月初播种进行加代，当年8月将种子运回南方，在9月初播种，做株系比较，在入选株系内再进行单株选育自交，加快多代单株选育，再扩大繁育原种生产；迟熟种在10月初播种，只能种1次，2月采收后将入选的株系安排在北方（如甘肃张掖）3月中下旬播种进行加代，其他同早中熟品种。第一次选择在第一片真叶开始展开时进行，观察子叶大小、色泽、幼茎色和出苗整齐度，选留具有原品种特征特性、大小整齐一致、健壮的幼苗，并使每株幼苗的间距在2～3厘米以上，除去杂株、弱株。当菜心苗生长至有3片真叶时，要进行第二次选择，选择和保留株型、叶型、叶色等特征特性与该品种相同，茎叶粗壮、叶片厚实和生长健壮的幼苗，除去有不良性性状的杂株、病株、劣株、起节苗、生长过弱或过强的植株。第三次选择在商品成熟期进行，商品成熟的齐口花期是单株选择的最佳时期，选择和保留特征特性与原品种相符、生长势强、无病虫的植株，原则上是去杂留纯、去弱留强、去小留大，从品种的外观、整齐度、花薹色泽、叶形和叶色等特征，选择和保留与原品种特征特性相符，综合性状表现优异的单株，彻底淘汰与原品种性状不一致植株。在角果生理成熟期，将植株薹茎有蜡粉的排除。单株选择的入选单株数量应有30株以上。

2.2.4　调查记录　对入选优良单株的株形、株高、株幅、叶形、叶色、薹色和薹粗等性状做调查。播种后全过程不能疏苗、间苗，保证正常株数，作为准确调查纯度的数据。调查的单株性状应基本一致，淘汰偏差较大的单株，然后将当选单株分别编号，记录调查性状数据。

2.2.5　收获　当60%～80%的种荚已由绿色转变成黄绿色或黄色、且种子饱满即可采收。收获时当选单株要单独采收，然后晒干或放在阴凉、通风、干爽处晾干，待种荚充分干燥后分别进行脱粒。

2.2.6　贮藏　收获后的当选单株要单独编号、脱粒、装袋、复晒和贮藏，整个过程要严防与其他种子和杂物混杂。

2.3　株行圃

将上一年当选的单株种子，分行播种种植，每株行为1个小区，播种前绘好田间图，按编号分小区种植，每10个小区用计划繁殖品种的原种设1个对照区，建立株行圃，四周用原种设保护行。种子可以采用直播或育苗移植。所有单株要采取相同的生产管理，播种、施肥、浇水和移栽等田间管理措施均需在同一天内完成。整个生育期要做好田间记录。在菜心接近商品成熟、开花之前对各株行进行田间综合评价，根据观察结果和记载资料，进行株行的选择和淘汰。选择具备该品种的特异性、生长一致、综合性状优良的株行；淘汰形态不符合原品种、熟性、抗逆性、生长势等明显与原品种有差别的株行或株行内单株。将保护行、淘汰株行和对照小区先行收割，然后逐一复核当选株行，分区收获。如采用二圃制，可以混合收割，收获时要严防种子混杂，各株行要根据田间编号挂上标签，单独脱粒、晒干、贮藏，严防鼠、虫等危害及霉变。

2.4　株系圃

将上一年当选的各株行区种子分区种植，建立株系圃。各株系圃的栽培面积及管理均须一致，每10个株系圃各设1个对照区，用计划繁殖品种的原种作对照，田间观察和记载项目等要求同株行圃，数量性状调查要求每个株系圃随机调查10株，取平均值。株系圃除杂和选择方法同2.2.3，当选株系须具备原品种的特异性且一致性好、丰产。种荚成熟时，将各当选株系混合收割、脱粒、验收、贮藏。

2.5　原种圃

原种圃是将上一年株系圃混系种子一起播种，扩大繁殖。原种圃要集中连片，严格执行1.2的隔离措施，在各生育期观察菜心的特征特性，参照2.2.3做好去劣除杂的工作，保证种子纯度在99%以上。播种时适当稀播，培育壮苗，合理施肥管理，增施有机肥，促进植株粗壮，并及时防治病虫害。种荚成熟时，将原种圃种子混合收割、脱粒、验收和贮藏。

3 良种扩大繁殖生产

3.1 播种季节及种子来源

在我国南方地区，早熟种和中熟种繁殖的最佳播种时间是10月初至10月中旬，迟熟种繁殖最佳播种时间为10月下旬；在北方（如甘肃张掖）一带，早熟种和中熟种繁育的最佳播种时间在3月下旬，迟熟种繁育最佳播种时间为3月中下旬。

用菜心原种生产良种扩大繁殖，使用的良种必须特征特性一致，种性优良、品质好。

3.2 隔离及田间管理

良种生产宜选择集中连片的地区种植，严格执行2.2的隔离措施。在生育期间要进行2～3次除杂，特别是开花前的除杂去劣要彻底。要抓好肥水管理工作，特别是在抽薹开花期，要注意各种营养元素平衡施用，满足菜心生长发育的需要。当菜心大部分花序生长已经开始衰退或停止时，宜采取花序摘顶法，确保营养供应，使种子粒大饱满。

3.3 收获及种子质量要求

当菜心种荚成熟时即可采收。采收后可在阴凉通风的地方存放3～5天后熟，然后摊开晒干或继续在阴凉、干爽和通风处晾干，待种荚充分晒干后进行脱粒。种子晒场要专场专用，晒种过程严防混杂。

菜心种子质量要求达到纯度≥99.5%、净度≥98%、发芽率≥95%、水分≤8%。

4 检验规则

以品种纯度指标为划分种子质量级别的依据，种子在检验入库前要进行精选，有条件的可用精选机械精选，除去杂质和不饱满的种子，严防与其他种子和杂物混杂。每袋种子抽取少量测定种子发芽率、水分，并进行大田纯度鉴定。纯度达不到原种指标降为良种，达不到良种即为不合格种子，净度、发芽率和水分任何一次达不到指标的即为不合格种子。

附录3　红菜薹杂交种繁育制种技术操作规程

晏儒来　朱伯华　杨玲

1　范围

本规程规定了红菜薹杂交种繁育制种的技术，适用于武汉地区红菜薹核胞质型雄性不育系、保持系和父本系原种生产以及杂交一代种子生产，可供长江流域参考。

2　引用标准

下列标准所包含的条文，被本标准引用而构成为本标准条文

GB/T 3543.1～3543.7—1995　农作物种子检验规程

GB 16715.2—1999　瓜菜作物种子　白菜类

3　不育系、保持系和自交系的原种生产

3.1　生产方法

采用"三圃"制进行各系的原种生产。其程序为单株选择→株行比较→株系鉴定→优系扩繁。

3.2　基地选择

选择无检疫性病虫害、土壤肥沃、旱涝保收和隔离条件优越的田块或网棚。

3.3　亲本选择原则

在育性、保持力稳定的基础上，以原来固有的典型性、一致性为选择依据，以田间选择为主，室内考种为辅，综合评定决选。

3.4　隔离

不育系、保持系与其他品种或自交系空间隔离距离应在2 000米以上。严禁在2 000米以内，种植大白菜、小白菜、菜心、芥菜、芜菁、油菜和红菜薹其他品种等作物。用纱网棚种植，亦应与同"种"作物隔棚种植。

3.5　不育系、保持系同步原种生产

3.5.1　单株选择

3.5.1.1　种子来源

原有不育系、保持系原种。

3.5.1.2　田间种植

在选种区将不育系、保持系各种500株～1 000株，单株稀植，按2米作垄（包沟），宽行90厘米，窄行60厘米，株距50厘米，每垄栽2行，一行不育系，一行保持系，成对定植。

3.5.1.3　选择标准

当选单株时下列性状必须符合原不育系和保持系特征特性：

a. 株型、叶形、菜薹色、叶色、叶脉色；

b. 主薹发育状况、侧薹数、侧薹长和侧薹粗、薹叶形状、蜡粉有无；

c. 抗逆性、结实率、杂交亲和指数；

d. 花蕾发育、花药发育、花粉多少、镜检花粉败育情况。

3.5.1.4　不育性鉴定选择标准

a. 同一植株所有分枝上，不同时期开的花的柱头正常，花药退化程度一致；

b. 花药扁小，紧靠在柱头基部；

c. 花药颜色呈白色；

d. 植株上无黄化花蕾。

3.5.1.5　选择时期和数量

分4次进行选择，保持系入选株均进行套袋自交，不育系入选株均用邻近保持系单株花粉杂交，每株套2袋，每袋2枝，进行3次～4次杂交授粉，自交和杂交株不采收菜薹，至采种为止。

第一次：薹始花期进行，入选30株～50株，重点选择熟性、株型、叶形、主薹发育和薹叶形态等。

第二次：侧薹全部抽出，重点选择侧薹数、薹色、薹长、薹粗、初生莲座叶叶数、叶形及侧薹采收时间。淘汰初选株的30%。

第三次：孙薹采收期，重点选择孙薹长、孙薹粗、孙薹重、再生莲座叶叶数、再生莲座叶叶形、抗病情况等。再淘汰30%。

第四次：种株采收时，重点选择抗性、植株大小、结实性、角果色、果长、每荚籽粒数和种子千粒重等。最后入选10对～15对植株，按单株采种、编号装袋保存。成对杂交的，每个单株需采收500粒～1 000粒种子。不育系与保持系编号相同，不育系前加A，保持系前加N。

3.5.2　株系比较

3.5.2.1　种子来源

上季当选的单株自交种和成对测交种。

3.5.2.2　田间设计

用50孔育苗盘，装特制培养土，每孔播2粒种子，每个A、B单株种子各播一盘，6叶～7叶定植至大田一个小区，种植方法同3.5.1.2以不育系、保持系原种为对照，不设重复。同一编号的A、N系种子相邻种植，以便于观察。

3.5.2.3　观察记载

对群体的不育性、典型性、丰产性、一致性、抗逆性和物候期等进行记载。

每个株行同位定点观察记载10株的物候期，同时用20株按时采收，测定产量，记载各个时期应记载项目及播种、定植、抽薹、始花、主薹采收、侧薹采收和孙薹采收的时期。在不育系不育率达 100%的成对株系中，选性状一致的 10 对植株再做成对杂交，保持系作套袋自交。

3.5.2.4　取舍原则

a. 不育系的不育率低于 90%者，花药退化不一致者成对 A、B 系均淘汰。

b. 小区植株间主薹、侧薹采收期相差 10 天以上者，淘汰。

c. 田间植株形态差异太大者，淘汰。

d. 菜薹、叶柄有异色者，淘汰。

e. 小区内植株侧薹数相差 2 个以上者，淘汰。

f. 小区 30 株产量低于对照 10%以上者，淘汰。

g. 综合评定入选 5 对～10 对株系。

3.5.2.5　杂优测定

将已育成的不育系，种植在同一地块，用同一优良自交系作父本杂交，父母本按 1∶2 种植采种，然后测定 F_1 代产量。

3.5.2.6　种子收获贮藏

当选不育系内混合采种，保持系按单株采种。

3.5.3　保持系植株鉴定

3.5.3.1　种子来源

上季采收的优良株行的 10 个～20 个优良单株的自交种子。

3.5.3.2　田间设计

各株系按顺序排列，每个单株后代种 50 株，以同品种原种为对照，不设重复。

3.5.3.3　观察记载和选择标准

主要观察一致性、生长状况、退化程度、抗逆性和角果色泽等性状，并定点 20 株采收测产，凡有杂株出现，生长不一致，退化严重，发病严重者，产量低于对照者，予以淘汰。

3.5.3.4　综合评选

通过田间目测、记载资料和测产结果，入选 50%株系。入选株系套袋自交将种子混合在一起，即为原原种。在隔离区扩繁一次即为原种。在不育株上采的种即为不育系，在保持系植株上采的种子，即为保持系。

3.6　自交系原种生产

3.6.1　种子来源

从原种圃或纯度较高的生产地块中选株套袋自交，采种，应做 30 株～50 株自交。每株采种 500 粒～1 000 粒。

3.6.2　株行比较

3.6.2.1　种子来源

上代单株自交种子。

3.6.2.2　田间设计

用50孔育苗盘，填充特配一致的培养土播种育苗，6叶～7叶定植，每10个株行设一对照采用宽窄行垄栽，每垄栽2行，宽行90厘米，窄行60厘米，株距50厘米。固定20株测产。每株选取10个优良单株自交，按单株采种。

3.6.2.3　选择标准、选择时期。

选择标准见3.5.1.3。选择时期见3.5.1.5。

3.6.2.4　取舍原则

株行有下列不良性状者均应淘汰。

a. 凡小区植株间主薹、侧薹采收始期相差10天以上者；

b. 小区内植株形态不一致者；

c. 薹色有异者；

d. 小区内植株侧薹数相差2个以上者；

e. 产量低于对照者；

f. 综合评定，入选10个～20个株行。

3.6.3　株系鉴定

3.6.3.1　种子来源

单株自交种。

3.6.3.2　田间设计

同3.6.2.2。入选的每个株系于侧薹始收期选20个性状一致的植株，套袋2枝～4枝，用20株的混合花粉授粉。定点选10株采收计产。

3.6.3.3　选择方法

先选株系，再在入选株系中选单株自交和测产。

3.6.3.4　选择标准

a. 主侧薹始收期相同，或前后相差在5天以内；

b. 侧薹数相同；

c. 侧薹长短、粗细较一致；

d. 基生叶、薹叶数及形态基本一致；

e. 植株株高、开展度基本一致。

3.6.3.5　选择时期

同3.5.1.5。

3.6.3.6　采收

初入选的20个单株，在后面的选择中再淘汰5株～10株，保留株的系内自交株混合采收。

3.6.4 杂优测定

3.6.4.1 种子来源

一个优良不育系及已育成的一批自交系种子。

3.6.4.2 田间设计

用同一优良不育系作母本与每个自交系均配一个组合，每个组合的不育系和自交系均种 10 株，取 10 株自交系花粉混合，为 10 株不育系授粉。父母本均需于开花的前一天套袋，以防其他花粉污染。花开完 7 天后，除去纸袋。

3.6.4.3 种子采收

种子按组合混合采收、编号。

3.6.4.4 组合比较

将各组合种子做产量比较、性状鉴定，选择产量高、性状好的组合。

4 杂交种子生产

4.1 基地选择

同 3.2。

4.2 隔离

在 1 000 米范围内，不能种植有大白菜、小白菜、菜心、芜菁、芥菜、油菜及其他红菜薹品种。

4.3 田间设计

不育系与父本系按（2～3）∶1 种植。可以按 1.5 米开沟作垄，每垄栽 3 行，中间栽父本，两边种不育系。株距 30 厘米，每 667 米^2 栽约 4 000 株；也可以种 2 垄～3 垄不育系，种 1 垄父本，每垄仍栽种 3 行。

4.4 配组方法

按育种目标选择不育系和父本系，2 个亲本优良性状互补，满足目标性状要求。

4.5 辅助授粉方法

在制种田内每 667 米^2 安放一箱蜜蜂，进行辅助授粉。

4.6 种株采收

种株顶部种子变硬、开始变色时，应即时采收。收割后的种株要避免雨淋，保持种子色泽鲜亮。

4.7 种子脱粒、贮藏

种株晒干后即可脱粒、晒干、精选，按 GB/T 3543—1995 的规定进行检验，当达到 GB 16715.2 规定的一级或二级生产种标准后，入库贮藏。

5 田间纯度检验

5.1 检验依据、方法和时期

由对亲本性状较熟悉的技术人员检验，重点观察种株株形、叶形、薹形、薹色、薹叶数和侧薹数，于基叶莲座期、侧薹始花期、结果期和采收期各检验一次，每次取 100 株记载杂株数，取 4 次平均值。

5.2 检验结果的处理

检验结果记入种子生产档案，供种子定级、销售之用。

主要参考文献

柴晶，等．1998．大棚一年六茬菜心高效栽培技术[J]．北京农业（8）．

陈军，陈春华．1984．红菜薹花芽分化观察初报[J]．武汉蔬菜科技（1）．

陈利丹，王先琳，林馥芬．2012．几个白菜薹杂种一代试种小结[J]．长江蔬菜（18）．

陈世儒，等．1991．蔬菜育种学[M]．北京：农业出版社．

陈玉玲．2007．菜心高产栽培[J]．河南农业（2）．

董根生，王继生．2001．早白菜薹—早毛豆—秋延西瓜配套高产高效栽培技术[J]．安徽农业通报，7（2）．

冯桂云．2006．极早熟红菜薹栽培技术[J]．长江蔬菜（5）．

付蓄杰．2001．紫菜薹北方引种可行性探讨[J]．中国林副特产（2）．

龚成柄．1982．红菜薹的历史与栽培技术[J]．武汉蔬菜科技（1）．

郝振萍，等．2010．南京地区菜心品种比较和周年栽培技术研究[J]．金陵科技学院学报（3）．

郝志军．2012．南方菜心北方制种技术[J]．北方园艺（3）．

何秋芳，等．1999．杂交菜心秦薹一号的特性与栽培[J]．广西农业科学（2）．

贺红，晏儒来．1993．部分十字花科蔬菜种子的休眠期及其破除方法[J]．中国蔬菜（4）．

胡英忠．2007．青海高原优质菜心栽培技术[J]．农业科技通讯（1）．

黄邦全，常玲，陈建国，等．2001．紫菜薹 Qgura 细胞质雄性不育系花药发育的细胞形态学研究[J]．湖北大学学报（3）．

黄邦全，李薇，居超民，等．1999．Qgura 雄性不育细胞质导入紫菜薹及杂种优势利用初报[J]．种子（3）．

黄荣鲜，等．2010．甜瓜—菜心—菜心—西芹一年四茬高效栽培模式[J]．南方园艺（4）．

黄绍华，温辉果，翟瑞文．2001．天然红菜薹色素的提取及稳定性研究[J]．中国食品添加剂（3）．

金会波，董福长，张伟．2005．北方紫菜薹保护地栽培技术[J]．长江蔬菜（4）．

靳亚忠，等．2011．微生物肥料及有机肥对菜心可食部分产量及品质的影响[J]．北方园艺（1）．

赖小芳，等．2007．大棚芦笋套种菜心的效益及栽培技术[J]．上海农业科技（3）．

雷钢铁，陈效兰．2000．紫菜薹色素的提取及其理化性质研究[J]．化学世界（2）．

李光光，等．2011．广东菜心育种研究进展[J]．中国蔬菜（20）．

李佳花，等．2012．菜心种质资源遗传多样性的 SRAP 分析[J]．中国农学通报（28）．

李家文．1984．中国白菜[M]．北京：农业出版社．
李矩华．1983．洪山红菜薹贮藏保鲜的研究[J]．园艺学报，10（2）．
李锡香，鲁德武．1995．播种期和摘薹处理对杂交红菜薹种株生长和种子产量的影响[J]．中国蔬菜（3）．
廖飞雄，等．2004．菜心耐羟脯氨酸初选系的耐热性[J]．热带亚热植物学报（12）．
廖荣初．2008．柳叶菜心无公害优质高产规范化栽培技术[J]．广东农业科学（4）．
林明光．1998．紫菜薹栽培技术[J]．福建农业科技（4）．
刘爱媛，等．2005．菜心不同抗病品种感染炭疽病菌后丙二醛含量及几种酶活性的变化[J]．植物保护学报（12）．
刘安水，唐美荣．2011．早西葫芦—延晚番茄—白菜薹周年高效栽培[J]．长江蔬菜（22）．
刘乐承，等．2008．菜心花粉萌发研究初报[J]．安徽农业科学（36）．
刘乐承，晏儒来．1998．红菜薹的抗冻性[J]．中国蔬菜（3）．
刘乐承，晏儒来．1998．红菜薹产量构成因素的研究[J]．湖北农学院学报（3）．
刘祥英，等．2012．铜陵地区广东菜心高效循环栽培模式[J]．长江蔬菜（3）．
刘自珠，等．1997．菜心杂种一代组合 5 号的选育[J]．中国蔬菜（5）．
龙增群，等．2012．水稻、菜心、番茄轮套作高效栽培技术[J]．园艺与种植（7）．
卢运富．2010．藤县无籽西瓜—无籽西瓜—菜心一年三熟高产高效栽培模式[J]．南方园艺（3）．
陆朝辉，等．2011．菜心周年栽培技术[J]．现代农业科技（6）．
陆信娟，等．2008．南京地区 50 天油绿菜心栽培技术[J]．河北农业科学（12）．
陆志军，李运生．2004．春玉米—秋玉米—早白菜薹栽培模式[J]．湖南农业（9）．
吕佩珂，李明远，吴钜文，等．1992．中国蔬菜病虫原色图谱[M]．北京：农业出版社．
马艳，晏儒来．1998．红菜薹自交不亲和性快速测定初报[J]．长江蔬菜（8）．
欧继喜，等．2008．深圳地区夏季菜心栽培技术[J]．长江蔬菜（6）．
漆小泉，朱德蔚，沈镝，等．1995．大白菜和紫菜薹自交系染色体组 DNA 的 RAPD 分析[J]．园艺学报（22）．
饶璐璐，王岩．1991．红菜薹在北京的栽培[J]．蔬菜（4）：10－11．
松尾孝岭．1986．育种手册[M]．葛扣麟，等译．上海：上海科学技术出版社．
宋春雨，等．2000．哈尔滨地区菜心露地栽培试验[J]．北方园艺（1）．
宋春雨，等．2000．哈尔滨地区菜心露地栽培试验[J]．北方园艺蔬菜（1）．
宋秋瑾，许明，周龙亭，等．2006．紫菜薹细胞核雄性不育系数量性状配合力分析[J]．中国农学通报（1）．
苏天明，等．2007．氮、磷、钾、氯平衡施肥对菜心产量及品质的影响[J]．长江蔬菜（10）．
谭根堂，等．2008．关中地区菜心丰产栽培技术[J]．西北园艺（9）．
唐斌，等．2010．菜心细胞质雄性不育系转育研究[J]．江西农业科学（22）．
唐起超．2000．菜油两用种——早白菜薹（I）栽培技术要点[J]．江西农业经济（3）．
田福发，徐跃进，袁黎，等．2002．红菜薹雄性不育系花药败育的细胞形态学观察[J]．武汉植物学研究，22（3）．

田军.2003. 早薹30白菜薹[J]. 上海蔬菜（5）.
童小荣，等.2007. 春西瓜—秋菜心、冬草莓大棚高效栽培模式技术[J]. 广东农业科学（1）.
汪孝株.2009. 湘株三号白菜薹[J]. 农村百事通（10）.
王国槐，刘本坤.2003. 甘蓝型油菜与白菜薹种间杂交制种的播期和行比[J]. 中国蔬菜（3）.
王青，等.1998. 菜心在凯里地区引种试种[J]. 黔东南民族师专学报（6）.
王清章，肖长根.2000. 应用赤霉素和充氮及防腐剂技术保鲜红菜薹的研究[J]. 食品研究与开发（10）.
王涛涛，李汉霞，张继红，等.2004. 红菜薹游离小孢子培养与植株再生[J]. 武汉植物学研究（22）.
吴碧云.2009. 夏淡菜心栽培技术探讨[J]. 现代农业科技（24）.
吴朝林.2003. 白菜薹专用新品种[J]. 长江蔬菜（4）.
吴朝林，陈文超.1997. 中国紫菜薹地方品种初步研究[J]. 作物品种资源（3）.
吴慧娟，晏儒来.1998. 十字花科蔬菜未成熟小孢子培养技术[J]. 长江蔬菜（9）.
吴艺飞，周晓波.2012. 白菜薹反季节栽培[J]. 湖南农业（5）.
西南农业大学.1986. 蔬菜研究法[M]. 郑州：河南科学技术出版.
谢长文.2000. 中稻田可种一季红菜薹[J]. 湖南农业（8）.
徐显亮，等.2009. 菜心主要品质性状和农艺性状的分析及相关性研究[J]. 江苏农业科学（3）.
徐新生.2003. 鲁中地区杂交红菜薹制种技术[J]. 长江蔬菜（4）.
徐跃进，王杏元，洪小平.1997. 不同氮素水平和密度条件下红菜薹的光合速率[J]. 湖北农业科学（6）.
徐跃进，晏儒来，向长萍，等.1993. 早熟红菜薹高产栽培技术研究[J]. 长江蔬菜（4）.
许明，魏毓棠，白明义，等.2003. 大白菜显性核基因雄性不育性向紫菜薹的转育初报[J]. 园艺学报（30）.
晏儒来，陈禅友.1984. 红菜薹种子产量与构成性状的回归估计[J]. 华中农学院学报，3（2）：89-91.
晏儒来，傅庭栋，向长萍，等.2000. 红菜薹雄性不育系的选育[J]. 长江蔬菜（9）.
晏儒来.2009. 红菜薹优质高产栽培技术[M]. 北京：金盾出版社.
晏儒来.1990. 红菜薹育种繁种性状标准探讨[J]. 长江蔬菜（3）.
杨松，谢长文，曾德富，等.2007. 超级杂交稻—红菜薹高产增效栽培技术[J]. 中国农技推广（4）.
云天海，等.2012. 绿色菜心在海南岛高山区露地栽培技术[J]. 北方园艺（4）.
曾德三.2006. 活性炭对红菜薹小孢子胚胎发生的影响[J]. 文山师范高等专科学校学报（2）.
曾启汉，等.2008. 超级杂交稻、菜心、草莓高效种植模式及栽培技术[J]. 广东农业科学（8）.
曾小玲，等.2010. 不同基因型耐湿性综合评价[J]. 热带作物学报（4）.
张华，等.2000. 菜心品种资源炭疽病抗性鉴定[J]. 广东农业科学（3）.
张华，等.2010. 菜心的市场需求与育种现状[J]. 中国蔬菜（3）.

张文宝 . 2008. 北京地区菜心优质栽培技术[J]. 蔬菜（8）.
张衍荣，等 . 1997. 菜心育种现状与展望[J]. 广东农业科学（3）.
赵新春，邱孝育，王汉舟 . 2007. 红菜薹新品种紫婷二号[J]. 长江蔬菜（6）.
中国农业科学院蔬菜花卉研究所 . 1987. 中国蔬菜栽培学[M]. 北京：农业出版社 .

图书在版编目（CIP）数据

薹用白菜起源与品种选育栽培 / 深圳市农业科技促进中心组编；晏儒来主编 .—北京：中国农业出版社，2014.6

ISBN 978 - 7 - 109 - 19282 - 9

Ⅰ.①薹… Ⅱ.①深… ②晏… Ⅲ.①菜薹-蔬菜园艺②菜薹-选择育种 Ⅳ.①S634.5

中国版本图书馆 CIP 数据核字（2014）第 124996 号

中国农业出版社出版

（北京市朝阳区麦子店街 18 号楼）

（邮政编码 100125）

责任编辑 李文宾 冀 刚

北京中科印刷有限公司印刷 新华书店北京发行所发行

2014 年 7 月第 1 版 2014 年 7 月北京第 1 次印刷

开本：700mm×1000mm 1/16 印张：15.25 插页：6

字数：300 千字

定价：58.00 元